SOUVENIRS ENTOMOLOGIQUES

SOUVENIRS ENTOMOLOGIQUES

SOUVENIRS ENTOMOLOGIQUES

JEAN-HENRI FABRE

法布爾昆蟲記全集 7

裝　死

法布爾 著

吳模信/譯　楊平世/審訂

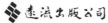
遠流出版公司

審訂者介紹

楊平世

現任國立台灣大學昆蟲學系教授。主要研究範圍是昆蟲與自然保育、水棲昆蟲生態學、台灣蝶類資源與保育、民族昆蟲等；在各期刊、研討會上發表的相關論文達200多篇，曾獲國科會優等獎及甲等獎十餘次。

除了致力於學術領域的昆蟲研究外，也相當重視科學普及化與自然保育的推廣。著作有《台灣的常見昆蟲》、《常見野生動物的價值和角色》、《野生動物保育》、《自然追蹤》、《台灣昆蟲歲時記》及《我愛大自然信箱》等，曾獲多次金鼎獎。另與他人合著《臺北植物園自然教育解說手冊》、《墾丁國家公園的昆蟲》、《溪頭觀蟲手冊》等書。

1993年擔任東方出版社翻譯日人奧本大三郎改寫版《昆蟲記》的審訂者，與法布爾結下不解之緣；2002年擔任遠流出版公司法文原著全譯版《法布爾昆蟲記全集》十冊審訂者。

譯者介紹

吳模信

畢業於北京大學西語系。南京大學教授退休。主要著作及譯作有《黑非洲政治問題》、《傅立葉選集》、《路易十世時代》、《風俗論(中)》、《菲利普二世時代的地中海和地中海世界(第二卷)》、《凱撒》、《猶太教史》、《19世紀法國名家名作選》、《雨果評論匯編》等。

圖例說明：《法布爾昆蟲記全集》十冊，各冊中昆蟲線圖的比例標示法，乃依法文原著的方式，共有以下三種：(1)以圖文說明（例如：放大 11/2 倍）；(2)在圖旁以數字標示（例如：2/3）；(3)在圖旁以黑線標出原蟲尺寸。

目錄

序

相見恨晚的昆蟲詩人

劉克襄

我和法布爾的邂逅，來自於三次茫然而感傷的經驗，但一直到現在，我仍還沒清楚地認識他。

第一次邂逅

第一次是離婚的時候。前妻帶走了一堆文學的書，像什麼《深淵》、《鄭愁予詩選集》之類的現代文學，以及《莊子》、《古今文選》等古典書籍。只留下一套她買的，日本昆蟲學者奧本大三郎摘譯編寫的《昆蟲記》(東方出版社出版，1993)。

儘管是面對空蕩而淒清的書房，看到一套和自然科學相關的書籍完整倖存，難免還有些慰藉。原本以為，她希望我在昆蟲研究的造詣上更上層樓。殊不知，後來才明白，那是留給孩子閱讀的。只可惜，孩子們成長至今的歲月裡，這套後來擺在《射鵰英雄傳》旁邊的自然經典，從不曾被他們青睞過。他們琅琅上口的，始終是郭靖、黃藥師這些虛擬的人物。

偏偏我不愛看金庸。那時，白天都在住家旁邊的小綠山觀察。二十來種鳥看透了，上百種植物的相思林也認完了，林子裡龐雜的昆蟲開始成為不得不面對的事實。這套空擺著的《昆蟲記》遂成為參考的重要書籍，翻閱的次數竟如在英文辭典裡尋找單字般的習以為常，進而產生莫名地熱愛。

還記得離婚時，辦手續的律師順便看我的面相，送了一句過來人的忠告，「女人常因離婚而活得更自在；男人卻自此意志消沈，一蹶不振，你可要保重了。」

　　或許，我本該自此頹廢生活的。所幸，遇到了昆蟲。如果說《昆蟲記》提昇了我的中年生活，應該也不為過罷！

　　可惜，我的個性見異思遷。翻讀熟了，難免懷疑，日本版摘譯編寫的《昆蟲記》有多少分真實，編寫者又添加了多少分己見？再者，我又無法學到法布爾般，持續著堅定而簡單的觀察。當我疲憊地結束小綠山觀察後，這套編書就束諸高閣，連一些親手製作的昆蟲標本，一起堆置在屋角，淪為個人生活史裡的古蹟了。

第二次邂逅

　　第二次遭遇，在四、五年前，到建中校園演講時。記得那一次，是建中和北一女保育社合辦的自然研習營。講題為何我忘了，只記得講完後，一個建中高三的學生跑來找我，請教了一個讓我差點從講台跌跤的問題。

　　他開門見山就問，「我今年可以考上台大動物系，但我想先去考台大外文系，或者歷史系，讀一陣後，再轉到動物系，你覺得如何？」

　　哇靠，這是什麼樣的學生！我又如何回答呢？原來，他喜愛自然科學。可是，卻不想按部就班，循著過去的學習模式。他覺得，應該先到文學院洗禮，培養自己的人文思考能力。然後，再轉到生物科系就讀，思考科學事物時，比較不會僵硬。

　　一名高中生竟有如此見地，不禁教人讚嘆。近年來，台灣科普書籍的豐富引進，我始終預期，台灣的自然科學很快就能展現人文的成熟度。不意，在這位十七歲少年的身上，竟先感受到了這個科學藍圖的清晰一角。

　　但一個高中生如何窺透生態作家強納森‧溫納《雀喙之謎》的繁複分析和歸納？又如何領悟威爾森《大自然的獵人》所展現的道德和知識的強度？進而去懷疑，自己即將就讀科系有著體制的侷限，無法如預期的理想。

　　當我以這些被學界折服的當代經典探詢時，這才恍然知道，少年並未看過。我想也是，那麼深奧而豐厚的書，若理解了，恐怕都可以跳昇去攻讀博士班了。他只給了我「法布爾」的名字。原來，在日本版摘譯

編寫的《昆蟲記》裡，他看到了一種細膩而充滿濃厚文學味的詩意描寫。同樣近似種類的昆蟲觀察，他翻讀台灣本土相關動物生態書籍時，卻不曾經驗相似的敘述。一邊欣賞著法布爾，那獨特而細膩，彷彿享受美食的昆蟲觀察，他也轉而深思，疑惑自己未來求學過程的秩序和節奏。

十七歲的少年很驚異，為什麼台灣的動物行為論述，無法以這種議夾敘述的方式，將科學知識圓熟地以文學手法呈現？再者，能夠蘊釀這種昆蟲美學的人文條件是什麼樣的環境？假如，他直接進入生物科系裡，是否也跟過去的學生一樣，陷入既有的制式教育，無法開啓活潑的思考？幾經思慮，他才決定，必須繞個道，先到人文學院裡吸收文史哲的知識，打開更寬廣的視野。其實，他來找我之前，就已經決定了自己的求學走向。

第三次邂逅

第三次的經驗，來自一個叫「昆蟲王」的九歲小孩。那也是四、五年前的事，我在耕莘文教院，帶領小學生上自然觀察課。有一堂課，孩子們用黏土做自己最喜愛的動物，多數的孩子做的都是捏出狗、貓和大象之類的寵物。只有他做了一隻獨角仙。原來，他早已在飼養獨角仙的幼蟲，但始終孵育失敗。

我印象更深刻的，是隔天的戶外觀察。那天寒流來襲，我出了一道題目，尋找鍬形蟲、有毛的蝸牛以及小一號的熱狗(即馬陸，綽號火車蟲)。抵達現場後，寒風細雨，沒多久，六十多個小朋友全都畏縮在廟前避寒、躲雨。只有他，持著雨傘，一路翻撥。一小時過去，結果，三種動物都被他發現了。

那次以後，我們變成了野外登山和自然觀察的夥伴。初始，為了爭取昆蟲王的尊敬，我的注意力集中在昆蟲的發現和現場討論。這也是我第一次在野外聽到，有一個小朋友唸出「法布爾」的名字。

每次找到昆蟲時，在某些情況的討論時，他常會不自覺地搬出法布爾的經驗和法則。我知道，很多小孩在十歲前就看完金庸的武俠小說。沒想到《昆蟲記》竟有人也能讀得滾瓜爛熟了。這樣在野外旅行，我常

感受到，自己面對的常不只是一位十歲小孩的討教。他的後面彷彿還有位百年前的法國老頭子，無所不在，且斤斤計較地對我質疑，常讓我的教學倍感壓力。

有一陣子，我把這種昆蟲王的自信，稱之為「法布爾併發症」。當我辯不過他時，心裡難免有些犬儒地想，觀察昆蟲需要如此細嚼慢嚥，像吃一盤盤正式的日本料理嗎？透過日本版的二手經驗，也不知真實性有多少？如此追根究底的討論，是否失去了最初的價值意義？但放諸現今的環境，還有其他方式可取代嗎？我充滿無奈，卻不知如何解決。

完整版的《法布爾昆蟲記全集》

那時，我亦深深感嘆，日本版摘譯編寫的《昆蟲記》居然就如此魅力十足，影響了我周遭喜愛自然觀察的大、小朋友。如果有一天，真正的法布爾法文原著全譯本出版，會不會帶來更為劇烈的轉變呢？沒想到，我這個疑惑才浮昇，譯自法文原著、完整版的《法布爾昆蟲記全集》中文版就要在台灣上市了。

說實在的，過去我們所接觸的其它版本的《昆蟲記》都只是一個片段，不曾完整過。你好像進入一家精品小鋪，驚喜地看到它所擺設的物品，讓你愛不釋手，但是，那時還不知，你只是逗留在一個小小樓層的空間。當你走出店家，仰頭一看，才赫然發現，這是一間大型精緻的百貨店。

當完整版的《法布爾昆蟲記全集》出現時，我相信，像我提到的狂熱的「昆蟲王」，以及早熟的十七歲少年，恐怕會增加更多吧！甚至，也會產生像日本博物學者鹿野忠雄、漫畫家手塚治虫那樣，從十一、二歲就矢志，要奉獻一生，成為昆蟲研究者的人。至於，像我這樣自忖不如，半途而廢的昆蟲中年人，若是稍早時遇到的是完整版的《法布爾昆蟲記全集》，說不定那時就不會急著走出小綠山，成為到處遊蕩台灣的旅者了。

2002.6月於台北

（本文作者為自然觀察家暨自然旅行家）

導讀

兒時記趣與昆蟲記

楊平世

「余憶童稚時，能張目對日，明察秋毫。見藐小微物必細察其紋理，故時有物外之趣。」

―清　沈復《浮生六記》之「兒時記趣」

「在對某個事物說『是』以前，我要觀察、觸摸，而且不是一次，是兩三次，甚至沒完沒了，直到我的疑心在如山鐵證下歸順聽從為止。」

―法國　法布爾《法布爾昆蟲記全集7》

　　《浮生六記》是清朝的作家沈復在四十六歲時回顧一生所寫的一本簡短回憶錄。其中的「兒時記趣」一文是大家耳熟能詳的小品，文內記載著他童稚的心靈如何運用細心的觀察與想像，為童年製造許多樂趣。在《浮生六記》付梓之後約一百年(1909年)，八十五歲的詩人與昆蟲學家法布爾，完成了他的《昆蟲記》最後一冊，並印刷問世。

　　這套耗時卅餘年寫作、多達四百多萬字、以文學手法、日記體裁寫成的鉅作，是法布爾一生觀察昆蟲所寫成的回憶錄，除了記錄他對昆蟲所進行的觀察與實驗結果外，同時也記載了研究過程中的心路歷程，對學問的辨證，和對人類生活與社會的反省。在《昆蟲記》中，無論是六隻腳的昆蟲或是八隻腳的蜘蛛，每個對象都耗費法布爾數年到數十年的時間去觀察並實驗，而從中法布爾也獲得無限的理趣，無悔地沉浸其中。

遠流版《法布爾昆蟲記全集》

昆蟲記的原法文書名《SOUVENIRS ENTOMOLOGIQUES》，直譯為「昆蟲學的回憶錄」，在國內大家較熟悉《昆蟲記》這個譯名。早在 1933 年，上海商務出版社便出版了本書的首部中文節譯本，書名當時即譯為《昆蟲記》。之後於 1968 年，台灣商務書店復刻此一版本，在接續的廿多年中，成為在臺灣發行的唯一中文節譯版本，目前已絕版多年。1993 年國內的東方出版社引進由日本集英社出版，奧本大三郎所摘譯改寫的《昆蟲記》一套八冊，首度為國人有系統地介紹法布爾這套鉅著。這套書在奧本大三郎的改寫下，採對小朋友說故事體的敘述方法，輔以插圖、背景知識和照片說明，十分生動活潑。但是，這一套書卻不是法布爾的原著，而僅是摘譯內容中科學的部分改寫而成。最近寂天出版社則出了大陸作家出版社的摘譯版《昆蟲記》，讓讀者多了一種選擇。

今天，遠流出版公司的這一套《法布爾昆蟲記全集》十冊，則是引進 2001 年由大陸花城出版社所出版的最新中文全譯本，再加以逐一修潤、校訂、加注、修繪而成的。這一個版本是目前唯一的中文版全譯本，而且直接譯自法文版原著，不是摘譯，也不是轉譯自日文或英文；書中並有三百餘張法文原著的昆蟲線圖，十分難得。《法布爾昆蟲記全集》十冊第一次讓國人有機會「全覽」法布爾這套鉅作的諸多面相，體驗書中實事求是的科學態度，欣賞優美的用詞遣字，省思深刻的人生態度，並從中更加認識法布爾這位科學家與作者。

法布爾小傳

法布爾(Jean Henri Fabre, 1823-1915)出生在法國南部，靠近地中海的一個小鎮的貧窮人家。童年時代的法布爾便已經展現出對自然的熱愛與天賦的觀察力，在他的「遺傳論」一文中可一窺梗概。(見《法布爾昆蟲記全集 6》) 靠著自修，法布爾考取亞維農(Avignon)師範學院的公費生；十八歲畢業後擔任小學教師，繼續努力自修，在隨後的幾年內陸續獲得文學、數學、物理學和其他自然科學的學士學位與執照(近似於今日的碩士學位)，並在 1855 年拿到科學博士學位。

年輕的法布爾曾經為數學與化學深深著迷，但是後來發現動物世界

更加地吸引他，在取得博士學位後，即決定終生致力於昆蟲學的研究。但是經濟拮据的窘境一直困擾著這位滿懷理想的年輕昆蟲學家，他必須兼任許多家教與大眾教育課程來貼補家用。儘管如此，法布爾還是對研究昆蟲和蜘蛛樂此不疲，利用空暇進行觀察和實驗。

這段期間法布爾也以他豐富的知識和文學造詣，寫作各種科普書籍，介紹科學新知與各類自然科學知識給大眾。他的大眾自然科學教育課程也深獲好評，但是保守派與教會人士卻抨擊他在公開場合向婦女講述花的生殖功能，而中止了他的課程。也由於老師的待遇實在太低，加上受到流言中傷，法布爾在心灰意冷下辭去學校的教職；隔年甚至被虔誠的天主教房東趕出住處，使得他的處境更是雪上加霜，也迫使他不得不放棄到大學任教的願望。法布爾求助於英國的富商朋友，靠著朋友的慷慨借款，在1870年舉家遷到歐宏桔(Orange)由當地仕紳所出借的房子居住。

在歐宏桔定居的九年中，法布爾開始殷勤寫作，完成了六十一本科普書籍，有許多相當暢銷，甚至被指定為教科書或輔助教材。而版稅的收入使得法布爾的經濟狀況逐漸獲得改善，並能逐步償還當初的借款。這些科普書籍的成功使《昆蟲記》一書的寫作構想逐漸在法布爾腦中浮現，他開始整理集結過去卅多年來觀察所累積的資料，並著手撰寫。但是也在這段期間裡，法布爾遭遇喪子之痛，因此在《昆蟲記》第一冊書末留下懷念愛子的文句。

1879年法布爾搬到歐宏桔附近的塞西尼翁，在那裡買下一棟義大利風格的房子和一公頃的荒地定居。雖然這片荒地滿是石礫與野草，但是法布爾的夢想「擁有一片自己的小天地觀察昆蟲」的心願終於達成。他用故鄉的普羅旺斯語將園子命名為荒石園(L'Harmas)。在這裡法布爾可以不受干擾地專心觀察昆蟲，並專心寫作。（見《法布爾昆蟲記全集2》）這一年《昆蟲記》的首冊出版，接著並以約三年一冊的進度，完成全部十冊及第十一冊兩篇的寫作；法布爾也在這裡度過他晚年的卅載歲月。

除了《昆蟲記》外，法布爾在1862-1891這卅年間共出版了九十五本十分暢銷的書，像1865年出版的《LE CIEL》(天空)一書便賣了十一

刷，有些書的銷售量甚至超過《昆蟲記》。除了寫書與觀察昆蟲之外，法布爾也是一位優秀的真菌學家和畫家，曾繪製採集到的七百種蕈菇，張張都是一流之作；他也留下了許多詩作，並為之譜曲。但是後來模仿《昆蟲記》一書體裁的書籍越來越多，且書籍不再被指定為教科書而使版稅減少，法布爾一家的生活再度陷入困境。一直到人生最後十年，法布爾的科學成就才逐漸受到法國與國際的肯定，獲得政府補助和民間的捐款才再脫離清寒的家境。1915年法布爾以九十二歲的高齡於荒石園辭世。

這位多才多藝的文人與科學家，前半生為貧困所苦，但是卻未曾稍減對人生志趣的追求；雖曾經歷許多攀附權貴的機會，依舊未改其志。開始寫作《昆蟲記》時，法布爾已經超過五十歲，到八十五歲完成這部鉅作，這樣的毅力與精神與近代分類學大師麥爾(Ernst Mayr)高齡近百還在寫書同樣讓人敬佩。在《昆蟲記》中，讀者不妨仔細注意法布爾在字裡行間透露出來的人生體驗與感慨。

科學的《昆蟲記》

在法布爾的時代，以分類學為基礎的博物學是主流的生物科學，歐洲的探險家與博物學家在世界各地採集珍禽異獸、奇花異草，將標本帶回博物館進行研究；但是有時這樣的工作會流於相當公式化且表面的研究。新種的描述可能只有兩三行拉丁文的簡單敘述便結束，不會特別在意特殊的構造和其功能。

法布爾對這樣的研究相當不以為然：「你們（博物學家）把昆蟲肢解，而我是研究活生生的昆蟲；你們把昆蟲變成一堆可怕又可憐的東西，而我則使人們喜歡他們……你們研究的是死亡，我研究的是生命。」在今日見分子不見生物的時代，這一段話對於研究生命科學的人來說仍是諍諍建言。法布爾在當時是少數投入冷僻的行為與生態觀察的非主流學者，科學家雖然十分了解觀察的重要性，但是對於「實驗」的概念還未成熟，甚至認為博物學是不必實驗的科學。法布爾稱得上是將實驗導入田野生物學的先驅者，英國的科學家路柏格(John Lubbock)也是這方面的先驅，但是他的主要影響在於實驗室內的實驗設計。法布爾說：

「僅僅靠觀察常常會引人誤入歧途，因為我們遵循自己的思維模式來詮釋觀察所得的數據。為使真相從中現身，就必須進行實驗，只有實驗才能幫助我們探索昆蟲智力這一深奧的問題……通過觀察可以提出問題，通過實驗則可以解決問題，當然問題本身得是可以解決的；即使實驗不能讓我們茅塞頓開，至少可以從一片混沌的雲霧中投射些許光明。」（見《法布爾昆蟲記全集 4》）

這樣的正確認知使得《昆蟲記》中的行為描述變得深刻而有趣，法布爾也不厭其煩地在書中交代他的思路和實驗，讓讀者可以融入情景去體驗實驗與觀察結果所呈現的意義。而法布爾也不會輕易下任何結論，除非三番兩次的實驗或觀察都呈現確切的結果，而且有合理的解釋時他才會說「是」或「不是」。比如他在村裡用大砲發出巨大的爆炸聲響，但是發現樹上的鳴蟬依然故我鳴個不停，他沒有據此做出蟬是聾子的結論，只保留地說他們的聽覺很鈍（見《法布爾昆蟲記全集 5》）。類似的例子在整套《昆蟲記》中比比皆是，可以看到法布爾對科學所抱持的嚴謹態度。

在整套《昆蟲記》中，法布爾著力最深的是有關昆蟲的本能部分，這一部份的觀察包含了許多寄生蜂類、蠅類和甲蟲的觀察與實驗。這些深入的研究推翻了過去權威所言「這是既得習慣」的錯誤觀念，了解昆蟲的本能是無意識地為了某個目的和意圖而行動，並開創「結構先於功能」這樣一個新的觀念（見《法布爾昆蟲記全集 4》）。法布爾也首度發現了昆蟲對於某些的環境次機會有特別的反應，稱為趨性(taxis)，比如某些昆蟲夜裡飛向光源的趨光性、喜歡沿著角落行走活動的趨觸性等等。而在研究芫菁的過程中，他也發現了有別於過去知道的各種變態型式，在幼蟲期間多了一個特殊的擬蛹階段，法布爾將這樣的變態型式稱為「過變態」(hypermetamorphosis)，這是不喜歡使用學術象牙塔裡那種艱深用語的法布爾，唯一發明的一個昆蟲學專有名詞。（見《法布爾昆蟲記全集 2》）

雖然法布爾的觀察與實驗相當仔細而有趣，但是《昆蟲記》的文學寫作手法有時的確帶來一些問題，尤其是一些擬人化的想法與寫法，可能會造成一些誤導。還有許多部分已經在後人的研究下呈現出較清楚的

面貌，甚至與法布爾的觀點不相符合。比如法布爾認為蟬的聽覺很鈍，甚至可能沒有聽覺，因此蟬鳴或其他動物鳴叫只是表現享受生活樂趣的手段罷了。這樣的陳述以科學角度來說是完全不恰當的。因此希望讀者沉浸在本書之餘，也記得「盡信書不如無書」的名言，時時抱持懷疑的態度，旁徵博引其他書籍或科學報告的內容相互佐證比較，甚至以本地的昆蟲來重複進行法布爾的實驗，看看是否同樣適用或發現新的「事實」，這樣法布爾的《昆蟲記》才真正達到了啟發與教育的目的，而不只是一堆現成的知識而已。

人文與文學的《昆蟲記》

　　《昆蟲記》並不是單純的科學紀錄，它在文學與科普同樣佔有重要的一席之地。在整套書中，法布爾不時引用希臘神話、寓言故事，或是家鄉普羅旺斯地區的鄉間故事與民俗，不使內容成為曲高和寡的科學紀錄，而是和「人」密切相關的整體。這樣的特質在這些年來越來越希罕，學習人文或是科學的學子往往只沉浸在自己的領域，未能跨出學門去豐富自己的知識，或是實地去了解這塊孕育我們的土地的點滴。這是很可惜的一件事。如果《昆蟲記》能獲得您的共鳴，或許能激發您想去了解這片土地自然與人文風采的慾望。

　　法國著名的劇作家羅斯丹說法布爾「像哲學家一般地思，像美術家一般地看，像文學家一般地寫」；大文學家雨果則稱他是「昆蟲學的荷馬」；演化論之父達爾文讚美他是「無與倫比的觀察家」。但是在十八世紀末的當時，法布爾這樣的寫作手法並不受到一般法國科學家們的認同，認為太過通俗輕鬆，不像當時科學文章艱深精確的寫作結構。然而法布爾堅持自己的理念，並在書中寫道：「高牆不能使人熱愛科學。將來會有越來越多人致力打破這堵高牆，而他們所用的工具，就是我今天用的、而為你們(科學家)所鄙夷不屑的文學。」

　　以今日科學的角度來看，這樣的陳述或許有些情緒化的因素摻雜其中，但是他的理念已成為科普的典範，而《昆蟲記》的文學地位也已為普世所公認，甚至進入諾貝爾文學獎入圍的候補名單。《昆蟲記》裡面的用字遣詞是值得細細欣賞品味的，雖然中譯本或許沒能那樣真實反應

出法文原版的文學性，但是讀者必定能發現他絕非鋪陳直敘的新聞式文章。尤其在文章中對人生的體悟、對科學的感想、對委屈的抒懷，常常流露出法布爾作為一位詩人的本性。

《昆蟲記》與演化論

雖然昆蟲記在科學、科普與文學上都佔有重要的一席之地，但是有關《昆蟲記》中對演化論的質疑是必須提出來說的，這也是目前的科學家們對法布爾的主要批評。達爾文在1859年出版了《物種原始》一書，演化的概念逐漸在歐洲傳佈開來。廿年後，《昆蟲記》第一冊有關寄生蜂的部分出版，不久便被翻譯為英文版，達爾文在閱讀了《昆蟲記》之後，深深佩服法布爾那樣鉅細靡遺且求證再三的記錄，並援以支持演化論。相反地，雖然法布爾非常敬重達爾文，兩人並相互通信分享研究成果，但是在《昆蟲記》中，法布爾不只一次地公開質疑演化論，如果細讀《昆蟲記》，可以看出來法布爾對於天擇的觀念相當懷疑，但是卻沒有一口否決過，如同他對昆蟲行為觀察的一貫態度。我們無從得知法布爾是否真正仔細完整讀過達爾文的《物種原始》一書，但是《昆蟲記》裡面展現的質疑，絕非無的放矢。

十九世紀末甚至二十世紀初的演化論知識只能說了個原則，連基礎的孟德爾遺傳說都還是未能與演化論相結合，遑論其他許多的演化概念和機制，都只是從物競天擇去延伸解釋，甚至淪為說故事，這種信心高於事實的說法，對法布爾來說當然算不上是嚴謹的科學理論。同一時代的科學家有許多接受了演化論，但是無法認同天擇是演化機制的說法，而法布爾在這點上並未區分二者。但是嚴格說來，法布爾並未質疑物種分化或是地球有長遠歷史這些概念，而是認為選汰無法造就他所見到的昆蟲本能，並且以明確的標題「給演化論戳一針」表示自己的懷疑。（見《法布爾昆蟲記全集 3》）

而法布爾從自己研究得到的信念，有時也成為一種偏見，妨礙了實際的觀察與實驗的想法。昆蟲學家巴斯德(George Pasteur)便曾在《SCIENTIFIC AMERICAN》(台灣譯為《科學人》雜誌，遠流發行)上為文，指出法布爾在觀察某種蟹蛛(Thomisus onustus)在花上的捕食行為，以

及昆蟲假死行為的實驗的錯誤。法布爾認為很多發生在昆蟲的典型行為就如同一個原型，但是他也觀察到這些行為在族群中是或多或少有所差異的，只是他把這些差異歸為「出差錯」，而未從演化的角度思考。

　　法布爾同時也受限於一個迷思，這樣的迷思即使到今天也還普遍存在於大眾，就是既然物競天擇，那為何還有這些變異？為什麼糞金龜中沒有通通變成身強體壯的個體，甚至反而大個兒是少數？現代演化生態學家主要是由「策略」的觀點去看這樣的問題，比較不同策略間的損益比，進一步去計算或模擬發生的可能性，看結果與預期是否相符。有興趣想多深入了解的讀者可以閱讀更多的相關資料書籍再自己做評價。

今日《昆蟲記》

　　《昆蟲記》迄今已被翻譯成五十多種文字與數十種版本，並橫跨兩個世紀，繼續在世界各地擔負起對昆蟲行為學的啟蒙角色。希望能藉由遠流這套完整的《法布爾昆蟲記全集》的出版，引發大家更多的想法，不管是對昆蟲、對人生、對社會、對科普、對文學，或是對鄉土的。曾經聽到過有小讀者對《昆蟲記》一書抱著高度的興趣，連下課十分鐘都把握閱讀，也聽過一些小讀者看了十分鐘就不想再讀了，想去打球。我想，都好，我們不期望每位讀者都成為法布爾，法布爾自己也承認這些需要天份。社會需要多元的價值與各式技藝的人。同樣是觀察入裡，如果有人能因此走上沈復的路，發揮想像沉醉於情趣，成為文字工作者；那和學習實事求是態度，浸淫理趣，立志成為科學家或科普作者的人，這個社會都應該給予相同的掌聲與鼓勵。

楊平世　　2002.6.18 於台灣大學農學院

（本文作者現任台灣大學昆蟲學系教授）

第一章

大頭黑步行蟲

打仗這件事對精明強壯的人來說，也不見得就得心應手、駕輕就熟。瞧瞧步行蟲這個昆蟲族類中狂熱打鬥的傢伙，牠會些什麼呢？在技藝方面，牠一竅不通。然而，這個荒唐愚蠢的劊子手穿著牠那件齊膝緊身外衣時，倒也是相貌堂堂、雍容華貴。牠的身體閃著黃銅色、金色、以及類似佛羅倫斯塔夫綢般亮銅色光輝。身上穿的黑色衣服，襯以閃著紫晶光澤的衣袍褶邊。鞘翅則裝配成護胸甲，戴著有凸紋和凹進斑點的小鏈條。

此外，步行蟲靠著俊美的容貌、苗條的身材，加上楊柳細腰，在我收集的昆蟲中可是大名鼎鼎。然而，這些外表只不過是為了供人觀看。牠是個瘋狂的劊子手，僅此而已，讓我們別對牠有更多的要求。古代的賢哲把大力士海克利斯描繪成長著傻瓜腦袋的傢伙。的確，如果這位神仙只有一身猛勁蠻力，那

麼，他的優點就不怎麼多了。步行蟲的情況就是這樣。

　　看牠打扮得如此富麗堂皇，誰還會不願意將牠當成一個非常好的研究對象呢？這個對象，正如地位卑微的市井小民對我們大談特談的那樣，好似很值得寫進故事裡。但是，我們可別期待這個兇惡殘忍、掏肝挖心的傢伙，有任何值得寫進故事裡的東西。

　　想看見這個昆蟲兇神惡煞的模樣並不難。我用一個鋪著一層新鮮沙土的籠子飼養牠，散布在沙土表面的幾塊陶瓷碎片就充當成岩石下的隱藏處，一叢插在籠子中央的細草形成一片草地。住在這裡可是非常愜意的。

　　三種昆蟲組成這個小天地的居民。牠們分別是：粗俗的園丁──金步行蟲，牠是園子的常住主人；難於對付的高麗亞綏斯黑步行蟲，體色深暗，強壯有力，牠是牆腳旁野草茂密的矮樹叢中的探險者；稀有的紫紅步行蟲，牠用帶有金屬光澤的紫羅蘭色把自己烏黑的鞘翅圍繞起來。我用蝸牛餵養這些居民，其中一些蝸牛的殼已先被我摘除。

　　這些原本無精打采蜷縮在陶瓷碎片下面的步行蟲，一見獵物便精神一振，飛奔過來。而這些可憐的蝸牛先是絕望地伸出

觸角，然後縮回。三隻、四隻、五隻步行蟲同時
先把蝸牛外殼上鼓出下垂的肉吃個精光。這是牠
們最喜愛的美味。緊接著突然間，牠們分別用大
顎——結實堅固的鉗子，在涎沫中把一片碎肉拉
來扯去，拔了出來後，便退到一邊，從容不迫、
愜意地把這片肉吞下肚子。

金步行蟲

　　這時，一隻步行蟲的腳濕淋淋的，布滿了黏
液，黏的滿腳都是沙粒，就像穿上了沈重的、妨礙行動的護腳
套。對這玩意，這隻昆蟲倒也不在意。牠的身子變重了，跌進
泥坑。然後，牠又跟跟蹌蹌、跌跌撞撞，回到捕獲物那裡，去
取用另外一片肉。牠打算晚一點再把自己弄髒的靴子擦亮。另
外一些步行蟲靜止不動，就地沒命地大吃了起來，身子前半部
全被涎沫浸濕。就這樣大吃大嚼了整整幾個小時，一直到鼓脹
起來的肚子托抬起牠們的鞘翅，讓尾巴基部裸露無遺時，牠們
才離開捕獲物。

　　高麗亞綏斯黑步行蟲比其他步行蟲更愛陰暗的隱蔽角落。
牠們遠離其他步行蟲，單獨結成一夥，把蝸牛拖進陶瓷碎片下
的巢穴，在那裡大家一起安安靜靜肢解這隻軟體動物。步行蟲
很喜歡蛞蝓，因為蛞蝓比有殼保護的蝸牛容易肢解。此外，牠
們也認為小殼螺的肉美味可口。這種螺在脊椎骨後端有塊輪廓

黑步行蟲

像弗里吉亞帽子①那樣的鈣質鱗片。其他的野味肉太硬了，涎沫較少，味道略微遜色。

我打碎一隻蝸牛的甲殼，讓牠失去保護。於是這群好鬥的傢伙貪得無厭，飽餐了這隻蝸牛。這原本沒有絲毫可以自豪的地方，但卻突顯了金步行蟲的大膽妄為。我讓一隻金步行蟲餓了幾天肚子，使牠的食慾旺盛起來。我給這個園丁一隻活蹦活跳的松樹鰓金龜。和這個園丁相比，這隻松樹鰓金龜是頭巨獸，就像狼面前的一頭牛。

這隻肉食蟲子不懷好意地在這隻溫和蟲子的周圍轉來轉去，伺機而動。牠向前衝去，但又遲疑不決，於是向後退縮，接著又捲土重來。現在，巨人被打翻在地。金步行蟲肆無忌憚，拚命啃咬巨人的身體，搜索牠的肚腹。牠把自己的半個身子撲到肥胖的鰓金龜身上，並且撕裂牠的五臟六腑。這個場景如果發生在較高等的社會，真會使人害怕得全身起雞皮疙瘩。

接著，我讓這個開膛剖腹的劊子手去參加一場更加困難的

---

① 弗里吉亞帽子：一種紅色錐形高帽，帽尖向前傾折，流行於法國大革命時期。
　　——編注

獵物爭奪。這一次，獵物是隻葡萄根犀角金龜，一種像犀牛般
強壯結實的蟲子。據說牠在自己的甲冑的掩護下，是個永不戰
敗的巨人。然而，我們的這隻昆蟲搏鬥者卻對這個身披盔甲、
頭上長角的巨人的弱點——即鞘翅保護的薄皮瞭若指掌。在多
次攻擊被擊退後，金步行蟲仍然鍥而不捨地不斷進攻，最後終
於稍微撬起了對手的護胸甲，把頭鑽到了那下面。一旦這隻步
行蟲鉗子般的螯刺，刺在對手脆弱的薄皮上，打開一個切口，
這隻犀牛似的蟲子就完蛋了。果眞不久以後，這個龐然大物就
只剩下一副可憐兮兮的空骨骼了。

　　誰想看一場更加兇狠殘酷的鬥爭，那就去向告密廣宥步行
蟲提出這個要求吧。這種昆蟲在食肉類昆蟲中，儀容最漂亮，
服飾最華麗，身材最魁梧，號稱步行蟲中的王子。牠可是斬殺
毛毛蟲的劊子手，即使臀部長得最壯實的毛毛蟲，也不能讓牠
有半點畏懼之心。

　　告密廣宥步行蟲和大天蠶蛾幼蟲的搏鬥很值得一看。但
是，目睹這樣一幕慘劇，實在令人感到非常無力。被捅破肚子
的大天蠶蛾幼蟲不斷扭動身子，突然一下把這個匪徒托起，讓
牠跌倒。但無論牠朝上朝下，都無法使這個匪徒鬆手。地上撒
散開來的一堆綠色腸子不停地抽動。殺得發狂的屠夫頓著腳，
在毛毛蟲可怕的傷口流血處大口喝飲。這只是這場戰鬥的輕描

淡寫而已，我想假如昆蟲學沒有讓我看到別的景象，我會因此捨棄昆蟲，而不會感到一絲一毫的遺憾。

第二天，再給這個吃得飽飽的傢伙一些綠色螂螂兒和白面螽斯吧。這兩種蟲子都有強勁有力的大顎，都是需要認真對付的敵手。馬上就要開始一場對這些大腹便便的蟲子的屠殺，一場和前一天那場同樣狂熱的屠殺了。繼這場屠殺之後，告密廣宥步行蟲又開始採用步行蟲慣用的殘酷策略，對松樹鰓金龜和葡萄根犀角金龜進行屠殺。牠比其他步行蟲更加了解身穿護胸甲、有鞘翅掩護的蟲子的弱點。只要供給牠任憑殺戮的蟲子，殺戮就會持續下去，因為這個飲血的傢伙永遠貪得無厭、慾壑難填。

刺激性強烈的氣味伴隨著這場瘋狂的殺戮，四處飄散。步行蟲會製作一種具有腐蝕性的液汁。高麗亞綏斯黑步行蟲向抓捕牠的人噴射一種酸性噴液，告密廣宥步行蟲則用藥物的怪味讓腳趾臭不可聞。某些昆蟲，擅長使用爆炸物，像用火槍射擊那樣，燃燒來犯者的鬍鬚。

這些昆蟲是腐蝕劑的製作者、使用苦味酸鹽的重炮手、擲炸藥的投彈手，個個兇狠殘暴，具有打仗的天賦。但是，牠們除了屠殺以外，還會做什麼嗎？答案是，什麼也不會。即使在

幼蟲時期也是這樣。牠們的幼蟲也像成蟲一樣，整天在石頭下面東遊西逛時就想著爲非作歹。然而，我今天因爲被某個需要解決的問題吸引，倒也願意和這些愚蠢的好戰傢伙打交道。事情是這樣的：

您剛剛無意中看見這隻或者那隻昆蟲，牠享受著太陽賞賜的至福，在小樹枝上動也不動。您把手抬起、張開，準備撲下抓住牠。您剛剛擺開架勢，牠就掉落而下。這或者是隻擁有護胸甲般鞘翅的蟲子。牠把翅膀從牠們的鞘盒裡抽出時，動作慢吞吞的。又或者是隻肢體不全的蟲子，牠沒有翅膀的薄膜，不能馬上逃走，於是掉落。如果您在草叢中尋找牠，往往會白費力氣。即使您找到牠，也會發現牠仰臥在地，腳爪蜷縮，一動也不動。

告密廣宥步行蟲

據說，牠裝死。爲了擺脫困境，牠施詭計，耍花招。牠當然不認識人。在牠那小小的天地裡，人類算不了什麼。我們的孩子捕捉牠也好，學者捕捉牠也好，這對牠又有什麼要緊的呢？牠絲毫不在意昆蟲收集者和他的大頭釘。但是，牠總是知道危險。牠懼怕牠的天敵——食蟲鳥類，鳥啄一下就會把牠吞下肚子。牠爲了迷惑進犯者，朝天躺著，把腳爪縮起裝死。在這種情況下，鳥或別的迫害者就會不屑於理睬

牠。於是牠保住了性命。

　　根據有人肯定的說法，這隻突然被人撞見的昆蟲就是這樣進行思考的。這個花招很久以來就在寓言中廣爲流傳：以前有兩個捕熊的夥伴，因爲走投無路、一文不值，便在還沒有捕到熊以前，就把熊皮預先賣掉。然而這一次他們的境遇突然逆轉，遇到了熊，於是不得不趕快逃命。其中一個奔逃時失足跌倒了，於是他躺在地上屏住呼吸裝死。熊來到他身邊，把倒在地上的人翻來翻去，用爪子和鼻孔測試他，嗅他的面孔。牠說：「他已經發臭了。」於是轉身離去，不再回頭。這頭熊眞是天眞幼稚至極。

　　鳥可不上這種粗陋笨拙的計策的當。在這個發現一個窩就是一樁獨一無二的大事的超級幸運時刻，我從來沒有見過我的麻雀、我的翠鳥因爲一隻蝗蟲一動也不動，或是一隻蒼蠅已經死去，而拒不捕食。任何亂奔亂跑的、可供一口吃下肚子的昆蟲，只要新鮮味美，都會被欣然接受。

　　事實上，在我看來，昆蟲如果依靠死亡的外貌來逃避厄運，便是大大打錯了算盤。鳥比寓言裡的熊更加深思熟慮，行事謹愼。牠用那敏銳的眼睛，馬上就能識破詐欺行爲，不會對到口的美味不理不睬。而且，即使這隻蟲子眞的已經死亡，但

只要仍然新鮮，鳥也少不了要啄牠一下。

　　假如我考慮到昆蟲的奸詐狡猾行為會引起什麼樣的嚴重後果，一些更加緊迫的懷疑就會湧上我的心頭。民間說法是：這隻蟲子裝死。這種說法很少去評量這個字眼的價值。學者重複民間的說法：這隻蟲子裝死。這種說法很幸運，竟然可以在昆蟲那裡找到了陰雲迷霧中的幾片理性的青天，而被大家所接受。事實上，這種說法一方面太欠思考，另一方面又過分傾向於理論上的異想天開、共同一致，到底有什麼真實可信的東西存在呢？

　　邏輯推理的論據是不夠的，必須讓實驗來說話。只有實驗才能給人確切可靠的答案。但是，在昆蟲當中，首先去找誰當對象呢？

　　我回憶起一件往事。這件往事要追溯到四十年前。那一次我對自己在大學裡新近取得的成績感到十分滿意。我從土魯茲回家途中，在塞特歇腳。我剛剛在土魯茲通過了博物學學士學位考試。這時再去觀察海邊的植物相，時機真是千載難逢，非常之好。短短幾年前，這個植物相在令人讚嘆的阿嘉丘海灣附近讓我心花怒放、欣喜若狂。對這樣的良機如果不加利用，真是愚不可及。學位並沒有授予人故步自封、不再學習的權利。

如果一個人真正學習情緒高昂，他就會終生是個小學生，只不過不是書本的小學生，而是世間這個規模巨大的、知識永不枯竭的學校的小學生。

　　於是七月的某一天，在黎明拂曉的清涼和寧靜中，我在塞特的海灘上採集植物標本。我第一次採集到高山鐘花。這種花在浪花拍擊的岸邊，拖著它那碧綠發亮的細葉帶子和玫瑰紅的鐘形花朵。扁平蝸牛，一種奇怪的蝸牛，把身體縮進牠那扁平、富於流線型的白色殼裡，成群結隊在禾本科植物上小睡。乾燥的流沙露出一列列長長的痕跡，使人想起小鳥在雪地上留下的足跡，只不過縮小了些，並且以另一種樣式顯現出來。在我的孩提時代，這些足跡曾經令我愉快、激動和興奮。而今這些痕跡意味著什麼？

　　我跟蹤這些痕跡，就像獵人跟蹤新獵物一樣。我每次到達這些痕跡的終點就挖掘，在地下不深的地方搜尋一種漂亮的步行蟲。我差不多只知道牠的名字。牠就是大頭黑步行蟲[2]。

　　我讓這隻蟲子在沙上行走。牠重現了引起我注意的那些足跡，正是牠在夜間尋找獵物時用腳標出了這些足跡。天亮以

---

[2] 大頭黑步行蟲：又名大葫蘆步行蟲。——編注

前，牠便回到窩裡，不露半點身影出來。

　　牠的另一個行為特色使我非注意不可。這隻蟲子一旦被煩擾就仰臥在地，長時間紋風不動。其他昆蟲——這方面粗淺研究的對象中，過去還從未向我顯示過這樣的頑固堅持、動也不動。這個行為深深銘刻在我的記憶裡，以致四十年後，當我想實驗在裝死技術方面是行家的昆蟲時，便會立刻想起黑步行蟲來。

　　一個朋友從塞特的海灘給我送來一打黑步行蟲。就是在這個海灘上，我曾經由這些高明的裝死者伴隨度過了一個美妙的早晨。這次牠們混雜著一些皮麥裡蟲來到我這裡，狀態保持的極好。後者是牠們在海岸沙地上的同伴。這群可憐的皮麥裡蟲，很多被剖開肚子，身體被掏空，另外一些則缺肢斷爪，身上沒有傷痕的寥寥無幾。

大頭黑步行蟲

　　對這些狂熱的獵人般的步行蟲，必須有所預防。在從塞特到塞西尼翁的旅程中，在裝載牠們的盒子裡發生了悲慘事件。黑步行蟲把這些溫和的皮麥裡蟲當作佳肴美食，開膛剖肚的大吃大嚼。

　　我從前在同一地點所跟蹤的足跡，就是黑步行蟲夜間巡查的證據。牠們在尋找獵物，尋找大腹便便的皮麥裡蟲。這種蟲子全身的防禦物是一副由黏連起來的鞘翅組成的盔甲。但是，這樣的護胸甲在抵抗海盜兇狠的鉗子時，又有何用？

　　的確，沿海地區的這類步行蟲是個粗暴的獵人。牠身體漆黑發亮，像個煤玉首飾，極度緊縮的腰部讓牠的身子幾乎一分為二。牠的進攻武器是一雙異常有力的螯。在所有昆蟲中，除了鹿角鍬行蟲，沒有一種的大顎的力量能夠與之匹敵。鹿角鍬行蟲的配備比黑步行蟲更好，或者說得準確些，裝飾得更為巧妙；因為這個在橡樹上當家的獵人，那像鹿角似的螯是雄性專屬的裝飾品，而不是用來作戰的甲冑。

　　強暴兇狠的步行蟲──皮麥裡蟲的剖腹殺手，對自身的力量心中有數。如果我把牠放在桌子上，挑釁牠，牠就立刻擺出防禦的架勢。牠把身體彎向前部的短腳，成一弓形。這副前腳有像挖土耙子那樣的細齒。這樣一來，牠緊縮的身體，幾乎把身體折成兩截。這種緊縮動作使牠前胸以後的部分好像分裂開來。牠高傲地重新抬起身體的前半部。牠寬闊的胸廓長得像心臟。牠的腦袋碩大無朋。牠盡量張開牠那嚇人的螯，令人望而生畏。牠進一步擺出架勢，敢於向剛剛碰觸牠的指頭衝來。我當然不會輕易被牠嚇退。我在這樣擺弄牠以前，可是再三考

慮、注意觀察。

我將外來的蟲子部分安頓在金屬鐘形網罩下，部分安頓在短頸廣口瓶裡。我在這兩個器皿裡都鋪上一層沙土。每隻蟲子被放進後立刻為自己挖洞。牠們用力彎下腦袋，用聚攏成像鐵鎬般的大顎尖猛力刨土、翻地、挖穴。牠們前腳張開，腳上有鉤，把挖出的泥屑聚攏成堆。這一堆堆的泥粉被向後推到外面，就這樣在小而髒的家門口便聳立起一個鼴鼠丘。這個住所迅速加深，並且通過一道緩坡到達短頸廣口瓶的底部。

黑步行蟲在停止了繼續向縱深方向挖深後，便轉而朝著玻璃內壁幹起活來。牠朝水平方向繼續挖掘，直到這項工程總共增加了三十公分為止。

牠挖的這條地道幾乎全部布設在玻璃瓶的直接掩護下，這倒對我在家裡密集觀察昆蟲的活動助益很大。我如果想觀察這隻黑步行蟲在地下的活動情況，只需稍稍抬起我小心用來蓋住短頸廣口瓶的不透明網罩就行了。這網罩是用來讓蟲子避開使牠們感到厭煩的光線。

此時，黑步行蟲認為住所已經夠長了，便回到入口處。牠對這個地方比對別處加工得更加仔細。牠把這個入口修造成漏

斗形——一個傾斜度不斷變化的深坑。這是個與蟻獅的火山口形洞口同樣大小的、但更加簡樸的洞口。這個洞口傾斜延伸，維護良好，沒有半點崩塌的泥土碎屑。在斜坡下部是平坦的地道前廳。好鬥的黑步行蟲平時就在那裡動也不動，鉗爪半開，等待時機。

有個東西發出輕微的聲響，這是我剛才帶進瓶內的一頭獵物——一隻蟬。這可是一道奢侈的菜肴。半睡半醒的黑步行蟲此時立刻醒來。牠搖動牠那因垂涎欲滴而微微顫抖起來的觸鬚，小心翼翼，一步一步爬上斜坡上部。牠朝外面張望了一下，看見了這隻蟬。

黑步行蟲從井坑裡一躍而起，衝出井外，向蟬奔來，抓住牠向後拖。由於入口處布設了捕獵陷阱，雙方搏鬥十分短暫。這個陷阱像漏斗那樣半開，以便收納體積大的獵物。它下部縮小、變窄，成了一道搖搖欲墜的懸崖絕壁。任何的抵抗到了這裡都會徒勞無功。漏斗的斜坡是致命的，誰一旦越入就無法避免被割斷咽喉。

蟬的腦袋朝下，整個身子陷進深坑。黑步行蟲在坑裡一陣一陣的拖曳牠。牠被帶進一條扁圓形的地道。地道極為狹窄，蟬的翅膀完全停止撲動，最後牠來到了地道盡頭的肢解廳。黑

步行蟲擔心牠會逃跑，就用螯折磨牠一些時間，使牠完全無法動彈。然後黑步行蟲回到上面堆屍處。

　　一頓美味可口的野味就在眼前，事情還沒有結束呢。現在的問題是要安安穩穩、平平靜靜地把牠吃下肚子。因此，得將大門緊閉，不讓不速之客進入，也就是說，黑步行蟲用挖掘出來的泥屑形成的鼴鼠丘把地道入口堵塞起來。牠完成這種種預防措施後，回到下面入席用餐。牠不再打開牠的小藏身處，一直等到蟬已經被充分消化，飢餓再度來襲時，牠才會再去修補洞口。這時，讓這個狼吞虎嚥的傢伙好好的大快朵頤一番吧！

　　我在黑步行蟲的出生地和牠一起度過的那個短短的上午，未能使我觀察到牠在海灘沙地上狩獵的經過。但是，牠在囚禁期間發生的事，卻足以讓我把情況了解得一清二楚。我認識到這種蟲子的強悍膽大，牠的敵手身材魁梧也好，蠻力猛勁也好，都嚇唬不了牠。

　　我們剛才看見黑步行蟲從地下爬回地面，向路過者衝去。還隔著一段距離，牠就伸腳捉住牠們，強拉硬拽，把牠們拖到屠宰場。金色花金龜、鰓金龜對牠來說都是稀鬆平常的獵物。然而牠敢向蟬進攻，敢用牠的獠牙咬住胖嘟嘟的松樹鰓金龜，這可證明牠真是膽大包天，什麼壞事都做得出來。

在自然環境中，牠並不會顯得膽小些。相反的，熟悉的地點、無拘無束地進出來往、無限的空間、珍貴的帶有鹹味的空氣，都會讓這個嗜鬥好戰的傢伙狂熱起來。

黑步行蟲在沙土上挖掘一個搖搖欲墜、洞口寬大的隱避洞穴，並不是想要效法蟻獅，在漏斗狀的底部等候在滑動的斜坡上踉蹌行走、滾下深坑的獵物經過。牠藐視偷獵者的這類雕蟲小技，藐視捕鳥者的這類陷阱技倆。牠喜歡進行圍獵。

黑步行蟲在沙上長長的足跡告訴我們，牠為了尋找大塊野味肉，在夜間進行巡查。這種野味肉一般指的是皮麥裡蟲，有時則是半帶斑點金龜。新發現的獵物牠並不當場吃掉，而要從容不迫地享受一番。地下莊園必須陰暗、寧靜。捕獲的獵物被一隻腳爪如鉗子般抓住後，再被強拉猛拖。

如果不未雨綢繆，想把一隻絕望地拚死抵抗的大塊頭拖進洞穴是辦不到的。地道入口相當寬大，內壁搖搖欲墜。捕獲物不管多大，從下面拖拉就會被拖入。之後再把牠推下深坑，泥屑會立刻掩埋牠，使牠動彈不得。整個圍獵過程就是這樣。黑步行蟲這個海盜快速將門關上，轉身便將獵物的肚子掏空。

關於昆蟲裝死這個問題，我們首先要觀察了解的對象，是膽大兇殘的開膛手黑步行蟲。想讓牠裝死是最容易不過的。你可以把牠夾在指頭中間轉動，擺弄牠一會兒。更好的辦法是，兩三次讓牠從不高的地方掉落桌面上，在牠一再受到震盪（如果產生震盪的話）後，我就讓牠仰面朝天躺著。

這就足夠了。這隻躺著的蟲子再也不動了，儼然已經死亡。牠折攏腳爪，讓腳爪挨靠腹部；展開觸角，交叉成十字；並且張開鉗子似的大顎。我身旁的錶告訴我這個實驗所花費的準確時間。現在需要做的就只是等待，千萬不能急躁，要有耐心，因為對窺視事件始末的觀察者來說，這隻昆蟲靜止不動的狀態歷時之久是會令人心生厭倦的。

　　在同一天，在同樣的氣候條件下，在同一個實驗對象身上，裝死的時間千變萬化，我無法弄清楚爲何時間有時長有時短的原因。想要探索那不勝枚舉且有時又非常微弱的外在影響，特別是想探索蟲子的內在感受，其中的奧秘實在讓人難以識透。就讓我們將得到的結果記錄下來吧。

　　這隻黑步行蟲靜止不動維持了五十多分鐘，在某些情況下甚至超過一小時。步行蟲的裝死狀態平均持續時間爲二十分鐘。如果沒有什麼特別情況驚擾牠，而且加上用玻璃鐘形網罩把牠蓋住，使牠不受蒼蠅這個在炎熱季節裡最惹人討厭的不速之客的襲擾，裝死的狀態就是最不折不扣的。這隻昆蟲的跗節也好，觸鬚也好，觸角也好，都毫不顫抖、紋絲不動。好，這就是牠處於完全徹底的裝死狀態。

　　這隻表面上死去的蟲子復活了，牠的跗節微微顫抖。前腳跗節先抖起來，觸鬚和觸角緩緩擺來擺去。這是完全甦醒前的先兆。現在，牠的腳爪不斷揮擺。這隻昆蟲將過於狹窄的腰部略微彎成肘形，牠使勁以頭和背將身體撐起，牠翻轉過來。啊，牠現在碎步小跑起來逃走啦。牠準備在我再次對牠擺弄時再度裝死。

　　讓我們再開始吧。這隻精神抖擻的復活蟲子第二次仰天躺

下，靜止不動。牠把死亡的姿勢延長得比上次更久。牠甦醒後，我第三次、第四次、第五次進行相同的實驗，毫不停歇。牠持續靜止不動的時間越來越長。從第一次到最後一次連續進行的各個實驗，持續時間分別是：十七分鐘、二十分鐘、二十五分鐘、三十三分鐘和五十分鐘。裝死的時間從一刻鐘到差不多整整一個小時不等。

類似的現象雖然並不是恆久不變，卻在我的實驗中多次再現。當然，持續時間變化無常。這些現象告訴我們，一般說來，黑步行蟲總是一次又一次將裝死時間延長。這是個適應問題嗎？這是企圖最終將過於頑強的敵人弄得疲累不堪、極其厭倦，因而這樣變本加厲、耍弄花招嗎？現在就這些問題做出結論還為時過早，對昆蟲的觀察還遠遠不夠呢。

讓我們等待吧。再者，我們也不要想一直這樣繼續實驗下去，直到我們耐心用盡為止。屆時黑步行蟲可能已被我們煩擾得亂了方寸，遲早會拒絕再裝死，而變成一受震動就倒地仰臥，然後立刻翻過身來逃之夭夭，似乎認定裝死這種不很成功的計謀毫無用處了。

如果局限在上面這個觀點上，從表面上看來，情況就會是這樣的：這隻昆蟲，這個狡詐的傢伙，這個好愚弄哄騙人的傢

伙，企圖欺騙牠的攻擊者，以此做爲自衛手段。牠假裝死亡。
隨著牠一再遭到攻擊，就更加頑強，一再進行欺騙行爲。當牠
認爲玩狡詐、耍花招全都白費氣力時，便棄之而不用。但是，
這種觀點只不過是來自毫無惡意的實驗觀察記錄而已。現在，
輪到我們運用一種機智靈巧的調查方法，反過來欺騙這個騙子
了（如果欺騙行爲眞正存在）。

接受實驗的黑步行蟲躺在桌子上，牠感覺到身體下面有個
堅硬的物體，因此無法向下挖掘地下避難所，這對牠那有力而
靈巧的身體結構來說，本來是個輕而易舉的工作；於是牠只好
裝死，一聲不吭，如果需要，甚至默不作聲達一小時之久。如
果牠在沙土——牠所熟悉的、變化不斷的鬥爭場地上歇息，牠
難道不會更快恢復活動嗎？牠難道不會稍微動來動去，顯露牠
想逃到地下的意圖嗎？

我一直這樣期待。然而，我現在終於恍然大悟。無論我把
這隻黑步行蟲放在木頭上、玻璃上、沙土上、或是腐殖土上，
牠都絲毫不改變牠的策略。在一塊很容易挖掘洞穴的地面上，
牠裝死的狀態和在無法挖掘的地面上一樣長。

牠對支撐自己身體的物體的性質漠不關心、毫不在乎，這
爲我們的疑惑稍稍打開了一扇門。接著發生的事則把這扇門大

大打開。這個受試者躺在我面前的桌子上，我仔細觀察牠，牠也用牠那炯炯發光、受到觸角掩護的眼睛望著我、盯著我、觀察我（如果可以使用這種說法的話）。面對我這個龐然大物——人類，這隻昆蟲會有什麼樣的視覺印象呢？這個矮子是怎樣打量我的身體，一個奇形怪狀的龐然大物呢？從無限渺小的深處看來，廣闊無垠或許是子虛烏有。

讓我們別扯得這麼遠。讓我們承認這隻昆蟲在注視我，認出我是牠的迫害者。以後，只要我在那裡，這隻疑神疑鬼的蟲子就會動也不動。牠如果決定動一下，那便是在把我弄得厭煩至極之後。因此，牠心想讓我們離開吧。當任何計謀、花招都無濟於事、毫無用處時，牠就會急忙站起身來，逃之夭夭。

我走遠十步，到了大廳的另一端。我躲藏起來，不動聲色，擔心破壞環境的寧靜。這隻昆蟲又站起來了嗎？沒有啊。我的種種預防措施全都枉費心機。這隻昆蟲被隔離後，非常安靜，就和跟我緊緊相鄰時一樣，長時間靜止不動。也許這隻目光敏銳的蟲子看見我躲在房間另一端的角落；也許牠那靈敏的嗅覺向牠顯示我在那裡。那就讓我們繼續實驗下去吧！我用一個保護牠不受惹人厭煩的蒼蠅襲擾的鐘形網罩，把這隻黑步行蟲蓋住。我離開大廳，走進園子。在這隻蟲子的周圍再也不會有什麼令牠驚惶不安了。門窗緊閉著，沒有絲毫聲響來自屋

外，沒有任何事物在屋內引起騷動。在這萬籟俱寂之中，會有什麼事發生呢？

和平時相比，不多什麼，也不少什麼。我在外面等了二十分鐘、四十分鐘後，再去看望這隻蟲子。我發現牠還是像先前那樣朝天躺著，一動也不動。

這項實驗多次且對不同的對象反覆進行，得到的結果已經把問題解釋得清清楚楚。它明確肯定，這隻蟲子之所以裝死，不是身處險境的昆蟲的欺騙行為。此時此地沒有什麼東西嚇唬這個小傢伙啊。牠周圍的一切全都寂然無聲、與世隔絕、安寧靜謐。如果牠始終堅持一動也不動，那就不會是為了欺騙敵人。毫無疑問的，原因不在這裡。

是什麼使牠必須具備特別的防禦巧計？我很能理解身處險境時求助於詭計、花招的弱者和自身防護很差的和平愛好者。而這種昆蟲，好戰的海盜，戴盔披甲的，卻讓我百思不得其解。在牠居住的海灘上誰也無法抵抗牠。最強勁有力的金龜子和皮麥裡蟲性格都相當溫良，牠們非但不會粗暴對待黑步行蟲，反而讓牠的洞穴裝滿獵物。

黑步行蟲受到鳥的威脅嗎？這一點十分可疑。步行蟲渾身

遍布刺激性物體，使牠不至於成爲鳥想要啄食的一口美味。再者，白天時，牠在洞穴深處蜷縮成一團，誰也看不見牠，誰也不會猜想牠在那裡。到了夜間牠才爬出洞穴，而這時鳥早已不在海濱巡視了。因此，牠大可不必害怕被鳥啄食。

這個屠殺皮麥裡蟲，有時甚至還是屠殺金龜子的劊子手，這個天不怕地不怕、兇惡殘暴的傢伙，竟然膽小得一有風吹草動就裝起死來！我大膽冒昧，越來越對此表示懷疑。

再看看光滑黑步行蟲——同一個海灘的主人，更加深了我的懷疑。前面提到的大頭黑步行蟲是巨人。相形之下，這隻光滑黑步行蟲便顯得矮小。牠們的形態相同，穿的烏黑發亮服裝相同，披掛的盔甲相同，天生的搶劫習性相同。好，光滑黑步行蟲儘管體弱、身窄，卻幾乎從來不耍裝死的花招。牠受到片刻煩擾就倒地仰臥，之後又很快立起身來逃跑。我幾乎無法讓牠靜止不動幾秒鐘。只有過一次這個矮子由於我的堅持，被制服了，裝死持續了一刻鐘。

那個巨人和牠相比，差距多大啊。巨人摔了個四腳朝天後，馬上就一動也不動。有時甚至要靜止不動一小時後才立起身子。如果裝死的確是一種防身的詭計，那麼它產生的效果適得其反。巨人強勁有力，應當不屑於採用這種懦夫的姿勢，懦

弱的矮子則應當很快採用，然而情況卻正好相反。這裡面到底
有些什麼名堂呢？

讓我們來測試一下危險產生的影響吧。把什麼敵人放在仰
臥著動也不動的、胖嘟嘟的黑步行蟲的面前呢？我可不知道牠
有什麼敵人呀。那我們就讓一個勉強可以算作進犯者的進犯者
出現吧。蒼蠅給了我指點。

我已經說過，炎夏酷暑時期，當我進行研究時，蒼蠅有多
麼討厭，令人心煩。如果我不使用鐘形網罩，或者不密切注意
防範，這種喜歡尋釁的雙翅目昆蟲就很少不落停在我的實驗對
象上，很少不用牠的吻管探測這個對象。但這一次就任憑牠去
做吧。

蒼蠅剛用腳輕輕碰觸黑步行蟲，黑步行蟲的跗節就顫抖起
來，彷彿受到輕微的電流震動。如果這位來客只不過是路過而
已，事情就不會進一步發展下去。但是，如果牠堅持留下，特
別是堅持留在黑步行蟲那張被唾沫和吐出的食物汁液弄濕的嘴
巴附近，這隻受到煩擾的蟲子馬上就抖動兩腳，轉過身來，逃
之夭夭。

也許牠不認為在這樣一個令人蔑視的敵手面前，延長欺騙

的伎倆是適宜的。牠恢復活動，因爲牠認識到危險純屬子虛烏有。於是，我們去找另一個力氣和身材都令人生畏的討厭傢伙來做實驗吧。恰好我手頭上有隻腳爪和大顎都強勁有力的天牛。長角昆蟲屬於和平的昆蟲族類，對此我很清楚。但是，黑步行蟲卻不了解呀。在海灘的沙地上，牠從來沒有面對過這樣令牠望而生畏的龐然大物。對這個陌生者的畏懼只會讓牠把情況搞糟。

天牛在我的麥稈的引導下，把腳擱在躺著的黑步行蟲身上。黑步行蟲的腳馬上顫抖起來。如果天牛將這種接觸延長、加倍、轉變爲進犯，假死的蟲子就站立起來逃走。這只不過就像雙翅目昆蟲微微抓癢時，讓我見到過的那種情景，僅此而已。由於不爲人知而更加令人害怕的危險迫在眉睫，裝死的詐騙伎倆不勝使用，取而代之的是逃跑。

下面的實驗有一點小小的價值。我用硬物碰撞仰臥著黑步行蟲的桌腳。震動十分微弱，不足以明顯地動搖這隻桌腳，只不過讓被碰觸的有彈性物體產生內部震動，並且不超過限度，以免擾亂昆蟲的靜止狀態。結果每撞擊一下，這隻昆蟲的跗節就彎曲一下，微抖片刻。

最後，讓我們來談談光的影響。到目前爲止，實驗只在半

明半暗的房間進行，並沒有讓受試者直接接受日照。如果我把這隻靜止不動的黑步行蟲移走，從我的桌子移到窗邊光線強烈的地方，牠會怎樣呢？我們馬上就來一探究竟。在太陽的直接照射下，黑步行蟲立刻翻過身來，拔腳就逃。

我們已經談得夠多了。受迫害的實驗對象，你剛才洩漏了你一半的秘密。當蒼蠅逗弄撩撥你，把你發黏的嘴唇弄乾，把你當成牠渴望從中吸出液汁的屍體時；當奇形怪狀的大天牛出現在你驚駭的視線之內，把腳爪擱在你的腹部，像要占有一隻捕獲物時；當桌子微震，對你來說就像洞穴受到入侵者的破壞而發生震動時；當強烈的光線照遍你全身，而這種光線又有利於敵人的圖謀，卻危及昆蟲——黑暗的朋友的安全時；如果你真的受到危險威脅時的對策就是裝死；的確，就是在這個時刻一動不動是適當的。

但是，相反的，你在危急時刻卻直打哆嗦。你搖晃身子，你站立起來，你拔腳就跑。你的狡詐伎倆被揭穿，或者說得更確切些，你壓根就沒有什麼狡詐伎倆。你那沒有生氣活力的假死狀態並不是裝出來的，而是真實的。這是一種暫時的麻痺昏沈狀態。你嬌弱的神經讓你陷入這種狀態中。一點微不足道的事都會讓你陷入這種狀態，一點微不足道的事又會讓你脫離這種狀態。尤其是光的沐浴——最靈驗的刺激，更是這樣。

在騷動不安之後的長時間靜止不動方面，我在粗壯的黑吉丁蟲身上找到了可以與大頭黑步行蟲匹敵的對手。擦著白粉的吉丁蟲是黑刺李樹、杏樹和山楂樹的朋友。牠的拉丁學名叫Capnodis tenebrionis Lin.。在某些情況下，我看見牠緊緊收攏腳爪，壓低觸角，維持仰天躺著沒有生氣活力的姿勢長達一個小時以上。在另一些情況下，這隻昆蟲隨時準備逃跑，這顯然是受了大氣條件的影響。關於這種種條件，我還不了解其中的奧秘，我所了解的僅是一兩分鐘的靜止不動狀態，如此而已。

讓我們再說一遍：在我們各式各樣的實驗對象中，死亡姿勢歷時的長短變化無常。這種姿勢取決於許多想像不到的環境條件。讓我們利用這經常出現的良好機會：我以大頭黑步行蟲接受的各種不同的實驗條件，在黑吉丁蟲身上測試，實驗的結果都相同。誰能了解第一種結果就能了解第二種，不必再詳細敘述了。

我只談談當我把這隻在陰影裡靜止不動的吉丁蟲，從桌子上移到陽光朗照的窗台上時，這隻昆蟲是怎樣迅速敏捷地恢復活動。這隻蟲子在高溫和亮光裡沐浴幾秒鐘，微微張開牠當作操縱桿的鞘翅，翻轉過來。如果我的手沒有及時抓住牠，牠就迅速起飛。牠是光的狂熱愛好者，是日照的熱誠崇拜者。在氣溫最高的下午，牠在黑刺李樹的樹皮上微醺半醉。

這種昆蟲對酷熱高溫的愛好，使我產生了一個想法：如果當這隻昆蟲在牠裝死時，我讓環境突然冷涼起來，會出現什麼情況呢？我隱約地預期到裝死的狀態會延長。當然，不應當冷得太厲害；因為，如果太冷，適於過多的昆蟲在被寒冷凍得麻木遲鈍後，嗜眠症就會出現了。

相反地，我必須讓吉丁蟲盡量保存牠那充沛飽滿的生命力。所以溫度下降將是緩慢的、很有節制的，讓昆蟲在這樣的氣候條件下，保持著日常生活的行動能力。我有一只合適的冷凍小木桶。夏天桶裡若盛著井水，水溫會低於周圍溫度十二度左右。

我剛剛擺弄了一隻吉丁蟲幾下，牠開始動也不動，仰天臥在一小短頸廣口瓶的底部。我把這個瓶子密封起來，讓它沈入盛滿井水的小木桶裡。為了使桶內保持涼爽，我一點一點地更新水，同時注意不去震動瓶子裡靜止不動的吉丁蟲。

我的細心照顧在最終結果上有了報償。五個小時後，這隻昆蟲仍然紋絲不動。我說的是五個小時，長長的五個小時啊。如果我沒有因為疲累不堪、失去耐心而中止實驗，我當然可以讓這隻蟲子泡冷水浴的時間更加長些。但是，這已經足夠排除一切關於蟲子會耍欺騙手段的想法。毫無疑問的，蟲子並沒有

裝死。事實上，牠的確處於半睡眠狀態。心煩意亂、焦慮不安使得這隻蟲子無法動彈。我的擺弄引發了這種狀態，而冷涼的環境又使得這樣的情況超過了一般的限度。

　　我用類似的方法，在大頭黑步行蟲身上測試，看看輕微的降溫所產生的效應和影響。實驗結果和吉丁蟲所表現的並不相符。我未能使靜止狀態超過五十分鐘。過去我並沒有使用冷卻手段，就多次在黑步行蟲身上獲得了同樣長的靜止狀態。

　　這一點我應該預見到的。喜愛灼熱日照的吉丁蟲感受冷水浴的程度不同於黑步行蟲。後者是夜間出沒的強盜和地底下的主人，氣溫降低幾度會使怕冷的昆蟲大感意外，然而習慣冷涼的昆蟲卻對此毫不在乎。

　　照著這個方法繼續進行另外幾次實驗，並沒有讓我了解到更多的東西。我知道昆蟲保持靜止狀態和牠們趨光或避光有關，有時持續時間較長，有時持續時間較短。現在，讓我們改變一下方法吧。

　　我讓幾滴滴在一只短頸廣口瓶裡的乙醚蒸發掉。與此同時，我放進在同一天抓到的糞生糞金龜和粉吉丁蟲。這兩個受試者在相當長一段時間內都動也不動。含乙醚的蒸氣使牠們昏

昏入睡。接著趕緊將牠們取出，讓牠們露天仰臥。

青銅吉丁蟲

牠們在受到某種撞擊的影響，或是受到其他騷動產生的影響時，擺出的就是這樣的姿勢。吉丁蟲的腳通常緊緊貼靠著胸部和腹部折攏。糞金龜則把腳橫七豎八地伸出，顯得十分僵硬，就好像患了全身僵硬的蠟屈症似的。牠們死了嗎？牠們還活著嗎？誰也說不準。

牠們沒有死。兩分鐘後，糞金龜腳上的跗節微微發起抖來，觸鬚顫動起來，觸角軟弱無力地擺來擺去。接著，牠的前腳也開始顫抖。一刻鐘還沒有過去，其他腳爪就跟著亂伸亂動起來。被撞擊震盪而無法動彈的昆蟲，也是以完全相同的方式恢復活動。

至於這隻吉丁蟲，牠長時間沒有一點生氣活力，以致我最初還以為牠真的死了呢。不過，牠在夜間恢復過來了。第二天我發現牠和平時一樣活動。用乙醚進行的實驗一旦達到我期望的效果，我就立刻停止。這種實驗沒有致吉丁蟲於死地，但後果卻比糞金龜的嚴重得多。對撞擊的震盪和對溫度降低的變化最敏感的蟲子，也是對乙醚的作用最敏感的蟲子。

　　昆蟲受到撞擊或者被人擱在手指中間揉捏擺弄，常會裝死。在這方面我觀察各種昆蟲之間有著巨大的差異，而這存在的差異可以用敏感性的微妙差別來加以解釋。吉丁蟲保持靜止不動差不多一個小時，而糞金龜卻在兩分鐘後就開始劇烈擺動身體。

　　糞金龜在哪些方面比黑吉丁蟲較少需要靠裝死的計謀來進行自衛呢？（後者受到牠那粗壯的體形和那副甲冑保護。牠這副甲冑堅硬得甚至用大頭針尖，甚至用針尖也無法刺穿。）如果千千萬萬種昆蟲都向我們提出同樣的問題，將會使我們不勝其擾，而我們又不可能從昆蟲的種類、外形和生活方式中窺見到會有什麼狀況發生。在這些昆蟲中，一部分靜止不動，其餘的則不是這樣。

　　例如粉吉丁蟲的裝死狀態相當明顯。與牠同屬一個族群的昆蟲身體結構和牠類似，牠們的情況也是這樣嗎？完全不是。我的新發現是我偶然捉到了亮麗吉丁蟲和九點吉丁蟲。我擺弄前者，馬上遭到反抗；這種蟲子用腳爪抓我的指頭和鑷子，而且一旦仰天躺下就馬上頑強地又立起身來。後者卻很容易靜止不動。但是，牠的死亡姿勢卻歷時非常短暫，最長也只有五分鐘左右。

　　至於我經常在附近丘陵的碎石堆下遇到的麥拉索姆蟲，牠們持續靜止不動可超過一小時，和黑步行蟲幾可匹敵。不過，我們別忘記加上這一句：牠經常在短短幾分鐘內就甦醒過來。

　　應該把麥拉索姆蟲長時間裝死的狀態，歸因於牠屬於步行蟲科昆蟲類嗎？兩斑皮麥裡蟲一旦栽了跟斗，圓背朝天就馬上站立起來；琵琶蚶由於背脊平齊、身體肥胖、鞘翅黏連，無力翻身，在一兩分鐘裝死後，便會絕望地搖擺著身軀。

　　短腳鞘翅目昆蟲只能小步快走，似乎應該比其他昆蟲更會使用詭計花招，來彌補牠不能迅速逃跑這個缺點。但是，這個猜測儘管從表面上看來有憑有據，卻與客觀事實不符。我對金花蟲屬、扁屍蟲屬、方喙象鼻蟲屬、包爾波賽蟲屬、花金龜屬、麗金龜、瓢蟲屬等類昆蟲均進行了調查研究，幾乎都是幾分鐘、幾秒鐘就足以使牠們從裝死狀態中恢復過來。牠們當中，甚至好些還頑固地拒絕裝死。

　　關於深具步行逃跑能力的鞘翅目昆蟲，要談的也該和這些同樣多。有的靜止不動一些時間，大多數則亂奔亂跑，東奔西竄，難以制服。總之，沒有什麼入門書能預先告訴我們：「這類昆蟲容易採取裝死的姿勢；第二類猶豫不決；第三類拒絕這樣做。」當經驗還沒有告訴我們它的看法時，除了不明確的可

能性之外，別無其他。我們將從一堆混亂不堪的現象中，得出
一個能對之放心得下、確有把握的結論嗎？我希望是這樣。

第三章

催眠狀態和自殺

　　人們不會模仿自己素昧平生的人，也不會假裝成自己毫不了解的人。這是最明顯不過的。要裝死，就得要對死亡有幾分了解。

　　好啦，不管什麼昆蟲，讓我們說得更準確些，不管什麼動物，牠知道生命有限嗎？牠有時會在牠那簡單的腦子裡思考有關生命盡頭——這個令人心煩意亂的問題嗎？我和昆蟲頻繁接觸，我和牠們親密相處，但我從來沒有遇見過一隻授權給我，讓我對這個問題回答「是」的蟲子。

　　這種對臨終時刻感到的不安，既是我們人類最大的痛苦，也是我們之所以崇高偉大的地方。命運卑微的動物被免除了這種不安的心態。牠們和處於混沌模糊狀態中的孩子一樣，動物

享受現在，從不思考未來。牠擺脫了思慮未來的末日會帶來的痛苦，生活在懵昧無知的甜美寧靜中。只有人類才去預見時光歲月的短暫，只有我們才去焦慮地考察長眠的墓穴。

此外，對不可避免的死亡投以這樣的一瞥，是需要思想上某種程度的成熟。因此，這種洞察出現得相當晚。這個星期我得到了一個動人的例證。

一隻可愛的小貓──牠是我家歡樂的泉源，在久病不癒、受盡折磨之後，剛剛在昨天夜裡死去。早上，孩子們發現牠身子僵硬，躺在籃子裡。大家都十分憂傷。四歲的小姑娘安娜尤其悲痛。她用深思的目光仔細端詳，看著這個過去和她一起玩耍的小朋友。她撫摸牠，呼喚牠，用杯子裡的幾滴牛奶餵牠。她說：「小貓賭氣了。牠不吃我的早餐了。牠睡著了。我還從來沒有見過牠這樣睡著呢。牠什麼時候才會醒來呀？」

面對死亡這個嚴肅的問題，孩子在言語和行動上表達出來的天真無邪，使我心如刀割，萬分痛苦。我急忙讓這個孩子離開小貓，偷偷將牠埋掉。以後吃飯的時刻，小貓不再出現在飯桌周圍了。悲傷的小姑娘最後終於明白她的朋友已經熟睡，什麼也弄不醒牠了。隱約中死亡的概念第一次進入她的頭腦。我們在年輕的歲月裡所不知道的事，昆蟲有幸知道嗎？當我們在

孩提時代，我們的思考能力正在發展，儘管這種能力仍很幼弱，卻還是遠遠優於昆蟲遲鈍的智力。昆蟲能夠預見到某種結局嗎？這種屬性對牠來說既令牠厭惡，也毫無用處。我們在做結論之前，不要去請教什麼高深的科學——令人懷疑的嚮導，而去請教一下火雞這個實話實說的非凡動物吧。

我現在重提一下我在侯戴皇家中學[1]的短暫求學時間，給我留下最鮮活的回憶之一。這所學校當時就叫中學，如今改制為公立高中，因為事物總在發展進步嘛。

復活節前的星期四來臨。將外文譯成法文的練習做好了，十個希臘文詞根學過了，我們一夥冒失鬼便成群結隊到山谷底，把褲管捲上膝蓋，像個純樸的漁夫那樣在阿維宏河的靜水裡捕魚。我們希望捕到花鰍。這種魚還沒有小指頭那樣粗，但是因為牠在泥沙上，在草叢中動也不動，很吸引人。我們期待可以用三齒叉，即用一把叉子叉刺牠。

這種奇蹟般的捕魚方式我們很少成功。魚捕得很得心應手時，大家就會拚命歡呼勝利。不過，花鰍這個調皮的傢伙，看見叉子刺來就擺三下尾巴，接著就消失得無影無蹤。

---

[1] 當時的中學包括今日的中、小學，法布爾當時是就讀小學的年齡。——編注

雖然如此，我們仍在毗鄰的草坪上的蘋果樹那裡得到了補償。蘋果總會爲調皮搗蛋的孩子帶來歡樂，尤其當它是從不屬於你的那棵樹上採摘下來的時候，更是如此。我們大家的口袋裡都塞滿了這些禁果。

此外，還有另一種娛樂消遣在等待我們呢。火雞群到處都有。牠們隨心所欲，到處遊逛，把農莊周圍的蝗蟲嚼得稀爛。如果負責管理火雞的人不出現，大夥就會玩得十分愜意開心。我們每人抓住一隻火雞，把牠的頭壓在翅膀下面，讓牠用這種姿勢搖晃片刻，然後把牠放在地上，讓牠側臥。這樣一來，這隻鳥就不再動彈了。整群火雞都被我們這些討厭的傢伙如此擺弄，於是草坪好像變成了屠宰場。死了的火雞和奄奄一息的火雞觸目皆是。

當心啊！受到騷擾的家禽發出咯咯聲，向農家婦女揭發我們的魔法巫術。她拿著一根鞭子趕來。但是，那時我們的腿多麼靈活啊！於是，籬笆後面爆發出陣陣哈哈大笑，我們很快地逃得無影無蹤。

現在是火雞熟睡的美妙時刻，我的動作還會像童年時那樣靈巧嗎？今天不再是小學生的調皮搗蛋，而是嚴肅認眞的研究。我正好有個實驗對象，一隻火雞。牠即將成爲歡樂耶誕的

受害者。我過去曾在阿維宏河河畔成功的擺弄這種禽鳥，現在我如法炮製。我把牠的頭深埋在翅膀下面，一邊用手讓牠保持這個姿勢，一邊從上到下慢慢搖晃鳥兒兩分鐘。

奇怪的結果發生了。我像孩童時期時那樣操弄，產生的效果並沒有更好。這隻火雞變成了一堆沒有生氣活力的東西，牠側著身子倒在地上，任人擺弄。如果牠那時而鼓脹起來、時而消縮下去的羽毛沒有顯露出牠還在呼吸，我們還以為牠死了呢。牠的確像隻死鳥。牠「臨終」前的抽搐讓牠那變得冷涼、腳爪蜷縮起來的腳縮到腹部下面。這個景象看起來真是淒慘。我對我的魔法感到有些不安。可憐的火雞！如果牠不再甦醒過來，事情可就糟啦。

然而，別擔心。牠醒了。牠立起身子。沒錯，身子有點搖搖晃晃，尾巴懸垂，神情窘迫。但這些很快就過去了。在很短的時間內，這隻鳥恢復了牠原來的樣子。

這種迷迷糊糊、昏昏沈沈、麻痺遲鈍的狀態，介於真正的睡眠和死亡之間，持續時間長短不一。靜止不動的狀態多次在我那隻火雞身上出現，每次之間有著適當的間隔。這種狀態有時持續半小時，有時幾分鐘。和對待昆蟲一樣，要把產生這些差異的原因弄得清清楚楚，是件非常麻煩的事。之後，我用珠

雞來做實驗就更加成功了。牠那迷迷糊糊、昏昏沈沈、麻痺遲鈍的狀態持續了很長的時間，以致我對這隻鳥的情況開始感到焦慮不安起來。牠的羽毛一點也沒有顯露出牠在呼吸。我忐忑不安，自忖這隻鳥是否真的死了。我用腳稍微在地上把牠挪動一下，牠紋絲不動。我再挪動牠，牠抽出了頭，站立起來，平衡一下身體，逃之夭夭。牠靜止不動的狀態超過了半小時。

現在輪到用鵝來進行實驗了。可是，我一隻鵝也沒有。我的園丁鄰居把他的那隻給了我。鵝被帶來時，身子搖搖擺擺，搖頭晃腦的。牠那像喇叭似的嘶啞聲響貫徹我的寓所，但不久以後就寂然無聲了。這隻強壯的蹼足類動物靜躺在地上，頭埋在翅膀下面，情況和火雞和珠雞一樣。

現在輪到母雞和鴨子了。牠們也承受不了我的魔法，但是，牠們裝死的狀態持續得短些。我的催眠技巧對小動物比對大動物效果更差嗎？如果我相信鴿子，情況就很可能是這樣的。鴿子對我的擺弄只屈服了兩分鐘，睡了兩分鐘覺。翠雀的雛鳥和翠雀就更加倔強頑固，我只能使牠們半睡半醒幾秒鐘。

看來，隨著小型動物身體內部的活動越來越精細，裝死狀態的持續時間就越短，這點昆蟲已經隱隱約約透露讓我們知道了。塊頭大的大頭黑步行蟲在一小時內動也不動，而矮小的光

滑黑步行蟲卻讓我推到很厭煩也不怎麼屈服。大粉吉丁蟲長時
間對我的擺弄服服貼貼，而亮麗吉丁蟲——相對的又是一個矮
子，卻頑固地不聽從我的擺弄。

　　讓我們把大型動物撇在一邊，因爲我們對牠的研究實在太
少。讓我們就只記住這一點：用一種十分簡單的妙法巧計，便
可能讓禽鳥進入一種表面死亡狀態。我的那隻鵝、那隻火雞和
其他禽鳥，牠們是爲了欺騙折磨牠們的人而耍弄花招嗎？我想
牠們當中誰也沒有想到裝死，這一點是毫無疑義的。牠們的確
陷入了一種很深沈的麻木狀態中。也可以說，牠們被施展了催
眠術。

　　長期以來，以上這些情況已經廣爲人知了。就時間點而
言，它們也許在催眠術科學或人造睡眠科學中最早被發現。而
我們這些侯戴的小學生怎麼會了解到火雞睡眠的奧秘呢？這肯
定不是從書本裡了解到的。這個奧秘不知從何而來，它如同所
有進入兒童遊戲的事物一樣，是破壞不了的，自古以來就口耳
相傳。

　　今天，在我居住的塞西尼翁的村子裡，發展變化的情況和
從前沒有什麼兩樣。在那裡，學會催眠禽鳥這門技術的年輕學
徒比比皆是。有時科學的始源十分卑微，沒有任何情況指出，

遊手好閒的小傢伙的調皮搗蛋行為，肯定不會是關於催眠術知識的出發點。

我剛剛把昆蟲擺弄了一番。從表面上看，這些動作與當年被農家婦女打響鞭子追趕的我們，對火雞的擺弄一樣幼稚可笑。可是，讓我們別笑。這些天真幼稚的行為後面，有一個嚴肅的問題存在著。

我的昆蟲和我的家禽假死的狀態，相像得令人感到奇怪：都有死亡的樣態；都遲鈍呆滯；都有肢體的抽搐；都會因刺激物介入，而提前結束假死狀態。這種刺激物對鳥類來說是聲響；對昆蟲來說是光線。寂靜、陰影和安寧則使靜止不動的狀態延長。這種狀態持續時間的長短在各種動物之間不一而足，似乎隨著體型而增加。

催眠時，每個催眠者所能誘發的睡眠程度會因對象而異，它可能對某個人施展成功，對另一個人卻慘遭失敗，因此施展催眠術的人不得不選擇他的催眠對象。同樣的，在昆蟲當中進行選擇也是必要的，因為並不是所有的昆蟲都對實驗者的實驗做出反應。我精選的實驗對象是大頭黑步行蟲和粉吉丁蟲。而其他完全無法馴服、拚死反抗的，或者只是處於短暫靜止不動狀態的昆蟲，可真是多的數不清。

　　昆蟲從靜止不動狀態恢復到活動狀態，呈現出某些十分值得注意的特點。問題的答案就在這裡。讓我們回到接受含乙醚蒸氣的受試者身上看看。這些蟲子的確被催眠了，牠們動也不動。這不是在耍花招，這是毫無疑問的。牠們的確是站在死亡的門檻上。如果我沒有及時把牠們從蒸發了幾滴乙醚的短頸廣口瓶裡取出，牠們就永遠也不會從遲鈍呆滯的狀態中甦醒過來，而這種狀態的終極就是死亡。

　　然而，牠們身上有什麼跡象暗示著生命活動恢復了呢？這一點我們都知道。這些跡象分別是：腳上的跗節微抖；觸鬚顫動；觸角搖擺。就像從酣睡中醒來的人一樣，伸展四肢，打呵欠，揉眼皮。昆蟲從乙醚引發的睡眠中醒來後，同樣有恢復知覺的方式：牠搖動細小的跗節和最容易恢復活動的器官。

　　現在讓我們仔細的觀察一隻昆蟲吧。這隻昆蟲受到撞擊震動，受到刺激煩擾，身子翻轉，仰天躺下，被人認為是在裝死。牠的生命活動恢復的方式和順序，和受到乙醚麻醉作用消失後的情況相同。首先是腳上的跗節微微發抖，然後是觸鬚和觸角緩緩搖動。

　　如果這隻昆蟲真的要耍花招、施詭計，那麼這些精細的甦醒準備動作，對牠來說又有什麼必要呢？危險一旦消除，或者

被認為已經消除，牠何不迅速站立起來，盡快逃跑，而要慢吞吞做些不合適的假動作呢？我堅信，那個在熊的鼻子下裝死的同伴，在這隻野獸離去後不敢在原地長時間伸展四肢，不敢老是揉擦眼睛。他會一站起身來拔腿就跑的。

這隻昆蟲竟然狡猾得甚至在最小的細節方面也假裝復活！？事情決不是這樣的。這種看法是荒謬的。腳上跗節的顫動、觸鬚和觸角的搖動，這種種前兆，都明顯肯定有一種真正的、即將結束的昏沈狀態的存在，這種狀態和乙醚造成的後果相似，但程度較輕。腳上跗節顫動等動作說明著，那些被我擺弄得動彈不得的昆蟲，並不是像民間傳說那樣，或是像流行理論重複的那樣「裝死」。牠的確被催眠了。

一次震動的撞擊、一次突然感到的恐懼，使牠進入一種與被搖撼片刻的禽鳥將頭埋在翅膀下面類似的半睡眠狀態。突然的恐懼使我們全身癱瘓，有時還會致我們於死命。為什麼昆蟲嬌弱敏感的身體就不會也和我們一樣，抵擋不住恐懼的壓迫，暫時被壓垮了呢？如果昆蟲稍稍有些不安，牠就蜷縮片刻，接著很快恢復平靜，然後立刻逃走。如果牠驚恐萬狀，身上就會出現催眠狀態，長時間靜止不動。

昆蟲對死亡毫無所知，因此無法佯裝死亡。而且牠對自殺

這個逃避重大災難的絕望手段也是毫不了解。據我所知，在動物自我了斷這件事上，還從來沒有一個實例。在情感的感受力方面最有天賦的動物，有時會因極度悲傷而體能衰退。這一點是大家認同的。但是，這種現象距離自傷、自殺還遠著呢。

然而，說到這裡，我卻想起蠍子自殺這件事。有人肯定這個事實，有人卻不以爲然，予以否定。據說蠍子被火圈包圍，會用自己有毒的螫刺傷自己。眞有這樣的事嗎？現在輪到我們了，讓我們來親眼瞧瞧吧。

周圍環境幫了我一個大忙。我現在在一些大瓦缽裡，用一層沙土和陶瓷碎片搭建成的隱密住所裡，飼育著一群可怕的動物——蠍子。因爲牠們不太符合我進行昆蟲習性研究的要求，於是我將牠們用於另一項實驗。這些是體型粗大的南方白蠍子，數量共兩打左右。在附近的丘陵上扁平的石頭下面，在日照最好的多沙地帶，到處爬著這種令人憎厭的蟲子。牠們總是離群索居、名聲很壞。

關於蠍子螫肢會帶來什麼傷害，我個人沒有什麼要談，因爲我總是小心翼翼，避免和工作室裡那些可怕的囚犯接觸交往，所以我自己對此一無所知，還是讓別人談談，特別是樵夫吧。他們隔很久一段時間就會因爲缺乏先見之明而受到傷害。

其中一個人對我講述說：「我喝完湯，在柴捆中小睡。這時忽然一陣劇痛把我驚醒，就好像一根燒紅的針在刺我。我伸手一捉。糟啦，有個什麼東西在動。原來一隻蠍子鑽進我的褲子，刺向我小腿下部。這隻討厭的蟲子有指頭那樣長。先生，就像這樣長，這樣長。」

這個老實人伸出他長長的食指，一邊說，一邊比劃。這個大小倒也沒有讓我感到怎樣驚奇，因為我捕捉蟲子時見過同樣個頭的。

他接著說：「我想繼續幹活，可是出了一身冷汗，看著看著我的腿就腫起來啦，腫得這麼粗，先生，這麼粗。」他又用手勢來表達。這個粗漢子在他的腿邊張開兩隻手，兩隻中間隔著一段距離，表示腫的有小桶子粗。「沒錯，就是這麼粗，先生，這麼粗。我好不容易才走回家，雖然距離只不過四分之一哩。卻越腫越大，第二天一直腫到了這裡了。」這時他用手指給我看他腋窩的高度。「是的，先生，我第三天腫得站不起來啦。我盡量耐著性子等呀，等呀，把腿擱在桌子上。用一些鹼性敷料敷在上面才把這件事了結。我要說的就是這些，先生，就是這些。」

他又對我說：「另一個樵夫的小腿也被蠍子刺了。這個樵

夫在離家相當遠的地方捆紮柴薪，被刺後再也沒有力氣回家。
他倒在路旁。路過的人讓他騎在肩上，一路吆喝，把他送回家
中，就像抬死屍那樣，先生，就像抬死屍那樣呢。」

這個描述情況的鄉下人比的比說的好。在我看來，他說的
沒有半點誇張。被南方白蠍子刺到，對人來說是個十分嚴重的
意外事故。蠍子被同類刺到，自己也會很快倒下。這裡，我倒
有比外來的證據更好的東西，因為我自己親自觀察過。

我從我飼養的蠍子中取出兩隻強勁有力的進行實驗。我把
牠們放在一個短頸廣口瓶底部的一層沙土上，讓牠們互相面對
面。一旦牠們向後退，我就用麥稈尖把牠們逗引回來，讓牠們
對峙。這兩隻受到騷擾的蟲子被激怒後，決定進行一場決鬥。
毫無疑問的，牠們把我製造的煩惱歸咎於對方。牠的螯肢──
防禦的武器，展開成半圓形，以便在一段距離之外抓住對方。
牠們的尾巴突然鬆開，從背上向前伸出。牠們那盛著毒液的細
頸瓶形器官互相碰撞。很小一滴像水那樣清澈透明的毒液，在
螯鉗尖形成一顆水珠。

攻擊進行了一陣子，一隻蠍子正好被另一隻的帶毒武器刺
中。全都完啦，受傷的那隻馬上倒下。勝利者平平靜靜地啃吃
戰敗者的頭和胸前部，也就是那個我們想找到頭，結果卻只找

到腹部入口的部位。勝利者一小口一小口地吃，但一口吃得很久。這隻吃蟲肉的蠍子在四、五天內幾乎毫不停歇，蠶食著同胞的肉。吃戰敗者的肉，這是光明磊落的戰爭行為，是唯一可以原諒的。我們的戰爭是人對人的戰爭，只要戰場上的人肉沒有被當作食品來燻製，我就無法理解戰爭到底是怎麼回事。

現在我真的把情況弄清楚了。蠍子的螯肢可以立即致牠本身於死命。讓我們就像別人那樣來談談自殺這個問題。據說有隻蠍子在被火炭圍著時用螯肢刺傷自己，了結了自己受到的酷刑。如果情況真是這樣，這隻蟲子倒也真不錯啊。我們還是來觀察一下吧。

我從我飼育的那群蟲子中選擇最粗壯的當作實驗對象，把牠放在燒著的炭火中央。風箱把炭火煽到白熱的程度。這隻蟲子一受到高溫侵襲，就在火圈裡一邊後退一邊打轉。牠不小心碰到了火紅熾熱的柵欄。牠到處盲目地、胡亂地倒退，可是倒退又使牠承受劇痛的觸碰。牠每次試著逃跑都被燒傷得更加厲害。於是牠驚惶失措起來。牠前進受到燒烤，後退也受到燒烤。它絕望了，憤怒了，於是揮舞牠的武器——彎曲的刺刀，把它展開、放下，再急速地、慌亂地拿起來，以致我無法自始至終、詳細地看到牠的劍術。

　　用螯肢刺自己，使自己得以從所受的酷刑中解脫出來的時刻終於來臨了。這個受刑者果真突然抽搐一下，就身子伸直，平躺在地上一動不動了。牠不再動彈，毫無生氣活力。這隻蠍子死了嗎？看來真的死了。也許牠真的用螯肢刺了自己一下。在牠最後拚死掙扎、亂搖亂動時，我沒有看見這個刺的動作。如果牠的確刺傷自己，如果牠的確求助於自殺，毫無疑問，牠已經死亡。我們剛才看到牠多麼快就死於自己的毒液中。

　　我對這件事猶豫不決，無法確信，便用鑷子把這隻死蟲夾起來放在一層清涼的沙土上。一小時後，這隻所謂的死蟲復活了，和牠接受實驗前一樣剛勁強壯。接著我對第二隻、第三隻進行測試，結果也相同：接受測試的昆蟲同樣在絕望掙扎、驚惶失措之後，突然陷入沒有生氣活力的狀態，像遭到雷擊那樣攤開腳爪躺著，卻也同樣在冷涼的沙土上躺臥之後復甦過來。

　　因此，我們可以說，發現蠍子自殺的人是受到這種突然昏厥與暴發性抽搐的迷惑和欺騙。炭火的高溫使激怒的蠍子抽搐，這些人太過於輕信，於是讓受試者繼續燒烤。若非如此，他們早一些把蟲子從火圈中取出，就會看到蠍子假死後會很快復活，就會了解到這種蟲子本身並不知道自殺是怎麼回事了。

　　除了人以外，沒有任何有生命的東西理解自殺這個最高級

的辦法；因為除了人以外，沒有任何有生命的東西理解死亡是怎麼回事。我們感覺到自己有能力避開生活的災難，是一種崇高的特長。長於思考，是人之所以高於低等動物的標誌。但是，當人從可能性進入行動時，這歸根究底是因為怯懦。

誰打算走到自殺這一步，就至少應該向自己重述二十五個世紀以前東方偉大哲學家孔子所說的話。這位中國聖哲某天在一個樹林裡突然看見一個陌生人，這個人正把繩子繫在一棵樹上準備上吊。於是這位聖哲對他說了一番話：「哀莫大於心死。哀皆可補，惟心死不能。勿以萬事於子皆無可救。試以歷多世而無爭之理自服。此理為：活則無絕望之事。人能自至哀達至樂，自至難達至福。子其鼓勇若自今日起知生之所值。子其善用寸陰。」[2]這種中國式的淺易哲學頗不乏優點，它使人聯想到一位寓言作家的另一種哲學：

…如果我被人致傷致殘，

缺胳膊少腿，患痛風，

只要最終我活著，這就夠了：我就心滿意足了。

沒錯，這位寓言作家和聖哲孔夫子都說得很對。生命是重

② 經查孔子並無以上言論，疑作者引言有誤。──譯注

大和嚴肅的。人不能在生命的旅途中一遇到攔路的荊棘，就把
生命當成笨重礙事、一文不值的東西扔掉。我們不應該把生命
看作是一種享樂、一種苦難，而應該把它看成只要我們沒有獲
准休假離開這個世界，我們就應當竭盡全力完成的一項義務。

提前離開人世是怯懦，是愚蠢。根據自己的意願墜入死亡
的陷阱，從這個世界消失，我們具有的這種能力並沒有准許我
們棄世遁逃。相反的，它向我們開闢了對動物來說完全陌生的
遠景。

只有我們才知道生命的歡慶怎樣結束，只有我們才能預見
自己的末日，只有我們才崇拜死者。這些重大的事物，其他動
物都不會想到。當一種品質低劣的科學高論大肆聲張，宣布蠍
子自殺時，當這種科學向我們斷言一隻可憐的蠍子用裝死來欺
詐行騙時，讓我們要求這種科學更貼近事物進行觀察，要求它
不要把蟲子因恐懼引發的催眠狀態，和一種蟲子根本不知曉的
自殺狀態混為一談。

只有人類能夠清清楚楚地看到一種結局，只有我們具有看
見人世彼岸的卓越本能。至於低等的昆蟲，牠也發表自己的意
見說：「你們要有信心。本能從來不會背叛自己的諾言。」

第四章

古象鼻蟲

　　冬天，在昆蟲休眠期間，古幣陪伴我度過了一些美好的時光。我很樂意考察和研究這些金屬小圓片。這些小圓片被稱爲歷史災難的檔案。普羅旺斯，希臘人曾在那裡種植橄欖樹，拉丁人曾在那裡創制法律。現在，一個農民在那裡翻耕他的土地時，看到了這些疏疏落落到處散布的金屬小圓片。他把薄片帶給我，問我它們有什麼價值，但卻從不問我它們有什麼意義。

　　這個農民新發現的這些古幣上的銘文，對他來說又有什麼要緊呢？人們過去受苦受難，現在受苦受難，將來也受苦受難。對他來說，這就是對歷史所做的總結，其餘的都毫無意義。那些東西只不過是遊手好閒、飽食終日、無所事事的人的消遣。

我對過去的事物沒有這種超然物外的、冷漠的達觀思想。我用指尖搔刮這枚圓形薄片錢幣,小心翼翼地剝去外面那層泥殼。我用放大鏡審視。我試圖解讀它的說明文字。當銅盤或銀盤開口說話的時候,對我來說,這可不是個小小的樂趣啊。我剛剛讀了一頁關於人類的歷史記載。這不是在書本,在那可疑的敘述者那裡讀到的,而是在人和事幾乎活著的當代檔案裡讀到的。

這一枚銀幣被壓鑄成扁平形狀,顯示出字樣,說明文字標出VOOC-VOCVNT。這一枚銀幣從毗鄰的小城市維淙來到我這裡。博物學家普林尼有時到那裡度假,這位著名的博物學編纂家,在款待他的主人的餐桌上,或許品嚐過秋天啄食無花果的鶇。這種鳥在古代羅馬的美食家中享有盛譽,直至今日,仍然以「馬後膝」這個名稱聞名於世。令人不快的是,我的這枚硬幣並沒有對這些比一次的戰役更值得記憶的事件做出任何的說明。

錢幣的一面是個頭像,另一面是匹奔馬。總體看來,這是一種蠻族的錯謬。第一次用小石子的尖角在新抹灰泥的牆上練習寫畫的孩子,也不會刻出比這更不像樣的圖畫來。不,這些勇猛的粗魯人肯定不是藝術家。

　　而那些來自弗凱亞①的外國人則多麼優秀啊。這裡還有一枚馬薩里亞②人的德拉克馬③。在這枚硬幣的正面是以弗所④的黛安娜⑤的頭。這個頭像面頰豐滿、胖胖圓圓、下唇厚突，前額上面有頂王冠，頭髮豐密的像一串髮捲傾瀉在頸子上，耳朵飾著耳環墜子，頸子戴著珍珠項鍊，肩上掛著弓。在敘利亞的善男信女心裡，偶像就應該這樣裝飾打扮。

　　說實話，這並不美，說這是豪華奢侈也未嘗不可。但比起今天那些好弄風雅的婦女，讓驢子耳朵樣的玩意在帽子上擺來盪去，畢竟還好些嘛。講究時裝式樣是一種多麼奇特的怪癖啊！在把東西弄醜的手段方面，這種癖好真是無所不能。「大宗買賣顧不了美」，這條經商鐵則如是告訴我們。在美和利之間，大宗買賣更喜歡利。這枚德拉克馬古幣足為明證。

　　至於這枚古幣的反面，則是一頭腳抓地面、張開血盆大口咆哮的獅子。「惡」似乎是力量的最高表現。這種用某種可怕的野獸來象徵強壯的野蠻行為不是始於今日。鷹、獅和其他為

---

① 弗凱亞：小亞細亞古地區名。——譯注
② 馬薩里亞：馬賽古名。——譯注
③ 德拉克馬：希臘貨幣單位及古希臘銀幣名。——譯注
④ 以弗所：古希臘小亞細亞西岸重要貿易城市。——譯注
⑤ 黛安娜：希臘神話中的月神和狩獵女神。——譯注

非作歹之徒經常出現在古幣反面。眞實事物還嫌不夠，於是人
的想像力就發明了極端可怕殘酷的東西：半人半馬的怪物、
龍、半馬半鷹的有翅怪獸、獨角獸、雙頭鷹等，不一而足。

　這些標記的發明者，會比用熊掌、隼翅、插在頭髮上的美
洲豹犬齒，慶祝他們英勇行爲的印第安人更文明嗎？這一點的
確值得懷疑。

　比起這些紋章——錢幣——上可怕的東西，我們最近流通
市面的銀幣是多麼令人喜愛啊！那上面有個播種的女人。她在
旭日東昇的時刻，用輕捷靈活的手在犁溝裡撒播思想的良種。
這個圖像既簡單平凡又崇高偉大，眞是發人深思。

　馬賽的德拉克馬錢幣的最大優點在它那華美的浮雕。雕刻
這枚古幣的藝術家是位版畫大師。但是，他缺少啓發人類靈感
的元素。他所雕刻的臉蛋渾圓、面頰豐滿的黛安娜，實際上是
個放蕩骯髒、令人厭惡的女人。

　這裡是沃爾西人⑥的納馬薩特。納馬薩特後來成爲羅馬殖

---

⑥ 沃爾西人：古代義大利部落，於西元前304年歸順羅馬，迅速同化於羅馬社
　會。——編注

民地尼姆。奧古斯都的臉和他的大臣阿格利帕[7]的面部側面並列一起。前者硬眉毛、平腦袋、鷹鉤鼻，引不起我的信賴；雖然溫和的維吉爾談到他時說「成功造就神」。如果奧古斯都這個神明的罪惡計畫沒有得逞，他就會仍然是惡棍屋大維。

　　他的大臣比較令我喜歡。這是個讓石頭動個不停的人。他用他的土木工程、引水渠、道路，使粗野的沃爾西人稍微文明開化起來。離開我的村子不遠，一條宏偉的大路從埃格河河岸筆直穿過平原上升。這條道路漫長而且單調的索然無味，它在強大的古羅馬城堡的保護下，穿越了塞西尼翁的丘陵。這些城堡後來都變成了古堡。

　　這是阿格利帕修築的道路的其中一段。他將馬賽和維也納連繫起來，這條莊嚴雄偉的帶子有兩千年之老，車水馬龍，人來人往。在那裡再也看不見昔日羅馬軍團那些身穿褐色戰袍的步兵，能看見的是領著羊群或是一群不聽話的豬仔前往毆宏桔市場的農民。在我看來，這樣倒更好些。

　　讓我們翻轉這枚蓋滿銅綠的、粗大的蘇吧。它的背面向我

們展示出尼姆這個殖民地。伴隨說明文字的是一條被鎖綁在棕櫚樹上的鱷魚，樹上懸掛著一頂王冠。這是被殖民地資深的創建者所征服的埃及的象徵。尼羅河的這頭畜生，在牠熟悉的樹下，牙齒咬得咯咯直響。它還對我們談起酒色之徒安東尼[8]。它也對我們談起克麗奧派屈拉[9]。這個埃及女人的鼻子如果是塌的，就會改變世界的面貌。這隻臀部有著鱗片的爬蟲類喚起了人們的回憶，為我們上了一堂很好的歷史課。

金屬古幣學的高級課程就這樣長期延續。這些課程光怪陸離、多種多樣，而又不遠離狹窄的鄰近地區。但是，還有另一種古幣學。這種古幣學高深得多，而花費較少。它用它的紀念章——化石，向我們講述歷史。這是石頭的古幣學。

在我的窗子邊緣，這個古老歲月的知己，和我交談著已經消失的世界。這個世界是塊不折不扣的屍骨埋葬地，保留著過去生命的印記。這個石子堆的生命已經終結。海膽的尖頭、魚類的牙齒和椎骨、貝殼的殘餘、石珊瑚類的碎片等在那裡形成一個墓塚。對著我家的礫石逐一細看，這個建築物會化成一隻

---

⑧ 安東尼：西元前82～前30年，古羅馬統帥和政治領袖。——譯注
⑨ 克麗奧派屈拉：西元前69～前30年，埃及托勒密王朝末代女王，貌美，有權勢欲，先為凱撒情婦，後與安東尼結婚，安東尼潰敗後又欲勾引屋大維，未遂，以毒蛇自殺。——譯注

聖骨箱、一個古代生物的舊衣堆。

被開採成建築材料的岩石層，用它強固堅硬的殼覆蓋著附近的大部分高原。不知道多少世紀以來，也許從阿格利帕為毆宏桔劇場的階梯和正面採擷大青石的時代起，採石工就在那裡挖掘搜尋。

鐵鎬每天在那裡把稀奇古怪的化石挖掘出來。最惹人注目的是牙齒。這些牙齒外表粗糙，內部光滑，妙不可言，琺瑯光亮得和新鮮狀態時一樣。化石中有形態嚇人的，有三角形的，有邊緣呈精緻垛形的。這些石頭幾乎都有手掌那樣寬大。

這張有這樣一口牙齒的魚嘴是怎樣一個深淵啊！牙齒排成幾列，像梯子那樣一直延伸到喉嚨。被這樣大剪刀般的傳動系統突然咬住、撕碎的是一口口什麼樣的東西啊！只需想到這部可怕的破壞機器一旦被重新再製，您就會不寒而慄。這個像死神般裝備起來的怪物，屬於角鯊一類。古生物學稱牠為巨噬人鯊。今天的鯊魚——海洋的恐怖份子——可以讓人了解關於這個怪物的概念，正如矮子可以讓人了解關於巨人的概念一樣。

在同一塊石頭裡還頗不乏其他種類的角鯊的化石。牠們全都有著兇狠的喉嚨。其中有牙齒像尖刀的尖額鯊，有下頜長著

彎曲、有齒的爪哇頂重器的半鋸鰩，有嘴裡長滿彎曲鋒利、一面平一面凹的尖刀的鼠鯊，還有在扁平的牙齒上有發光的鋸齒的板鰓鯊。

這個牙齒軍火庫是古老殺戮世界的生動證明，與尼姆的鱷魚、馬賽的黛安娜、維淙的馬一樣。這個軍火庫用它的屠殺武器向我講述消滅過多生命的行動，是怎樣在每個時代都曾經發生過。這個軍火庫告訴我：「就在您對那裡的石片進行思考的地方，以前被海水淹沒。這片海水裡住著好鬥的掠食者以及和平的被掠食者。一道長長的海灣占據著後來成為隆河所在的位置。離您的住所不遠，波濤洶湧，白浪滔天。」

的確，這裡海岸的懸崖絕壁是座倉庫，每當我沈思冥想時，隱約間我彷彿聽見了大海的漩渦發出雷鳴般的聲響。海膽、石蟶、海筍在岩石上留下它們的標記，這是一些可以把拳頭攔進去的半圓形凹窩；這是一些洞口狹窄的圓形巢室，隱居者就在這些洞口收受陣雨般不斷更新且能載運食物的水流。有時，一個古代蟲魚居民在那裡礦化了。牠的條痕和小鱗片，這些脆弱的裝飾都完完整整地保存下來。而屢屢發生的情況是：這個古代居民不見了、溶解了。牠的房屋填滿了很細的海泥，海泥變成了堅硬的石灰質。

在這個寧靜的小海灣裡，一個漩渦將周圍一堆堆形狀各異、大小不同的貝殼集攏在一起，並且讓它們淹沒在以後變成泥灰岩的淤泥中。這是以小丘做爲墳頭的軟體動物墳場。我挖出一些長半公尺、重二到三公斤的牡蠣。在小丘裡，扇貝、芋螺、骨螺、錐螺、筆螺、以及其他動物眞是滿坑滿谷。這樣一個偏僻的角落，蘊含著這麼豐富的聖骨，彷彿充盈著激情四溢的遠古生命力，眞令人目瞪口呆，萬分驚愕。

有殼的埋葬蟲還向我們肯定，時間這個事物秩序的耐心革新者，不但毀滅掉了單個的生物（朝不保夕、岌岌可危的東西），而且還毀滅了整個的物種。今天，在毗鄰的大海，也就是地中海裡，幾乎沒有任何和已經消失的海灣裡的蟲魚居民相同的東西。要找到若干現在和過去類似的容貌，必須到熱帶海洋裡去尋找。

這裡的氣候已經變冷，太陽慢慢熄滅，物種正在滅絕。我窗邊的石頭就這樣對我述說著它所涵蓋的古幣學。

讓我們向石頭請教，而不需離開我那個十分簡陋、異常狹窄，然而內容卻非常豐富的觀察場所。這一次我們來請教有關昆蟲的事宜。

　　在阿普特附近，風化成奇形怪狀的片狀岩石觸目皆是。這些岩石類似微白色的薄紙板。將這種物質燃燒，會冒出黑煙，吐出火苗，散發出瀝青的氣味。這種物質沈澱在鱷魚和巨龜常去的大湖湖底。人類從來沒有親自看過這些大湖，如今湖盆被丘陵的山脊代替，爛泥平靜般地沈澱爲薄薄的地層，變成堅硬的暗礁。

　　讓我們從暗礁中分離出一塊石板來，用刀尖把它再分成小片。這項工作和把重疊的字板一層層分開同樣容易。這樣做就像是從「大山」這個自然圖書館取出一卷書來參閱，一本插圖華美的書。

　　這是大自然的一部手稿，比埃及的紙莎草紙趣味更多，差不多每頁都有插圖。更妙的是，眞實事物轉變成了圖像。

　　這一頁展示出隨意聚集成堆的魚。這些魚彷彿被石腦油[10]煎炸過似的，魚刺、魚鰭、脊椎鏈、魚頭小骨、變成黑色小球的晶狀眼球等全都呈自然形態。其中唯獨缺了一種東西：肉。

　　這有什麼要緊呢。魚，這道菜的外觀很好，讓您很想用指

---

[10] 石腦油：由石油中提煉出來，用來點火、去污及稀釋其他化學物質。——編注

尖去觸摸一下，嚐嚐這保存了幾千年的罐頭。讓我們天馬行空、胡思亂想一下吧，讓我們放一些這種石腦油調味的礦物油炸魚在牙齒下面。

書的圖像旁沒有任何說明。思考取代了說明。思考對我們說：「這些魚成群結隊生活在那裡，生活在平靜的水裡。江河突然上漲，河泥使滾滾波濤厚稠起來，魚因此窒息死亡，並且立即被淤泥掩埋。牠們就這樣避免了風雨等氣候因素的摧毀損害。牠們跨越了時間，在裹屍衣的遮護下，無限期地穿越時間隧道。」

而上漲的河水帶來附近被雨水沖刷下來的泥土，和一大堆植物的或是動物的碎屑，所以湖泊的沈澱物也對我們講述了陸地發生的事物。這就是那裡生活的總彙編。

讓我們來翻開我們的石板，或者說得更恰當些，翻開我們的畫冊其中一頁。裡面有長著翅膀的種子，還有畫著褐色印痕的樹葉。

石頭植物集和專業植物集互相競賽呈現植物的清晰程度。石頭植物集向我們重述著那些貝殼透露讓我們了解到的情況：世界在變；太陽衰竭。普羅旺斯現有的植物不再是從前的植

物。普羅旺斯不再有棕櫚科植物、散發出樟腦味的月桂、用羽毛裝飾起來的南洋杉、以及其他很多喬木和灌木。而這些喬木和灌木是屬於氣候炎熱地區的。

讓我們繼續翻閱下去吧。這一頁是昆蟲。最常見的是雙翅目昆蟲。牠們個子不大，往往是些微不足道的飛蟲。即使是大角鯊的牙齒，從那粗糙的石頭表面摸起來也顯得纖細光滑；而這些放置在泥灰岩聖骨箱裡沒有受到碰損的嬌弱小飛蟲，真讓我驚訝不已，不知道該說些什麼了？這些我們用手指輕輕抓捕就會粉身碎骨的嬌弱動物，竟然在崇山峻嶺的重壓之下絲毫沒有變形。

六隻纖細的腳攤展在石頭上，形狀和姿態都十分整齊。這是昆蟲休憩的姿勢。稍微一點什麼動作就會使這些腳脫臼。它們什麼都不缺，甚至連指頭的雙爪也不缺。將雙翅目昆蟲用大頭釘固定，放置在放大鏡下，可以好好地對昆蟲那張纖細的翅脈進行研究。觸角的羽毛飾絲毫沒有失去它們的精巧和豔麗。腹部的體節被一列可以清楚數出的微粒圍繞著，這些微粒就是纖毛。

乳齒象的骨骼在沙床上對抗時間的蝕損，這已經令我驚訝不已；然而一隻十分嬌弱小巧的飛蟲，在厚厚的岩石中竟然保

存得完整無缺，簡直讓我目瞪口呆。

當然，蚊子不是從遠方飛來，而是被上漲的河流攜帶至此的。牠到來之前，一條喧鬧的細流本來會使牠化為烏有（牠原本已非常接近「烏有」）。牠在湖岸了結了一生。某個早晨的歡樂使牠喪失了生命（一個早上便是小飛蟲的高齡）。牠從那根燈心草上掉下來，這個溺斃者便立刻消失在全是淤泥的地下墳墓裡。

其他這些蟲子，這些粗短矮胖、長著堅硬的凸狀鞘翅的蟲子，這些數量僅次於雙翅目昆蟲的蟲子是什麼呢？牠們狹窄細小、延伸成喇叭形的頭，很清楚地告訴我們答案。這是長鼻鞘翅目昆蟲、有吻類昆蟲。說得通俗些，這就是象鼻蟲。有細小的，有中等的，有粗大的，個子和牠們今天的同類一樣。

牠們停在石灰質小片上的姿勢沒有蚊蟲那樣端正，腳爪隨意亂放，口器有時藏在胸下，有時前伸。牠們當中，有些將口器從側面露出；有些則透過頸脖上的一綹絨毛將口器斜著伸出，後者更加常見。

這些肢體殘缺扭曲的象鼻蟲，沒有像雙翅目昆蟲那樣被突然地、平靜地埋葬。雖然有小部分的象鼻蟲在海岸植物上終其

一生，但絕大多數的象鼻蟲卻來自附近地區，被雨水沖刷下來。在經過細枝和亂石等障礙時，雨水使牠們的關節變形。雖然堅固的盔甲保護牠們的身體完整無損，但四肢細小的關節卻有些彎曲、折裂。污泥裏屍布收納溺斃者時，溺斃者的模樣就是混亂的行程把牠們弄成的那副模樣。

這些象鼻蟲也許來自遠方，向我們提供寶貴的資料。牠們告訴我們，如果說湖邊昆蟲的主要代表是蚊子，那麼樹林昆蟲的主要代表就是象鼻蟲了。除有吻類昆蟲之外，我的阿普特片狀岩石的確幾乎再也沒有展示出什麼東西來，特別在鞘翅目一族更是如此。其他陸上昆蟲，如步行蟲、食糞性甲蟲、天牛在哪裡呢？雨水在澆淋沖洗物體時不偏不倚，把牠們像象鼻蟲那樣帶到湖泊裡去了嗎？這些今天十分繁盛的族類，沒有絲毫過去的遺跡。

豉甲、龍蝨這些水中居民在哪裡呢？關於這些湖沼昆蟲，很可能當我們發現牠們時，牠們已經在兩塊泥炭岩之間變成了木乃伊。如果當時有這些蟲子，牠們就生活在湖泊裡。湖裡的爛泥把這些比小魚，尤其是比雙翅目昆蟲有著更完整的觸角的動物保存起來。然而，關於這些鞘翅目昆蟲，也沒有任何遺跡可循。

　　這些在地質聖骨箱裡找不到的蟲子在哪裡呢？荊棘叢裡的、草坪上的、蟲蛀樹幹上的蟲子──天牛（會鑽木的昆蟲）、金龜子（糞的利用者）、步行蟲（獵物的剖腹殺手）在哪裡呢？牠們全都處於變化中的未成形狀態。在那個時代，沒有牠們。未來在等待著牠們。如果我相信這些我能夠查閱到的簡單貧乏的檔案資料，那麼象鼻蟲就是鞘翅目昆蟲中的老大。

　　生命在它起源時刻，製造了一些在當時和諧狀態中相對不和諧的奇特事物。當生命創造蜥蜴類動物時，它最初熱衷於創造十五到二十公尺的巨獸。它在這些怪物的鼻子和眼睛上裝上角，在牠們的背上鋪上古怪的鱗片，把牠們的頸脖鑿成有刺的包，而在這些包上的頭就像縮進風帽裡一樣。

　　生命甚至盡力讓這些巨獸長出翅膀來，但不很成功。然而在這些可怕的事物被創造之後，生殖的激情和狂熱平息了下來。於是我們的籬笆上常見的綠色蜥蜴出現了。

　　當生命創造鳥的時候，牠在鳥的嘴喙上裝上爬蟲類的尖利牙齒，還把一條長長的飾羽掛在牠的臀部。而這些不定形的、難於辨認的、醜得令人心緒不寧的動物，卻是紅喉雀和鴿子的遠祖。

　　這些原始動物的腦袋很小、智力很差。古代的野獸一開始先被創造成一部能夠突然抓住獵物的機器，一個能夠消化東西的胃。智慧在當時還不重要，它之後才出現。

　　象鼻蟲以自己的方式稍微重現出這些畸變和誤差。瞧瞧牠頭上那稀奇古怪的延伸部分。在牠頭上是個厚而短的吻端，別處則是強壯的圓形吻管或剪削成四個面的吻管。這個吻管非常奇特，像北美印第安人的長煙斗。這東西像馬尾毛那樣纖細，像牠的身體那樣長，甚至更長。在這奇特工具的末端是大顎這個靈敏的大剪刀，身體兩側則為觸角。

　　這個喙、這張嘴、這個奇怪的鼻子有什麼好處呢？昆蟲在哪裡找到這些器官的模型呢？哪裡也找不到的。牠自己就是這些器官的發明者。牠獨有這些器官。除了牠所屬的那一科昆蟲外，沒有任何鞘翅目昆蟲有這樣一張奇形怪狀的嘴。

　　此外，牠那狹小的腦袋也值得注意。這是一個幾乎在鼻子底部膨脹起來的球。那裡面有什麼呢？一個蹩腳的神經工具——本能十分有限的標誌。人們在看這些小頭昆蟲幹活之前，輕視牠們的智力。牠們被列入遲鈍呆滯、缺乏技術的動物之中。這些假設之後沒有遭到否定。

　　雖然象鼻蟲科昆蟲的才能沒有使牠受到讚揚，但這並不能成爲輕視牠們的理由。正如湖泊裡的片岩向我們透露的那樣，牠們在鞘翅目昆蟲中位居先祖，牠們在預防可能發生的意外上，領先於在孵育方面最靈巧的蟲子。牠們向我們展示出最初的形態。長著齒形大顎的鳥和長著有角的眉毛的蜥蜴，在一個高等世界裡是什麼樣態，牠們在牠們那個小小的世界裡就是什麼樣態。

　　象鼻蟲科昆蟲始終繁榮興旺，不改變特徵就一直延續到今天。牠們現在的樣態就是牠們古老年代時在各個大陸的樣態。石灰質頁岩的圖像更加肯定了這點。我冒險把屬的名稱，有時甚至還把種的名稱試圖放在這些圖像下面。

　　本性的恆久不變性，應該伴隨著形態的恆久不變性。透過調查研究現在的象鼻蟲科昆蟲對於牠們祖先的生物學知識的了解，我們將得到與眞實情況十分接近的答案。那時古老的普羅旺斯，是由一片棕櫚樹林將鱷魚生長其中的遼闊湖泊遮蔽起來的呢。現在的歷史將向我們述說著過去發生的種種。

第五章

色斑菊花象鼻蟲

　　「菊花」像是個概念模糊不清的名稱，不能讓我們了解到任昆蟲際何東西。這個名稱聽起來很好聽，念起來也不像嘶啞的咳嗽聲讓人耳朵感到難受。這已經不簡單了。但是，缺乏經驗的讀者仍希望命名還可以更好些。他們希望用協調的音節組成名稱，並能簡要地說明被這樣命名的昆蟲的體貌特徵，讓他們置身於擁擠嘈雜的蟲群中，有所嚮導。

　　我十分同意這種說法。不過與此同時，我也承認想要貼切地命名昆蟲，實際上十分艱難。愚昧無知迫使我們猶豫不決，有時甚至迫使我們行事荒唐。讓我們來看看吧。

　　色斑菊花象鼻蟲的真實意義是什麼？希臘文告訴我們，「Λαρινός」這個詞的詞意為發胖的、肥胖的。本章敘述的這

個昆蟲有權獲得這樣一個詞嗎？絕對沒有。我承認這隻昆蟲是像各種象鼻蟲那樣大腹便便，但卻並不比其他任何一種象鼻蟲更配得到患肥胖症的證明書。

讓我們進一步鑽研下去。希臘文 Λαϱαος 這個詞的意義是美、光滑、漂亮。這次取對了嗎？也沒有。當然，色斑菊花象鼻蟲並非不漂亮優雅。然而，在有吻管的鞘翅目昆蟲當中，許多都在服飾美方面超過了牠啊！我們柳樹林裡正養育著那些擦上硫黃色、鑲著鉛白邊、塗著孔雀石綠的昆蟲，牠們在人的指端留下像是蝴蝶翅膀上的鱗粉。我們葡萄樹和白楊樹上則有些這類昆蟲中的高等蟲子，這些蟲子的金屬光澤比泛著銅色的黃鐵礦還漂亮，這些豪華奢侈、舉世無雙的蟲子生活在熱帶地區，這種蟲子是真正的珠寶首飾，連我們珠寶盒裡的奇珍異寶與之相比都會相形見絀、黯然無光。不，卑微的色斑菊花象鼻蟲無權受到如此高度的讚揚。在象鼻蟲類的昆蟲中，美的稱號應該冠戴在其他昆蟲身上。

為牠命名的教父如果對情況更加了解，並且根據牠的習性取名，就會稱牠為朝鮮薊花盤的開發者。色斑菊花象鼻蟲族群的確在飛廉科植物，如薊草、矢車菊、飛廉、刺苞薊等植物多肉的花盤上安家落戶。這是牠們的專長，牠們的領域。這些植物的結構和味道或多或少讓人回想起我們桌上的朝鮮薊。色斑

菊花象鼻蟲被指派修剪蔓生且兇惡的薊草。

　　瞧瞧飛廉那白色的或者藍色的玫瑰形絨球上，一些長喙昆蟲亂鑽亂動，笨拙地鑽到小花堆裡。這些蟲子是誰呀？是色斑菊花象鼻蟲。打開玫瑰形絨球，剖開它多肉的底部。一些胖嘟嘟的、沒有腳的白色蠕蟲正因突然接觸空氣和光，大吃一驚、忐忑不安地輕輕搖擺。牠們在窩裡都是單個孤立的。這些蟲子是誰呀？是色斑菊花象鼻蟲的幼蟲。

　　在這裡，準確性需要有所保留。另外幾種象鼻蟲科昆蟲，是那些我們將花些時間加以觀察的象鼻蟲科昆蟲的鄰居。這些象鼻蟲科昆蟲也喜愛多肉的、有菊花味的花托。不用擔心，色斑菊花象鼻蟲在數量、出現次數、身材等方面都壓倒這些象鼻蟲科昆蟲，至少在我居住的地區，牠是薊草尖常見的殲滅者。在我力所能及的範圍內，讀者現在應該了解了一些情況。

　　整個夏天、整個秋天，直到嚴寒來臨，南方最雅致的薊草開滿路邊。它那美麗的藍花集結成有刺圓形的腦袋，使它獲得了「藍刺頭」這個植物學上的名稱。這個名稱暗指它就像蜷縮成球的刺蝟。的確，這就是刺蝟。說得更好些，這是插在樹枝上，變成天藍色球的海膽。

優雅的絨球把它千百根的刺掩藏在盛開成一顆顆星星小花的帷幕下，誰冒冒失失用手指碰觸它，就會對它表面柔弱內部卻粗硬感到驚奇。它那上綠下白和毛茸茸的葉子，至少會對沒有經驗的人發出警告。葉子看上去是尖尖的裂片，每張裂片尖都有極其尖銳的針刺。

開發這種薊草可是色斑菊花象鼻蟲的祖傳產業。色斑菊花象鼻蟲在背部抹上一團陰暗模糊的黃色粉末。象鼻蟲科昆蟲吃這種草葉很有節制。六月還沒有結束，象鼻蟲科昆蟲就利用那時還呈綠色、像豌豆大小，最多像櫻桃大小的薊草花球來建立家庭。兩、三個星期內，移殖活動在一天比一天更藍、一天比一天更大的花球上繼續進行。

在早晨陽光的朗照下，一對對非常溫柔的配偶在那裡配對，牠們用活動手柄般的腳緊緊摟抱，婚姻的序曲就此響起，帶點鄉下人的笨拙風味。色斑菊花象鼻蟲父親這時用前腳控制牠的配偶，用後腳的跗節不時輕輕摩擦配偶身體側面。粗魯的搖動、狂熱的扭動和溫柔的撫摸交替進行。這時受到搖動和撫摸的雌蟲趁空檔時，用嘴加工花球，準備卵窩。即使在新婚蜜月期間，這個勤勞的新娘也為家庭操心勞神得沒有片刻歇息。

色斑菊花象鼻蟲
（放大2½倍）

這種象鼻蟲科昆蟲的口器如此之奇異，即使在狂歡節的最後，人們縱然荒唐怪誕，也不敢為自己製作這樣的「鼻子」。關於這種口器，我們有合乎我們要求的充裕時間來了解。我的受試者，那些金屬鐘形網罩下的囚犯，正在陽光下，在我的窗臺上活動著。

一對色斑菊花象鼻蟲配偶剛剛分開。雄蟲不關心即將發生什麼，轉身離開去吃點東西。牠不在藍色的花球上——這是為幼蟲儲留的，而是在樹葉上吃食。牠的口器在向光面的葉上一口口地吃著。色斑菊花象鼻蟲母親則留在原處繼續已經開始的工作。

牠將口器完全伸進小花組成的圓球中。此外，這隻蟲子很少有什麼動作，最多不過先朝著一個方向，然後再朝另一個方向慢慢跨步。這可不是在轉螺絲呢，而是頑強地想將尖頭樁、錐子插入。大顎這個靈巧的大剪刀不斷地鑽、鑿。這就是一切。最後，再以口器挖掘，換句話說，牠向底部彎下，拔出、托起頭狀花序的小花，然後再將它們放回去。在所有色斑菊花象鼻蟲居民的窩上，人們將看見地面微微上升。這項挖掘工作整整持續了一刻鐘。

這時色斑菊花象鼻蟲母親翻轉身子，用腹部末端找到豎坑

的入口，安放了牠的卵。用什麼方式安放呢？產卵者腹部的體積太大、太鈍，以致無法通過狹窄的隘路直接安放卵。在這裡，一種特殊工具，一種把卵安放到安全地點的探測器，是不可或缺的。色斑菊花象鼻蟲的探測器並不顯眼，我沒有看見牠拔出這樣的東西，因爲牠動作非常迅速敏捷、小心謹慎。

不要緊。我的觀察只是表面的。爲了把卵安放到剛剛鑽成的豎坑底部，色斑菊花象鼻蟲母親的產卵箱裡大概有一把引導尖頭樁、一根看不見的備用硬管。我們將在例證更具結論性的情況下，再來談談這個奇怪的主題。

第一個問題已經解決了。象鼻蟲科昆蟲的口器，這個最初被認爲是滑稽的鼻子，實際上卻是母性的撫愛工具。從一個最反常怪誕的器官，忽而變成了合乎規律的、不可或缺的器官。既然這個嘴有著大顎和口器等其他部分，毫無疑問的，它的功能就是進食。但是，在這種功能之外，還有一項更加重要的功能。這個七拼八湊、稀奇古怪的套管針①，它和產卵管合作，爲產卵做好準備工作。

這個工具——象鼻蟲科昆蟲的特徵，很差強人意，但色斑

① 套管針：醫學上用於排出液體的儀器。——編注

菊花象鼻蟲父親卻毫不遲疑引以爲榮。雖然工具本身並不適於鑽挖居所的房間，但是以伴侶爲榜樣，牠也攜帶鑽頭，只是這個鑽頭尺寸小些，這正好適合牠所扮演的卑微角色。

現在第二個問題也清楚了。想把卵帶進合適的地方，產卵蟲天生便擁有一種具有雙重功能的工具。這是合乎規律的。這件工具既能打開通道，又能把卵帶到那裡安放。蟬、螽蟖兒、葉蜂、褶翅小蜂、姬蜂也都是如此，牠們都在腹部末端攜帶著刀、劍、鋸子和探測器。

色斑菊花象鼻蟲分別以兩件工具進行工作。工具之一在前，是產卵管。另一件工具在後，隱藏在體內，產卵時拔出，當作導向管。除了象鼻蟲外，我不知道其他昆蟲是否也有這種奇怪的機制。

卵安置好後（由於鑽頭做好了準備工作，產卵很快就完成了），色斑菊花象鼻蟲母親回到住滿蟲卵的花冠上。牠壓緊受到震動的莖梗，把拔出的小花輕輕向後推，然後不再堅持就離開了。有時牠甚至省免了這些預防措施。

幾個小時後，我仔細觀察被利用的頭狀花序。我們可以藉由一些褪色的、微微突出的斑點辨認出這些花序，每個斑點就

是一枚卵的隱蔽處。我用刀尖把褪色的小花團取出，打開。在它的底部，一間圓形小室裡有卵。卵略大、黃色、橢圓。這個圓形小室位於中央花球，即頭狀花序的花托上。

卵被一種褐色物質包裹著。這種物質來自薊草被產卵者的工具碰傷的組織，也來自凝固成膠黏物的傷口滲出物。這個包裹物往上形成一不規則的錐體，末端則是乾燥了的頭狀花序的小花。在花簇的中央通常有個洞口，這很可能是通氣窗。

只需數一數不規則分布在藍底上的黃色污點，而不必弄壞住所，就可以輕易地把放入頭狀花序裡的卵數清楚。我找到的卵多達五、六個，或者更多，甚至在某個比櫻桃還小的頭狀花序的花冠上也找到了。每個污點覆蓋住一個卵。所有這些卵都產自同一個菊花象鼻蟲母親嗎？這是有可能的。這些卵也可能屬於不同的母親，因為兩隻色斑菊花象鼻蟲母親在同一個花球上忙著產卵，這樣的事並不罕見。

有時產卵的位置幾乎緊靠在一起。似乎產卵者計數的能力十分有限，無法考慮到這些位置是否被占有。牠放置牠的套管針，卻沒有注意到旁邊的位置已被占用。一般說來，想在薊草菲薄的宴席上用餐者實在太多了，但是，最多只有三隻幼蟲能夠在那裡找到活命的東西。早到的會繁榮興旺起來，晚到的則

因餐桌上已座無虛席，就會因而死亡。

幼蟲在一個星期內孵出，牠們像有著橙黃色腦袋的白色小微粒。讓我們假設有三隻小蟲在這裡，這種情況最常見。這些小傢伙的食櫥裡有些什麼呢？幾乎什麼都沒有。只有飛廉類植物中的薊草例外，它的花不長在多肉的花托上，像朝鮮薊花盤那樣展露出來。讓我們打開它的頭狀花序來看看，中央有個圓形硬核，這是個幾乎和胡椒同樣大小的小球，長在一根小柱末端，小柱是小枝杈的延續。食櫥內的情況就是這些。

對三隻共同進餐的小蟲來說，食物微薄，還不夠一隻蟲子吃頭幾餐飯，至於進行身體變態時所需準備的儲備物就更少了，更何況這些東西既不容易啃咬，又沒有營養，而且就是這些存糧讓幼蟲外層塗上一層奶油的脂肪層。

然而，就在這看似平常的小球及其支撐小柱子上，三隻經常共餐的蟲子找到了恢復元氣和發育成長所需要的東西。牠們的牙齒不向著別的部位，啃咬更是極端小心謹慎。小球表面被刮淨、弄缺，沒有被完全消耗。

用這樣一點微薄的物質製造大量的東西，用一點麵包屑餵養三個有時四個飢餓難捱的胃，這是無法令人置信的奇蹟。食

物的秘密肯定存在於那些微薄的固體食物之外。

　　我讓幾隻開始長大的色斑菊花象鼻蟲幼蟲毫無遮蓋，我將住所和幼蟲居民安頓在玻璃試管裡，並用放大鏡長時間觀察這些被囚禁的蟲子。我沒有看見牠們啃咬已經有缺口的中央小球和被刺破的軸莖。我不知道從什麼時候開始，這些幼蟲的大顎沒有再從這些刨平的表面（似乎是每天的麵包）咬一口。牠們的口器最多接觸「麵包」片刻，然後就向後退縮，又忐忑不安，又倨傲不屑。很明顯，菜肴是木質的，還很新鮮，但不適於食用。

　　論證由我的實驗結果補充全了。我白費工夫讓薊草在用濕棉花團封堵的玻璃試管中保持新鮮。我飼育幼蟲的實驗一次都沒有成功過。自從頭狀花序從它生長的植物上分離之時起，不管我是否精心呵護，它的居民都死於飢餓。這些居民全都在牠們出生的小球中心日漸衰弱、有氣無力、奄奄一息，最後死亡。我換其他容器——試管、短頸廣口瓶、白鐵盒子來飼養，結果都是這樣。相反的，在這之後當進食期終止時，我很容易便讓幼蟲保持良好的狀態，稱心如意地跟蹤觀察牠們蛹期的準備工作。

　　這些失敗的結果表明，色斑菊花象鼻蟲的幼蟲不吃固體食

物。牠需要樹汁的清淡湯羹。牠打開牠那蔚藍色食物儲藏室的小桶，取出酒來，即牠小心謹慎地、有節制地在頭狀花序的軸莖上和中央核上打開缺口。

色斑菊花象鼻蟲幼蟲在這些表面傷口上舐、喝薊草滲出的液汁。這些水從根部大量湧來。隨著表面傷口結疤變乾，新的刨削動作使傷口再度暴露在外。只要藍色花球這個食物儲藏室豎立著、充滿生機，樹汁就會源源不斷的上升，酒桶就會滲出酒來，幼蟲就會用嘴唇在那裡吸收營養豐富的飲料。但是，這個食物儲藏室一旦脫離枝杈，失去源泉，就枯竭了，幼蟲也會因此在短時間內死亡。這樣，為何我總是將幼蟲養死的結局，就得到了解釋。

對色斑菊花象鼻蟲的幼蟲來說，舐食薊草傷口的滲出物已經足夠了。幼蟲在中央花球上孵出後，圍繞軸莖就位，牠們之間的距離與共餐者的數目相稱。每隻幼蟲用大顎咬掉牠面前的莖皮，讓富有營養的液汁湧出。如果液汁的源泉因傷口結疤而枯竭，就咬破新的傷口使源泉再現。

但是，啃咬動作十分謹慎。中央柱子和它的柱頭是住宅主要的支撐。一旦護欄受損太過嚴重，風一吹就會倒塌，便會破壞了住宅。至於引水渠，如果自始至終都有足夠的汁液滲出，

就必須重視維護渠道。幼蟲不管有三條或四條，都必須克制自己，不過分向前刨削。

這些幼蟲弄開的切口──刮刀謹慎操作的成果，既不損害建築的堅固，也不妨礙導管的運轉。因此，排列在花軸上的花朵儘管受到蹂躪，卻仍保持美麗的外觀，像平時那樣怒放盛開。只不過暗黃色斑塊一天天蔓延擴大，在美麗的藍色地毯上形成污點。在每個污點上，在凋謝的小花的掩護下，一隻幼蟲定居下來。所以有多少黃色斑點，就有多少在宴席上就位的用餐者。

我們說過這些小花的支撐物──花托，是安置在花軸上的小球。小蟲就從這個小球開始活動。牠們從花托開始侵襲小花，拔掉這些小花，還用脊柱將這些小花向後推。被開墾的地方有些削損，有些缺角，變成了一家小酒店。

被拔掉的小花變成了什麼呢？變成了被推倒在地上礙手礙腳的廢棄物嗎？微小的昆蟲也注意到避免如此。因為如果這樣做，將會在敵人眼前裸露出自己豐滿多肉的臀部。這個臀部很小，但很誘人。

墾荒時產生的廢棄物被推到後面，始終沒有被觸動到，一

個靠著一個聚集起來。沒有一根麥稈、沒有一片鱗片偶然掉在地上。所有被拔掉的小花，被用一種凝結快、抗雨水的黏膠固定在花托上，看起來好像是完整的一簇花，花序保持原樣不動，除了受傷部位的黃色色彩以外。隨著幼蟲一天天長大，頭狀花序的另一些小花被拔下，排列在房頂的其他小花旁邊。房頂就這樣逐漸膨脹起來，最後變成了駝背形。

色斑菊花象鼻蟲就在這裡找到了一個安靜的住所，不受惡劣氣候和炎炎烈日的侵襲。色斑菊花象鼻蟲幼蟲隱士在其內平安地喝桶裡的水，逐漸肥胖起來。我猜想這隻幼蟲會運用牠的技藝，修補這個住所。在缺乏色斑菊花象鼻蟲母親關懷的地方，幼蟲運用自己的特別才能做為保障。

然而，在色斑菊花象鼻蟲身上沒有任何東西顯示出牠會是個能幹的修建者。這個隱蔽所像根小小的香腸，淡鐵黃色，並呈曲度很大的鉤形。幼蟲沒有腳可供幫忙，除了口器和尾部（另一個靈活的助手）之外，沒有任何其他工具。這個小小的，帶有酸腐味奶油的圓柱體能夠幹什麼呢？在有利的時機觀察牠工作並不困難。

將近八月中，發育良好的幼蟲致力於加強、粉塗住所以備下個蛹期使用。這時我打開幾個巢室。已經被捅破，但仍然附

著在出生的頭狀花序上的殼，在玻璃杯裡排列成行，這只杯子
讓我能仔細觀看色斑菊花象鼻蟲這個建築工在做什麼，而又不
會打擾牠們。不待等候就有了結果。

　　色斑菊花象鼻蟲幼蟲在休息狀態時身體兩端十分靠近，呈
鉤狀。我不時看見牠讓對立的兩端緊密接觸，將自己環圈起
來。這時牠用大顎乾淨俐落地在牠的出糞孔收集像大頭釘那樣
大的液滴。（讓我們不要對這種行為感到憤慨。如果這樣，就
是不承認生命的神聖單純。）這是一種液體，顏色渾白、濃
稠、有黏性，外觀類似篤蓐香樹上有角的蟲癭[2]被弄斷時滲出
的黏液。

　　色斑菊花象鼻蟲幼蟲把牠那一小滴液體平均分配在住所缺
口的邊緣上。牠精打細算，將這一小滴汁液平均分配在各處，
推勻並巧妙地放進裂口。然後牠啃咬鄰近的小花，切下這些小
花的鱗葉和有毛的部分。

　　對牠來說這是不夠的。牠耙光軸莖和花序的中央核，從那
裡分離出碎片和微粒。這是非常苦累的工作，因為大顎切起東

---

② 蟲癭：因昆蟲的幼蟲寄生於植物的組織，使寄生部位畸形發育，所形成的瘤狀
　　物。相關文章見《法布爾昆蟲全集8──昆蟲的幾何學》第十章──編注

西並不俐落，大顎的主要功能是拔而不是切。

色斑菊花象鼻蟲幼蟲將一切都分配放置在還很新鮮的膠著劑上，完成後，便活潑地亂爬亂動，把身子繃緊成鈎狀，然後鬆開。牠滾動，鑽進牠的小間，將這些碎屑黏合起來，並用圓形臀部當塞子把牆面弄光滑。

牠擠壓幾下、塗抹幾下之後，再次把身子蜷曲環圈起來。第二滴白色小液汁出現在牠的工廠的出口。牠的大顎就像往常那樣，突然咬住這個不光彩的產物。接著，同樣的工作又做一遍。首先是用膠塗抹，然後是用木質小片鑲嵌。

這隻昆蟲就這樣用抹刀刮上水泥塗抹了幾下以後，就動也不動了。牠似乎放棄了一件牠力不勝任的工作。二十四小時後，已經打開的殼始終敞開著。牠試著恢復元氣，卻不認眞關閉開口。這個工作太耗資費力。

牠缺少什麼？不缺木質材料，不缺四周始終可以開採到的碎石，缺的是黏性填料。生產這種填料的作坊停產了。為什麼停產？理由很簡單，因為薊草尖脫離枝莖後，導管枯竭，不再提供萬物之源的糧食了。

　　長著捲鬍鬚的迦勒底[3]人，用爐子裡燒煉過的和瀝青加固的爛泥塊建築房屋，而藍色薊草上的象鼻蟲科昆蟲卻早在人類之前就擁有製作瀝青的秘訣。更甚的是，牠在迅速敏捷和經濟節約的條件下，製作這些瀝青，這可是巴比倫建築工程承包人沒想過的。這些昆蟲在過去有屬於牠的瀝青來源，直到現在也還保存著這些來源。

　　這種黏性物質是什麼呢？我談過它像乳白石水滴那樣出現在腸子出口處，和空氣接觸後便成了樹脂，質地變硬，轉呈紅淺黃色，以致巢室內部看起來好像用木瓜汁凍塗抹過似的。顏色最後會變為暗褐色。在這種顏色上面，白色的細粒——混合的木質碎片，顯得十分突出。

　　觀察到這些讓我首先聯想到，這些黏性物質是色斑菊花象鼻蟲身上某種特別的分泌物，類似絲的分泌，但從相反的一端分泌出來。在幼蟲的身體後部真的有黏性腺體嗎？我解剖一隻正在從事泥水匠工作的幼蟲。實際情況與我的想像迥然不同。

　　色斑菊花象鼻蟲幼蟲的消化管道下端並沒有隨附任何腺體，體內也無跡可循。只見馬氏管相當粗大，共有四根，乳白

③ 迦勒底：古巴比倫王國南部一地區。——譯注

的色澤下顯現出一種值得重視的內含物：在腸子末端部分因一種相當顯眼的漿髓而鼓脹起來。

這是一種半流質且黏稠的黏性物質，呈渾白色。我在其中辨認出了大量不透明的小球。這種小球類似白堊粉塵。這些粉塵放入硝酸溶解會沸騰起泡，因而可以認定是一種尿酸產物。

毋庸置疑，這種很軟的漿髓就是幼蟲一滴滴排出和收集起來的黏著劑。直腸就好比是瀝青倉庫。外表、體色、黏稠性質的相似並沒有使我猶豫不決：色斑菊花象鼻蟲幼蟲的確是用牠污水下水道中的流動物質來黏合、加固、製作藝術品的。

這些黏性物質真的是排泄出來的殘餘物嗎？懷疑是被允許的。馬爾比基發現的四根毛細管能夠把粉狀尿酸鹽傾倒在直腸裡，也完全能夠把其他物質傾倒在直腸裡。一般說來，這些毛細管似乎沒有什麼獨一無二的作用。為什麼它們不在一個工具短缺的身體裡承擔多種職能呢？它們因其內有鈣質糊狀物而鼓脹起來，為天牛幼蟲提供了以大理石板堵塞住所需的材料。所以如果這些馬氏管裡充滿了色斑菊花象鼻蟲所需的瀝青，就不足為奇了。

在這種令人困惑的情況下，這解釋或許已經足夠了。我們

知道，色斑菊花象鼻蟲幼蟲飲食相當「清淡」。牠們不吃固體食物，而是大口大口地吸吮樹木的液汁，因此牠們不會製造粗糙的殘餘物。我從來沒有在小屋裡看見排泄物，那裡真是一塵不染。

但這並不表示食物全被吸收。當然還是有些毫無營養價值的殘渣。但這些殘渣十分纖細，而且接近流質狀態。加固物體和填塞縫隙的瀝青難道就僅僅是這個嗎？為什麼不是呢？色斑菊花象鼻蟲幼蟲就是用牠的排泄物，用牠的糞便修補優雅的住宅的。

我們不應該流露出反感的情緒。您希望色斑菊花象鼻蟲幼蟲隱士把什麼地方變成牠的小房間呢？牠的窩就是牠的世界。牠對其他地方一無所知。沒有什麼可以助牠一臂之力。如果牠無法在自己身上找到水泥的儲備物，牠就會死亡。許多毛毛蟲並不富足到能夠讓自己住在完美無缺、奢侈豪華的繭裡，卻也知道用一點絲來黏結牠們的毛。這位幼蟲隱士一窮二白，沒有所謂的紡織工廠，只好求助於腸子——牠唯一的助手。

這種使用糞便的方法再次顯示需求是一種多麼精巧的東西啊！用糞便為自己修建美輪美奐的宮殿，是最值得稱道的獨特想法之一。只有昆蟲才能夠這樣做。再者，色斑菊花象鼻蟲幼

蟲並沒有獨自壟斷這種建築技術。這種技術在維特魯威的著作裡沒有記述，不過很多在碎石方面可以得到更好供應的幼蟲，例如屎蜣螂、寬胸蜣螂、花金龜等的幼蟲，在排泄物建築的美觀上，比起菊花象鼻蟲幼蟲都有過之而無不及。

色斑菊花象鼻蟲的宅邸在蛹期接近時建成。這座宅邸是個十五公釐長、十公釐寬的卵形窩。它的結構很緊密，幾乎能頂住指頭的按壓。它的大直徑與頭狀花序的軸莖平行。當三個巢室集結在同一個支撐物上時（這是屢見不鮮的），外觀好似蓖麻的果實，有著三個具有粗硬毛的外殼。

小屋的外表則具村野風格，是用鱗片和毛的殘渣，特別是頭狀花序的小花砌成的。這些小花呈黃色，被從花托上拔起，並且隔一段時間就被向後推壓，整體上卻又保持著自然的協調。膠著劑是厚牆的主要成分。在內部，內壁十分光滑，塗著紅褐色的漆，布滿鑲嵌的木質碎屑。最後，柏油的品質極好，它使結實的坯料變成柴泥。再者，它能防水。即使巢室被淹，水氣也不會滲入內部。

總之，色斑菊花象鼻蟲的小房間是個舒適的住所。首先，它有皮革的柔韌性。這種柔韌性使擴建工程可以自由進行。其次，由於有了水泥加固，這個小房間堅硬得成了殼蓋。昆蟲在

變態時期，可以在那裡安靜地半睡半醒。剛開始的柔軟帳篷這時已變成了堅固的宅邸。

我思量著，色斑菊花象鼻蟲成蟲將在這裡過冬，受到保護不受潮濕侵襲。除了寒冷之外，牠不必再擔心什麼了。然而，我錯了。到了九月天，大多數的小房間都空空蕩蕩，雖然支撐小屋的藍色薊草仍然生長良好，不久那最後的頭狀花序也即將開放。色斑菊花象鼻蟲卻離開了，穿著牠那撒滿粉的外衣，顯得相當鮮活。牠從上面破壞牠的巢室，巢室半開著，像一只截去一段的囊袋。只剩幾隻拖拖拉拉、行動緩慢的色斑菊花象鼻蟲仍然待在家裡。但是，當我的好奇心使牠們偶然得到解脫的機會時，如果聽任牠們迅速敏捷的行動，牠們便會逃之夭夭。

十二月和一月這兩個嚴峻的月份來到，我再也找不到一個有蟲居住的小屋了。色斑菊花象鼻蟲居民全都已經遷移。牠們去哪裡避寒了呢？

這點我並不很清楚。也許去了石子堆中，在落葉的保護下，在為當成籬笆的山楂樹穿上鞋子的禾本科植物叢的掩護下。對象鼻蟲來說，田野裡有很多避冬地。讓我們別為這些移居者擔憂。牠們會擺脫困境的。

　　不管怎樣，面對這種成群移居的行動，我的第一反應是驚訝不已。在我看來，離開舒適的住所隨意找個掩蔽處躲藏，眞是頭昏、亂想的舉動。蟲子是這樣魯莽冒失、不小心謹愼嗎？不，秋天快結束時，牠們便有充分而嚴肅的理由逃跑。

　　一到冬天，薊草便會被北風連根拔起，刮倒在地，在路上的爛泥裡滾動，最後也被輾爲一堆爛泥。幾天惡劣的天氣讓美麗的藍色薊草成了可憐的殘花敗草。

　　色斑菊花象鼻蟲在被大風任意擺布的支撐物上會有什麼際遇？牠那塗上瀝青的小屋抵擋得住暴雨的襲擊、土地的猛烈搖撼和融雪形成的小水坑的長期浸泡嗎？色斑菊花象鼻蟲預先知道搖曳不定的支撐物即將面臨的危險。牠受本能的警告，預見了冬天和牠的災難。因此，牠及時搬遷。牠離開牠的小屋，遷往一個穩定的掩蔽處。牠在那裡不用擔心漂泊不定的住所會發生的種種變化。

　　對牠而言，捨棄小屋並不是魯莽冒失的倉促行動。這是對未來的高瞻遠矚。等一會兒，第二隻色斑菊花象鼻蟲就將告訴我們，如果支撐物牢牢固定在地上，沒有危險，一直到美好的季節歸來時，牠才會離開出生的小房間。

　　結束本文時，也許提及一個表面十分平常，但實際上卻相當獨特的現象是適宜的。這個現象在我和色斑菊花象鼻蟲打交道的過程中只觀察到一次。由於我們缺乏關於生活條件改變時，本能變化結果的眞實資料，以至於錯誤的忽視了這些細微的發現。

　　大部分的工作都已經分配給解剖學這個寶貴的助手去承擔了。那麼，關於這隻蟲子我們還知道些什麼呢？幾乎什麼也不知道。我們不要只以這個毫無意義的、稀奇古怪的囊袋形物體爲題侃侃而談，讓我們繼續收集一些深入仔細觀察到的現象，而不管這些現象有多麼平凡細微。有朝一日這堆現象也許會發射出純淨、冷靜的光輝。這種光輝比理論的煙火更加令人喜愛。這些理論的煙火往往讓我們一時眼花撩亂、昏頭昏腦，之後卻陷入更加深沈的黑暗中。

　　這裡有個很小的發現。由於一場意外，一枚卵從藍色花球──色斑菊花象鼻蟲的慣常住所，掉到一張長在中間莖幹的樹葉的葉腋裡。姑且讓我們假設（如果我們合適的話），色斑菊花象鼻蟲母親或者不小心，或者故意，把這枚卵放在這個部位。在背離常規的情況下，卵會發生什麼情況呢？我眼前的事實將會告訴我們答案。

　　色斑菊花象鼻蟲幼蟲遵守習俗，照例切開薊草的軸莖。這根軸莖會讓營養性液汁從它的傷口滲出，而這隻幼蟲為自己建造了一個庇護所，其形狀、大小與牠在頭狀花序裡建造的小屋相同。新建的大廈只缺少一件東西，它不像之前的「茅屋」，由已經枯萎的頭狀花序的小花構成屋頂。

　　由於缺乏花片，色斑菊花象鼻蟲這位建築者便省略不用。牠利用樹葉的葉柄，將葉柄的一個護耳狀物做為支撐插進住所的牆壁中，並從葉柄和莖梗中抽取出必須浸泡在黏著劑裡的木塊。簡而言之，這個黏接到莖梗上的建築除了不是綁縛著而是裸露的這點外，與掩藏在頭狀花序枯萎的小花下面的小屋並沒有什麼兩樣。

　　人們十分重視改變事物的環境因素。這些非常重要的環境因素正在發揮作用。一隻昆蟲可以盡其所能背井離鄉，然而卻不能離開營養性植物。如果離開，就無法避免死亡。昆蟲不利用擠緊的花球，而將樹葉半開的葉腋當成工作坊。牠不利用毛——容易剪下的柔軟絨毛，而把薊草兇惡的葉緣細齒當作材料。這些劇烈的變化沒有妨礙昆蟲建築者才能的發揮，牠們根據慣常的設計修建了住所。

　　這並不受幾個世紀的影響。這點我同意。但是，如果這種

影響存在的話，會帶來什麼呢？人們不是很清楚，爲什麼出生在異乎尋常之地的象鼻蟲科昆蟲，沒有保存任何意外事故發生過的痕跡。牠蛻變爲成蟲後，我把牠從牠那特殊的小房間裡取出。即使在身體大小（這不是十分重要的特點）方面，牠也和出生在正常出生地的色斑菊花象鼻蟲沒有什麼區別。正如牠會在薊草上繁衍一樣，牠也在葉腋裡繁衍。

我們姑且假定意外情況再度發生，甚至假定意外情況變成正常情況。我們姑且假定色斑菊花象鼻蟲母親想要放棄牠的藍色小球，永遠把卵安放在葉腋裡。這種變化會帶來什麼呢？這是明顯的。

既然色斑菊花象鼻蟲幼蟲第一次在牠不習慣的住所裡發育成長毫無困難，牠就會在那裡一代接著一代繁衍。牠將始終用牠的腸子黏膠讓這樣具有防禦性的羊皮袋鼓脹起來。這個物體的結構和以前的一樣，但由於缺乏材料，所以缺乏由乾燥了的頭狀花序的小花所形成的屋頂。總之，牠的建築才能並沒有因此而改變。

色斑菊花象鼻蟲的例子告訴我們：昆蟲能夠遷就、適應強加給牠的環境條件多久，牠就會用牠自己的方式運作多久。如果牠不能這樣，就會死亡。牠是不會因爲環境改變而改變自己的技藝的。

第六章

熊背菊花象鼻蟲

　　夜裡，我提著燈籠去觀看夜色。返回時，發出微光的燈籠使我可以隱約認出一大塊東西的粗略輪廓，卻無法看清它的細微部分。在幾步以外，暗淡的光線擴散、熄滅，更遠處則只剩一片黝黑。燈籠讓我看見了地面鑲嵌成方形圖案中的一塊。

　　我挪動身子去看另一些圖案。每次看見的，都是可疑的幻象、同樣小的圓圈。對一幅圖畫來說，這一個個被仔細察看的點是根據什麼規律集結起來的呢？昏暗的燈籠不能告訴我什麼，必須靠太陽的光照才行。

　　科學研究就像是用燈籠微弱的照明來進行的。它透過對一塊塊圖案的探索，研究事物的整體圖像。燈芯常常缺乏燈油，玻璃也不清晰。不要緊。第一個探查清楚部分未知事物的人，

並沒有白費力氣。

不管燈籠的光束射得多遠，都會遇到黑暗
的障礙。我們被未知事物的深淵包圍，如果我
們可能把未知事物狹窄的範圍擴大一拃，就能
讓我們心滿意足吧。我們這些探索者全都受到
求知慾的折磨。就讓我們把燈籠從一處移到另

熊背菊花象鼻蟲
（放大2½倍）

一處吧！或許人們可以用已經探測過的小塊圖案重新組合成一
幅畫。

今天燈籠移轉，把我們引導到熊背菊花象鼻蟲這個飛廉科
植物的探索者身上。但願「熊」這個在我們的語言裡不受歡迎
的、很不恰當的名稱，不要給我們一個不利於這種昆蟲的概
念。不恰當地為昆蟲命名，是專業詞彙分類者的任性行為。他
們被無窮無盡的清查統計事務弄得手足無措，詞彙枯竭，於是
偶然遇到什麼詞彙，就使用什麼詞彙。

另一些人受到較好的啟示。他們看見了聖職的裝飾（教士
在宗教儀式中所佩戴的襟帶）和這種象鼻蟲科昆蟲背上的白色
細帶有隱隱相似之處，於是提出「教士襟帶菊花象鼻蟲」這個
名字。我對這個名字感到很滿意，它能給人一個美好的形象。
然而，熊，一個毫無意義的詞彙卻占了上風。就這樣吧！

　　這種象鼻蟲的領地是繖房花序飛廉。這是一種儘管味澀，卻很雅致、纖細的薊草。它的頭狀花序上有個啃不動的黃色架子，膨脹成一個肉團。這是真正朝鮮薊的花盤，它受到一圈形狀嚇人的複葉小葉的保護。這種象鼻蟲的幼蟲總是單獨定居在這個高雅的花盤中心。

　　每隻熊背菊花象鼻蟲幼蟲都有自己獨有的田產、不可侵犯的口糧。單獨一枚卵交給一個頭狀花序後，熊背菊花象鼻蟲母親就到別處繼續幹活。如果某隻新產卵蟲錯誤地占有這個小花堆，牠那隻來得太晚的小幼蟲會因發現位子被占而死亡。

　　這種孤立狀態呈現出幼蟲的飲食方式。飛廉上的象鼻蟲新生兒不應當像薊草上的象鼻蟲新生兒那樣，只靠稀糊薄粥來維持體力。因為如果莖上傷口的漿液足夠，就可以提供好幾隻熊背菊花象鼻蟲幼蟲食用。藍色玫瑰形絨球餵養了三、四條共餐者，卻除了輕微的小切口外，沒有其他固體物質損失。如果是餵養這樣謹慎克制牙齒的消耗者，飛廉應當也可以同樣餵養這些熊背菊花象鼻蟲幼蟲。

　　相反的，每棵飛廉卻始終僅提供單個熊背菊花象鼻蟲的配給量。因此，我們猜想熊背菊花象鼻蟲幼蟲應該不限於舐食樹木滲出的液汁，同時也把朝鮮薊花盤做為食物。

　　熊背菊花象鼻蟲成蟲也吃這種食物。牠在排列成疊瓦狀的
複葉小葉覆蓋的毬果上挖掘一些大洞。植物的甜乳在洞裡凝結
成白色珍珠。但是，在六、七月產卵期間，這些宴席上的殘羹
剩菜、這些象鼻蟲科昆蟲吃剩的糕餅卻不被理睬。這時牠們選
擇的是已經結成刺球但未被觸動、沒有充分發育、還未開花的
頭狀花序，它比開花後更加鮮嫩。

　　熊背菊花象鼻蟲安置卵的方法和色斑菊花象鼻蟲相同。熊
背菊花象鼻蟲母親用鑽頭似的口器橫穿鱗片，在與小花托齊高
的部位探測，然後牠在地道底部借助引導探測器安置卵。卵呈
白色，不透明，八天以後小蟲孵出。

　　八月，讓我們打開飛廉的頭狀花序，裡面生氣盎然。其中
有熊背菊花象鼻蟲各種年齡的幼蟲，也有蛹。蛹的表面呈淡紅
色、粗糙不平，特別在最後幾個體節更是這樣。牠們活活潑
潑、亂鑽亂動，受到打擾就旋轉身子。牠們最終將蛻變爲一隻
隻完整的昆蟲，但這時牠們還沒有用襟帶和成年服裝上的其他
裝飾品把自己打扮起來。我們眼前有跟蹤這種象鼻蟲成長變化
所需要的東西。

　　花序的複葉小葉──堅固的戟，連接成片形成了一個堡
壘，遮蓋著一個肉團。這個肉團上面平坦，下部形成錐形。這

裡就是熊背菊花象鼻蟲的食物櫃。

　　新生的小蟲立即從牠的隔室下到食物櫃裡。牠拚命破壞，毫無保留，但卻不會碰損櫃壁。兩個星期內牠在櫃裡為自己挖掘了一個糖塊窩，這個窩一直延伸到莖柄處。牠用頭狀花序的小花和毛形成的圓頂做為床頂華蓋。小花和毛在上面被向後推壓，用黏著劑維持。朝鮮薊花盤的鏤空部分是完整的，除了有鱗片的內壁之外，其他部分都沒有受到碰損。

　　熊背菊花象鼻蟲幼蟲這與世隔絕的生活正如預期的那樣，不斷的消耗固體食物。什麼也不能阻擋牠把這種飲食方式和外滲樹汁的乳品結合起來。

　　以固體食物為主的飲食方式必然會產生粗糙的排泄物。然而，這種排泄物在藍色薊草那裡卻聞所未聞。飛廉上的熊背菊花象鼻蟲幼蟲隱士用它來做什麼呢？這個隱士被囚禁在一個狹窄的巢室裡，什麼也無法向外面傾投。正如色斑菊花象鼻蟲處理牠的黏液小滴那樣，熊背菊花象鼻蟲用這些排泄物來裝填牠的住所。

　　我看見牠把身體環圈起來，頭尾相連。隨著腸子工作坊排泄出殘渣，口器便細心地把這些細粒收集起來。這些東西寶

貴、很寶貴。熊背菊花象鼻蟲幼蟲小心翼翼，注意不丟失，哪怕只是一小粒。牠沒有其他能做爲灰泥的材料，可用以粉飾牠的住所。

這些被突然咬住的糞便，立刻被放好，用大顎尖攤開來，再用額頭和臀部壓緊。然後，從還沒用水泥粉光的天花板上，拔除一些廢棄的鱗片和幾截毛。熊背菊花象鼻蟲幼蟲將這些殘渣一點一點地和仍然新鮮的黏膠攪合。

隨著熊背菊花象鼻蟲幼蟲居民長大，泥層就這樣被敷抹上去。它被弄得精細光滑，像掛毯那樣遮蓋和裝飾整間隔室。隔室和朝鮮薊多刺的莖皮所提供的天然圍牆，讓這裡成了一座強固的堡壘。這座堡壘比起色斑菊花象鼻蟲的「茅屋」，更具防禦作用。

朝鮮薊這種植物適合昆蟲長期居留。它很纖細，但腐爛得十分緩慢。它有荊棘和粗硬的禾本科植物做爲支撐，因此風無法將它吹倒在地上的污泥裡。禾本科植物往往環繞四周生長。很久以來，當開著藍色圓球的美麗薊草在路邊衰敗枯萎變成泥肥時，有著不會腐朽的根的飛廉卻始終挺立不倒。它雖然死亡枯褐，卻不殘敗。此外，當成昆蟲住所還有另一個很好的條件呢！它的頭狀花序的收縮鱗片，形成很好的遮雨篷，讓雨水很

難滲入。

住在這樣的掩蔽所，就沒有什麼好害怕的了。即使氣候惡劣的季節，也不會像色斑菊花象鼻蟲那樣必須逃離牠的「茅屋」。住所是固定的，巢室是乾燥的，但是熊背菊花象鼻蟲並非不知道這些好處。牠竭力避免像另外那種菊花象鼻蟲在枯葉和碎石的掩護下過冬，牠已經預先了解到牠的屋頂的效能，於是平靜地待在家中。

一月，一年中最嚴峻的日子裡，如果天氣不允許我外出，我就打開手邊的飛廉的頭狀花序。我總會在那裡找到熊背菊花象鼻蟲。這時牠正穿著有襟帶的嶄新服裝。牠身子已被凍僵，在那裡等待五月的暖氣和熱鬧的景象歸來。只在那時，牠才會破壞住宅的屋頂，飛去參加春回大地的歡慶。

在端莊大方和絢麗多姿方面，園子裡沒有任何東西勝過刺菜薊和它的近親朝鮮薊。這兩種植物的球形末端有兩個拳頭那樣大，外面是一連串呈螺旋形交疊的鱗葉，樣子並不兇惡。成熟時，寬大的薄葉變硬且尖利，彼此不同。在這些鎧甲掩蓋下的則是多肉的花托，呈半圓形，像半個柑桔那樣大。

花托上滿布濃密的白毛，即使是極地動物也沒有一種可以

提供比這更好的毛皮。種子被這張毛皮紮紮實實地包住，頭上穿戴更加濃密的羽毛飾。在這之上，膨大的花簇盛開，使人迷醉。這些花朵像矢車菊（收穫時帶給人們的歡樂）那樣，略帶天青石的藍色。

　　這就是第三種菊花象鼻蟲（斯柯麗米菊花象鼻蟲），一種肥胖的象鼻蟲科昆蟲的主要地盤。這種象鼻蟲身體粗短，塗抹著赭石顏料。刺菜薊這種植物是昆蟲常見的定居地，它向我們的餐桌提供了多肉的粗葉脈，人們對它的頭狀花序卻不屑理睬。但是，如果園丁給朝鮮薊留下幾個遲生的球冠，斯柯麗米菊花象鼻蟲就會像對待刺菜薊的球冠那樣熱情地採收。這兩種植物只不過是同一種作物的變種，象鼻蟲這個行家是絕對不會弄錯的。

　　在七月曬痛肌膚的炎炎烈日下，斯柯麗米菊花象鼻蟲開墾刺菜薊球冠的景象相當有可看性。這些昆蟲在一堆藍色小花中搖搖晃晃，來來去去，忙得不可開交。牠們把尾巴基部伸向空中，在空中豎起，然後放下，甚至整隻蟲子消失在森林似的厚密毛叢中。

　　牠們在那下面做什麼呢？直接觀察是不可能的。但在牠們工作結束之後，再觀察那裡發生了什麼，便可以看出：牠們在

靠近花托的毛束之間用口器爲卵開發一個放置地點。如果牠們碰到一粒種子，便剝去它的羽毛飾，在它身上鑽鑿出一個小碗似的器皿，做爲卵的窩巢。探測行動不再向遠處延伸。多肉的花盤圓蓋，這個最初被當成是象鼻蟲偏愛的美味，產卵蟲卻從未去進攻。

正如預期，這樣一個富裕的象鼻蟲定居地居民眾多。如果頭狀花序夠大，就會有二十多個共餐者，甚至更多也不稀奇。入席用餐的幼蟲胖嘟嘟的，長著橘紅色腦袋，背部發著油光。那裡空間相當寬敞，足供大家使用。

此外，這些幼蟲都有喜歡待在家裡的習性。牠們不會在豐盛而味美的餐桌上四處遊走，而只在孵出的狹窄平地上蟄居。在這裡牠們可以品嚐、選擇最好的幾口食物。此外，牠們儘管身體肥胖，卻淡泊節食，以致除了有蟲居住的部分外，花冠仍蓬勃生長，而且讓種子像平時一樣成熟。

在盛暑裡，孵卵只需三、四天就足夠。纖細的幼蟲如果遠離蟲卵，便沿著種子上的毛爬行，途中牠將沾上幾根毛。如果牠出生時挨靠著一粒種子，牠就會留在出生地這個小碗裡，因爲這就是牠要去的地方。

事實上，食物就包藏在附近爲數不多的五、六粒（不會更多）種子裡，而且只被消耗掉一部分。沒錯，幼蟲身體變得強壯後便向前咬去，並且在多肉的花托上，挖掘出一個爲未來巢室打基礎的小洞窩。富於營養的殘渣被推向後面，凝結成一個硬堆，由毛柵欄支撐著。總而言之，膳食花費不大：半打還不成熟的種子、幾口從花托中抽取出來的食物。用這樣少的花費使蟲子長肥變胖，想必是因爲這些食物對這些蟲子有節制的飲食方式相當有利，它比起一場不安寧的宴會更有價值。

餐桌上的樂趣持續了兩、三個星期。這些幼蟲現在變成一個個胖娃娃了。這時心滿意足的消費者成了工廠主人。繼安安靜靜的口腹之樂而來的是對未來的憂慮煩惱。牠們得考慮開始爲自己修建一個可以在那裡完成身體變態的城堡主塔了。

蠕蟲形幼蟲在自己周圍收集毛，把這些毛切成長短不一的小段。牠用大顎尖安置這些東西，用額頭敲擊，用臀部的轉動動作擠壓。如果不進行別的加工，這些東西仍然是個易崩塌的空殼，隱居者得繼續不斷地修飾加工。然而，這種床墊製作者也精通薊草上同類的獨特技藝：在牠的腸子末端有座水泥廠。

我如果在玻璃試管裡用一片本地朝鮮薊餵養這隻幼蟲，就會看見牠不時把身體蜷縮成環圈，用牙齒收集尾部限量供給的

微白色黏液滴。這種膠質物立刻到處分散開來，因為如果不這樣，它會很快就凝固。小毛段就這樣互相黏合起來了。

這座建築物完成後，成了一座鑲嵌在花托小洞裡的小塔，幼蟲在那裡吸取一部分食物。沒有受到損壞的濃密長毛也在上面和旁側形成屏障。這座小塔外表看來是座粗糙的絨毛建築物，內部則精細光滑，到處都塗抹著腸膠。這種物質像漆一樣發亮，呈淡紅色。城堡主塔有一公分高。

將近八月底時，大多數熊背菊花象鼻蟲幼蟲都狀態完好，很多甚至已經弄破了住所的穹頂。牠們將口器伸向空中打探情況，等待離去的時刻。這時刺荣薊的球冠已在枯萎的莖上完全乾枯。且讓我剝去它的鱗片，用剪刀盡量剪除它的皮毛。

剝光的球冠模樣很奇怪，好像突起的刷子，到處被寬大的洞孔穿透，這些洞孔可插進一般粗細的鉛筆。一堵紅褐色的牆面鑲嵌著帶毛的殘餘物，構成洞孔的隔牆。每個洞孔就是一隻熊背菊花象鼻蟲成蟲的隔室。猛然一看，人們還會以為是某種胡蜂窩呢。

最後讓我們來看看第四種實驗對象吧。這就是撒斑菊花象鼻蟲。牠的身材小於前三種，服裝更加簡樸，黑底上散布著赭

石色的黃斑。

　　這種菊花象鼻蟲豪華的居所是種令人生畏的植物。植物學家給這個植物取了個耐人尋味的名字：兇惡的薊草。在普羅旺斯的地中海常綠矮灌叢植物相中，沒有一種植物的面貌像這種薊草那樣倨傲、那樣令人生畏。

　　八月，這種兇惡的植物豎起它那龐大的白色玫瑰形絨球，魁梧的身材高出海藍色的薰衣草。這種薊草是卵石荒地的朋友。它的根生葉緊貼著地面，鋪展成圓形花飾，撕裂成兩根狹長的帶子，使人聯想到被太陽曬乾了的一堆大魚骨骼。

　　這些狹長的帶子裂開成兩半，一半朝上，一半朝下，好像要從各個方向恐嚇過路的人似的。整株薊草就是個軍火庫，是個由刺、釘子、比針更加鋒利的螫針等一組武器組成的飾物。

　　這全副武裝的野蠻甲冑有什麼用處呢？它與普通植物之間的不協調，使得鄰近植物顯得格外優雅。這是個不和諧的標記。但是，它的辛辣尖刻卻有助於整體的和諧。高傲的薊草在百里香和薰衣草中的確華美壯觀。

　　有人認為這亂七八糟的一堆戈戟是一種防禦體系。這樣豎

立著的兇惡的薊草有什麼要防禦保護的呢？它的種子嗎？我的
確質疑金翅雀——受到飛廉引的採種者，是否敢在這可怕的軍
火庫上站立，牠會在那裡被刺穿的。

　　一隻小小的象鼻蟲卻做了鳥不敢做的事，而且做得很好。
牠在白色的玫瑰形絨球上產卵。牠摧毀處於萌芽狀態的兇惡植
物。這種植物若不服從嚴格的剪枝工作，就會成為農害。

　　七月初，我採摘了一支鮮花盛開的薊草莖梢，把它浸泡在
盛滿水的瓶子裡。我讓一打象鼻蟲在這支脾氣倔強、不易接近
的莖梢上住下後，便用金屬鐘形網罩把它罩住。象鼻蟲交尾
後，產卵蟲很快便將卵下到了花和冠毛裡。

　　半個月後，每個頭狀花序都孕育了一到四隻已充分發育的
撒斑菊花象鼻蟲幼蟲。撒斑菊花象鼻蟲的狀況很正常，一切都
在薊草的球冠乾枯以前結束。九月還沒有過去，這種昆蟲就已
經具有成蟲形態了。不過，在這個時期仍有些像蛹甚至像幼蟲
這樣的落後者。

　　隔室的建築設計與朝鮮薊上的菊花象鼻蟲的隔室相同，都
是在花托的表面上挖掘出一間小室。建築形式到處雷同，工作
的方法也是一樣——一堆毛形成的莫列頓呢堆積在幼蟲周圍，

用像漆那樣的腸膠固定起來。這堆毛則來自種子的冠毛和花托的絨毛。

在這床柔軟的棉絮褥子外面，展列出一個排泄物細粒圍圈，好似柵欄。這種象鼻蟲匠人認為不應只用消化殘渣當成材料，還有更好的東西等著牠支配使用。牠和其他菊花象一樣，知道把非常骯髒的陰溝建成製作黏膠和生漆的寶貴工作坊。

這個有著軟墊的小屋是冬天的宿營地嗎？根本不是。一月份，我檢查枯萎的薊草球冠。我沒有在任何一個球冠上找到一隻象鼻蟲。冬天來臨時，象鼻蟲居民已經搬遷。我由此看到了主要的原因。

薊草現在枯萎了、光禿了，成了一堆炭灰色的廢墟，但依然挺拔直立，依然能抵禦北風，因為它還是非常堅強硬朗、根基牢固。然而它的那些頭狀花序卻衰老破裂、大大敞開，聽任它們包藏的東西遭受酷劣氣候的折磨摧殘。花托濃密的毛因吸收雨水而鼓脹起來，並因此持久地保持濕潤，好似海綿。關於刺菜薊和朝鮮薊的情況，也應該談得和這一樣多。

這兩者之前用聚集的複葉小葉築出來的防禦工事不復存在了，成了一座沒有遮蓋的寬大破爛房子，任憑潮濕和寒冷侵

襲。兇惡的薊草的白色絨球和朝鮮薊的蔚藍色絨球，在晴美的季節是座美麗的別墅，在冬天卻成了不能居住的、滲水的、發黴的住所。謹慎小心——卑微者的保護著，勸告業主預防房屋的最終破敗，勸告業主搬遷。忠告被聽取了。暴雨和嚴寒即將來臨，兩種菊花象鼻蟲如何離開出生地，到別處尋找冬季宿營地，對此我知道得並不清楚。

第七章

植物性本能

　　母性對未來的關注，是各種本能當中最能產生成果的刺激物。是母性為家庭準備吃住，也是母性讓我們看到膜翅目昆蟲和食糞性甲蟲的英勇行為。不過，自從昆蟲母親開始擔任產卵者的角色，並且變成簡單的生殖胚胎的實驗室那一天起，技藝和才能就消失了，沒有用了。

　　松樹鰓金龜，這個用羽毛裝飾的漂亮昆蟲，用腹尖挖掘沙質土地，在那裡艱苦地往下鑽，直到腦袋也鑽下去為止。牠在洞穴底部產下一袋卵。牠做的就是這些了。因此，一旦有誰漫不經心掃過而將坑洞填起來，牠就全都完了。

小型天牛

　　七月，天牛母親總是被牠的雄性伴侶騎著，漫無目的地探測著橡樹樹幹。牠四處將牠那可以自由伸縮的產卵管插到龜裂的樹皮鱗片下。產卵管探尋、觸摸，選擇合適的地點，讓每次卵一安置好就幾乎能夠受到保護。但在這之後，牠就再也沒有什麼責任了。

　　八月，以花為家的花金龜在腐殖土裡將牠的殼弄碎，飛到花上進食恢復元氣後，便慵懶地睡上一覺，然後再飛回一堆腐爛的樹葉處，鑽進去在最暖和、發酵最好的部位產卵。我們不用奢求在牠身上了解更多的情況，牠的才能就局限於這些了。

　　在大多數情況下，其他的昆蟲，瘦弱的也好，強壯的也好，卑微的也好，奢華的也好，也都是這樣。牠們都知道應該在哪裡產卵，但牠們卻也都對隨後會發生的事漠不關心。幼蟲必須透過自身的力量擺脫困境。

　　松樹鰓金龜的幼蟲下到沙中，尋找柔軟的側根，根因此開始出現腐爛壞死。天牛的幼蟲還把牠的卵殼拖在身後，牠第一口咬下不能吃的木質部分，把枯死的樹皮弄成粉末，在那裡挖掘豎井。這口井將把牠帶到樹幹深處，那裡提供牠三年所需的食物。花金龜的幼蟲則出生在腐爛的牧草上，不需要尋找，牙齒下面就有食物。

有些粗野的動物，一出生就失去了家庭的照顧，沒有受過任何準備教育。花金龜也有這些動物的習性。這和螳螂[1]、埋葬蟲、飛蝗泥蜂以及其他很多昆蟲對兒女的溫情撫愛，相距多遠啊！除了這些得天獨厚的昆蟲族類之外，沒有什麼值得注意的事物可供討論。這使得想要尋找真正值得大書特書的事實的觀察家灰心失望。

沒錯，昆蟲的子女常常為牠們庸碌無能的母親做出補償。有時牠們一孵出便有著令人咋舌的靈巧，菊花象鼻蟲就是一個很好的證明。產卵者會做什麼呢？沒有別的，只是把卵掩埋在薊草的花冠裡。但是，蠋蟲卻具有多麼奇特的技巧啊！牠們為自己修建「茅屋」，用腸子製漆，為自己的小屋裝填墊料，用剪下的毛為自己製作褲子，建造出一個防禦性頗佳的住所——一座城堡的主塔。

沒有什麼經驗的新生昆蟲，卻會在身體變態後，放棄柔軟舒適的住宅，前往碎石掩蔽處躲藏起來。牠們預見了嚴冬的侵襲會摧毀牠出生的別墅，這是多麼高瞻遠矚啊！人類靠著過去的曆書，讓我們了解將來的曆書。昆蟲卻沒有關於季節變化的檔案資料。牠誕生於酷暑，正值夏日炎炎，卻能本能地預感到

---

① 蜷螂的母愛詳見《法布爾昆蟲全集5——螳螂的愛情》第八章。——編注

這個令人陶醉的日照時期不會長久。牠過去從來沒有遇到過自己的房屋倒塌，卻能預先知道房屋即將倒塌，並在屋頂垮下之前逃跑。象鼻蟲在這方面做得很好、非常之好。牠們能夠預見未來的災難，我真嫉妒蟲子的智慧。

象鼻蟲母親不管技藝多差，即使是天資最差的也會思考一個錯綜複雜的問題：要把卵產在以後幼蟲能夠找到合口味的食物的地點。牠以什麼做為選擇的指標呢？

紋白蝶飛到甘藍上，不知道應該怎樣辦。這株植物的球冠聚縮得很緊，還沒開花。而且，這些簡樸的黃花對蝴蝶來說並不比別的花更有誘惑力。蛺蝶飛到蕁麻上。牠的毛毛蟲對蕁麻很感興趣，但是，在那裡卻沒有什麼東西可供成蟲吸吮。

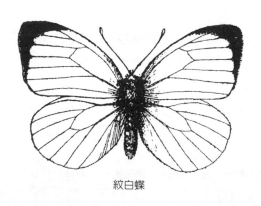

紋白蝶

在夏至黃昏的微光中，松樹鰓金龜長時間圍著一棵牠喜愛的樹跳起婚禮芭蕾舞。牠以葉叢裡的幾根針葉為食，讓自己從疲勞中恢復過來。然後牠狂熱地一跳，離開這裡去尋找

裸露的沙質土地，那裡有許多禾本科植物腐爛的側根，那裡松脂的香味往往更濃，松樹往往更多，這使得戴著頭飾的漂亮蟲子欣喜萬分。昆蟲母親將身體的一半埋在土裡，就在這個對牠本身沒有什麼用處的地方安放牠的卵。

金色花金龜是薔薇和山楂的繖房花序的熱情朋友。牠飛離花的奢侈豪華，而把自己埋在污穢的腐殖土裡。在那裡，當然沒有什麼合牠口味的菜肴。牠不是到那裡大口啜飲蜜汁，也不是陶醉在香噴噴的濃汁中。牠之所以到惡臭之地，其實是另有原因的。

首先，這些稀奇古怪的現象，似乎可以在幼蟲的飲食方式中找到解釋。這些昆蟲成蟲後便牢牢記住這些方式。紋白蝶的幼蟲用甘藍葉養育自己，蛺蝶的幼蟲用蕁麻葉養育自己。這兩種蝴蝶對童年的記憶十分清晰，牠們都開發那種現在對牠們來說毫無價值，但在牠們童年時期卻是美味佳肴的植物。

同樣的，花金龜下到腐殖土中，是因為牠對從前的宴席留有模糊的回憶──當時牠是一條在發酵的牧草四處鑽洞的蠐螬。松樹鰓金龜則會尋找有稀疏的禾本科植物葉叢的沙土，因為牠還記得，正是在這種植物腐爛的側根中，可以找到青春的歡樂。

　　如果昆蟲成蟲的飲食方式與幼蟲的飲食方式相同，就幾乎可以認定這樣的記憶確實存在。這點在食糞性甲蟲身上就說的過去。這種蟲子在食用糞便的同時，也爲牠的家庭準備罐頭。成年期和嬰兒期的荣肴互相銜接，互相影響，互相引起聯想。均一性很簡單地解決了糧食的問題。

　　但是，關於食物從花轉到低劣的腐葉的花金龜，我們應該怎麼看待呢？特別關於狩獵性膜翅目昆蟲，我們又該談些什麼呢？牠們吸蜜吸得嗉囊都鼓脹起來，卻還是用捕獲物來餵食幼蟲。

　　節腹泥蜂因著某種無法令人理解的想法，撇下鮮花盛開、流出花蜜的繖形花序小酒店，一心拚鬥打殺，將子孫的野味肉——象鼻蟲勒死？我們又如何解釋飛蝗泥蜂在刺芹上吸取養料恢復體力後突然飛走，卻又迫不及待地刺殺蟋蟀——牠的幼蟲的荣肴呢？②

　　有人連忙回答說這是記憶問題。

---

② 節腹泥蜂、飛蝗泥蜂相關文章見《法布爾昆蟲全集１——高明的殺手》第四～六章。——編注

唉，不是的，請別在這裡談什麼記憶。不要說這些昆蟲的肚子會有什麼記憶。在記憶力方面，人有相當的天賦。然而，我們當中有誰保留著哪怕一丁點對母乳的記憶呢？如果我們從來沒有見過嬰兒在母親的懷抱吸奶，就無法想像我們曾經這樣開始自己的一生。

嬰兒期的食物是回想不起來的，僅用小羊的例子便可向我們證明。小羊膝蓋著地，擺動尾巴，小嘴銜著母親的乳頭，額頭拱在母親的身子上。不，這幾口母乳沒有在頭腦裡留下絲毫痕跡。

當我們自己甚至沒在身體變態的坩鍋裡受到重新鑄造，就如此這般渾渾噩噩、蒙昧無知，卻希望昆蟲在經歷一場徹底劇烈的改造變化之後，能記住牠幼年時的食物。我們不應該如此輕信啊！

和幼蟲飲食方式不同的昆蟲母親，如何辨別出什麼東西適合牠的孩子呢？我不知道，永遠也不會知道。這是個不能解開的秘密。昆蟲母親自己也不知道。胃對於它那深奧莫測的化學原理知道些什麼呢？什麼都不知道。心臟對於它那神奇的水力學原理知道些什麼呢？什麼都不知道。產卵蟲在安置牠一窩孩子時，也什麼都不知道。

這樣的飲食方式為糧食困難這個問題，提供了很好的解決方案。我們剛剛研究的各種菊花象鼻蟲，為我們提供了一個非常好的榜樣。牠們將會讓我們看到，這些昆蟲是怎樣利用自己對植物的機靈敏銳，來選擇有營養價值的植物的。

在哪個頭狀花序的小花籃上產卵並不是無所謂的。這個籃子必須有某種味道、穩定性、濃密的毛、以及其他蠕蟲愛好的東西。因此對它的選擇需要一種對植物明晰的的辨識力，這種能力一下子便能探查清楚好與壞、接受或者拒絕新發現的東西。象鼻蟲科昆蟲因為具有草藥商的才能而受到器重，關於這種種讓我們來為牠們寫下幾行吧。

色斑菊花象鼻蟲鄙視多樣化，堅持自己的信念，毫不動搖。薊草的藍色球冠是牠的領地，這是牠獨有的，對其他昆蟲毫無價值。只有牠欣賞和利用這種植物。牠除了這塊土地以外，沒有任何別的東西適合牠。

色斑菊花象鼻蟲的這種特長在牠家族中永恆不變，代代相傳，這種不變性必然會使探尋工作大為方便。當春回大地時，昆蟲就離開牠那距出生地不遠的小藏身處，輕易地在路旁的陡坡上找到喜愛的植物。這種植物淡色的新芽才初露枝权梢，牠便毫不猶豫，立刻就認出了牠鍾愛的家傳產業。牠爬上去，像

結婚時那樣心花怒放，嬉戲玩耍。牠等待蔚藍色的圓球慢慢成熟。牠第一次看到藍色的薊草就一見如故。過去只有它被色斑菊花象鼻蟲賞識，現在也只有牠被它賞識。

第二種菊花象鼻蟲即熊背菊花象鼻蟲，開始讓牠的植物選擇多樣化起來。我知道牠有兩個住處：平原上的繖房花序飛廉和馮杜山山坡上長著葉薊屬植物葉子的飛廉。

對那些僅對總貌的觀察，而不對花細緻分析的人來說，這兩種植物沒有任何共同之處。農夫們儘管能敏銳地區分出各種草類，但卻從未想到用屬於同一類的名稱來稱呼它們。至於城裡的文明人，除非是植物學家，否則就別提了。在城裡，植物學的證據比不上任何其他的事物。

繖房花序飛廉的莖幹細長、苗條，葉子瘦小。它那平常的花成束成簇，花托不比橡實的一半大。長著葉薊屬植物葉子的飛廉，有一個寬大、兇惡的闊葉圓花飾匍伏在地上，這些闊葉用它們的鋸齒形葉緣模仿科林斯柱式的裝飾。這種飛廉沒有莖，在葉子編成的籃子中央有一朵花，一朵獨一無二的花，這花很大，大得像拳頭一樣。

馮杜人把這種漂亮的薊草稱為山朝鮮薊。它的花很富肉

質，飽含榛果味的乳汁，就連生吃也美味可口。馮杜人收割它，用它的花炒蛋，炒出的蛋有種特殊的風味。

　　馮杜人有時把飛廉當作濕度計，把它釘在羊圈的大門上。空氣潮濕時，花會合上；空氣乾燥時，花便打開，就像朵有著金色鱗片的壯麗太陽，相當華美。它與著名的耶利哥③玫瑰正好相反。耶利哥玫瑰是個粗俗不雅的盒子，它因潮濕而綻開、因乾燥而蜷縮。這個來自外地原野的濕度計，名聲遠播。但相對的，山朝鮮薊這馮杜地區的土產濕度計卻不為人所知，遭到忽視。

　　菊花象鼻蟲十分了解飛廉，但不是把它當作一種氣象儀器（對牠所需的天氣預報來說，這個儀器毫無用處），而是當作美味的飼料。我在七月和八月的徒步旅行中，多次看見象鼻蟲在山朝鮮薊上忙得不亦樂乎。此時，這種植物正在陽光朗照下鮮花盛開。象鼻蟲在那裡做什麼，一點也不令人產生懷疑：忙著產卵。

　　我很遺憾那時我的注意力已經轉向植物學，這使我未能更加深入仔細地觀察產卵者的工作情況。在這一塊豐盛的食物

③ 耶利哥：西亞死海以北古城名。——譯注

上，象鼻蟲母親安放好幾枚卵嗎？那裡有足夠人丁興旺的家庭食用的東西。牠在那裡只放置一枚卵，就像牠在繖房花序飛廉（微薄的供應量）上那樣嗎？沒有任何情況顯示這種昆蟲在持家方面不會精打細算，不讓用餐者的數目與糧食的豐足程度成比例。

　　如果說這點晦澀不明，那更加有趣的另一點卻一目了然。熊背菊花象鼻蟲是目光敏銳的草藥商，牠辨識出兩種形狀迥然不同的植物都是飛廉——美味的菜肴。我們當中如果不是行家的話，就不會想到把它們歸成同類。熊背菊花象鼻蟲認定寬約半公尺，在地上四面輻射開的豪華圓花飾似的植物和纖細的薊草，在植物學上是同屬植物。

　　撒斑菊花象鼻蟲進一步擴大牠的領地。牠雖然錯失了具有白色頭狀花序的兇惡的薊草，卻辨識出另一種形狀可怕的植物品質也相當優良。這種植物具有玫瑰紅的頭狀花序。這就是披針形薊草。花的顏色不同並沒有使牠猶豫止步。

　　是植物魁梧的身軀和粗硬尖利的刺，讓牠得以了解情況嗎？不，因為牠現在定居在形體卑微的淡黑飛廉上。這種植物不那麼兇惡，高不超過一拃。是植物的球冠大小讓牠們決定定居在此嗎？也不是，因為細花飛廉纖弱的頭狀花序並不比那三

種具有龐大花冠的薊草更少被採用。

　　這個精細靈敏的行家十分在行。牠不關心植物的裝飾穿著、樹葉、香味、顏色，而是積極開發利用被路上的塵土弄髒了、開著可憐黃花的絨毛肯特蘿菲茸草。

　　斯柯麗米菊花象鼻蟲更超越緻斑菊花象鼻蟲。人們看見牠在花園裡的朝鮮薊和刺茱薊上幹活。這兩種薊草都體形巨大，粗大的藍色球冠有兩公尺高。人們後來還在一種普通的矢車菊上遇見過牠。這種植物把牠那比人的小指頭還小的頭狀花序拖在地上。人們發現這種菊花象鼻蟲不僅在對撒斑菊花象鼻蟲來說極為珍貴的各種薊草上，甚至也在絨毛肯特蘿菲茸草上建立移民地。牠對植物學的熟悉（關於如此迥然不同的植物的知識）發人深思。

　　這種菊花象鼻蟲不求助於實驗，卻能清楚地識別什麼是朝鮮薊的花盤，什麼不是；什麼適合牠的家庭，什麼對牠的家庭有害。而我這個由於辛勤實踐而精通居住地區的植物相的博物學家，如果被突然引領到一個新地區，在沒有獲得可靠的資訊之前，我可不敢啃咬某種果子、某種漿果。

　　這種菊花象鼻蟲生而知之，我則學而知之。每年夏天，牠

　　以極大的勇氣從牠居住的薊草移到其他許多薊草那裡。這些薊草之間從外貌看來毫無關聯，就像令人疑竇叢生的小旅館那樣會被旅客拒絕投宿。然而，相反的，這種菊花象鼻蟲卻接受它們，認定它們的親戚關係，而牠的信任也從未被辜負過。

　　這種昆蟲以本能為嚮導，這種本能在一個十分有限的範圍內準確無誤地向牠提供資訊，使牠了解情況。而我的嚮導則是智慧。我的這個嚮導尋找道路，迷失道路，重新找到道路，最後無可比擬地起飛翱翔。菊花象鼻蟲不經過學習就知道薊草的植物相，而人類卻要經過長期學習才知道。不過，本能的領域僅是空間的一個點，而智慧的領域則是整個宇宙。

第八章

象態橡栗象鼻蟲

　　有些機器的組件很奇特，當機器靜止不動時，人們無法看出個中的奧妙。讓我們等待機器開動吧。稀奇古怪的裝置咬住齒輪，打開，關上鉸接的金屬桿，讓我們看到了這些組件巧妙的組合。在這種組合中，一切以最終的效果為目標而被巧妙地配置。很多象鼻蟲，特別是橡栗象鼻蟲的情況也是如此。橡栗象鼻蟲正如牠的名字所表現的那樣，是一種專門利用橡栗、榛果和其他類似果實的象鼻蟲。

　　在我居住的地區，最惹人注目的是象態橡栗象鼻蟲[1]。牠的名字取得多好啊！牠的名字多具象啊！這隻長成稀奇古怪的、帶著長煙斗的蟲子，是隻多麼滑稽的蟲子啊！牠身上這個

---

① 象態橡栗象鼻蟲：又名小鴴喙象鼻蟲。——編注

像北美印第安人的長煙斗那樣的器官很
細，幾乎是直的，和馬尾上的長毛一樣都
是橘紅色。它是如此的長，以致這種昆蟲
為了不在受這個器官的妨礙下而失足，不
得不讓它伸展出去，就像一根擱置著的長
矛。面對這根特別大的尖頭木樁，面對這
個滑稽可笑的鼻子，牠該怎麼辦，牠用它
來做什麼呢？

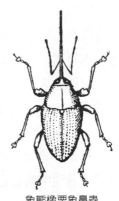

象態橡栗象鼻蟲
（放大3 1/2 倍）

　　我看見一些對此聳聳肩膀，表示蔑視不屑的人。如果生命
的目的果真只是用這種或者那種手段，用可以告人的或者不可
告人的手段掙錢，那麼這些問題便顯得荒誕。

　　幸好這世上還有另外一些人。在這些人眼裡，在評估事物
的輕重上，沒有任何東西是渺小的、微不足道的、不值一提
的。他們知道，思想的麵包是用如此細小的麵團揉捏出來的。
他們對這種麵團的需求程度，並不亞於用收穫的糧食製作出來
的麵包。他們知道，工作者和喜歡問長問短的人，正用積存起
來的麵包屑養育著世界。

　　讓我們珍惜這種需求吧。讓我們繼續談論吧。人們還沒有
看見象態橡栗象鼻蟲工作，就已經對牠的外表有所猜測：牠那

個奇怪的口器上有個類似我們用來鑽探最堅硬物體的鑽頭,而牠那兩隻鑽石尖頭似的大顎,則構成了這種昆蟲身體末端的架子。這種象鼻蟲科昆蟲以菊花象鼻蟲為榜樣,但在更加艱難的條件下,知道使用這個架子來為安置卵的工程鋪平道路。

但是,儘管猜測多麼有憑有據,也並不是肯定無疑的。我只有透過現場觀看牠工作的情形,才能找到真正的答案。偶然性為耐心尋找牠的人效勞,在十月上旬讓我看見了象態橡栗象鼻蟲幹活。我非常驚訝,因為在這個遲晚的季節,一般說來,所有技藝性的工作都結束了。初寒降臨時,昆蟲學的季節已經結束了。

今天天氣很壞,北風呼嘯,冷徹骨髓,凍裂嘴唇。在這樣的日子想去探查荊棘叢,需要有著堅強的意志。然而,如果長管象鼻蟲——象態橡栗象鼻蟲,正如我想的那樣利用橡栗,那麼我們了解情況的時間就很緊迫。橡栗還呈綠色,但已經粗大到了極限。兩、三個星期後,它們將完全成熟呈褐栗色,接著很快就掉落地上。

我熱切地兜圈巡迴,我獲得了成功。在綠色的橡樹上,我突然抓到一隻象態橡栗象鼻蟲,牠的吻管一半已經鑽進橡栗裡。寒冷而強烈的北風勁刮,使得樹林震動了起來。樹枝搖動

時，想要仔細觀察象態橡栗象鼻蟲非常困難。我摘下小枝杈放在地上。這隻昆蟲沒有注意到自己已被搬遷，繼續幹牠的活。我蹲在旁邊，以一簇矮樹叢掩護，避免暴風雨的侵襲，注意觀察這隻象鼻蟲工作。

象態橡栗象鼻蟲套上黏性踩腳鞋，穩穩地固定在橡栗光滑和傾斜的彎曲部分。這涼鞋之後還讓牠能夠在我的器械中敏捷地攀爬垂直的玻璃片。牠用牠的曲柄手搖鑽工作。牠緩慢而笨拙地圍繞著牠那根插入橡栗的尖椿移動，劃了個半圓。圓周的中心就是鑽孔的部位。然後牠半途折回，劃一個反向的半圓。這個動作反覆多次，就像我們利用手腕的交替動作以錐子在木頭上鑽洞時那樣。

這隻蟲子的口器逐漸下伸，一小時後整個消失了，接著是短暫的休息，最後工具退出。會發生什麼事呢？這次沒有發生別的事。這隻象態橡栗象鼻蟲放棄牠的鑽井工作，整個退出。牠在枯葉堆中蜷縮成一團。今天到此為止，我不會了解到更多的情況了。

但是，我並沒有懈怠。在平靜的日子（這些日子對獵捕昆蟲更加有利），我返回了現場。我很快就捉到了很多蟲子，足夠住滿我的金屬網罩。我預見工作進度緩慢會產生的困難，寧

願選擇在家裡進行觀察研究，這樣時間就無限充裕了。

決定這樣的觀察方法對我相當有利。如果我想像自己繼續在野外觀察，在無拘無束的樹林中觀察象態橡栗象鼻蟲的活動，即使觀察對象表現良好，我想我也永遠不會耐心地將象鼻蟲選擇橡栗、鑽孔和產卵等情況跟蹤觀察到底。因為這種昆蟲非常仔細小心，而且工作起來又非常之慢。讓我們用我的方法繼續觀察吧。

我的象鼻蟲科昆蟲頻繁光顧的間伐林裡有三種橡樹：麻櫟、白櫟和灌櫟。如果樵夫給前兩種橡樹時間，它們會長得亭亭玉立、丰姿綽約、十分秀美。最後的那種灌櫟則是一種可憐的荊棘灌叢。麻櫟在三種之中最多產，最受象態橡栗象鼻蟲喜愛。它結出的橡栗堅硬而長，中等大小，殼斗不很粗糙。白櫟的橡栗一般不受歡迎，很短，皺縮乾枯，容易早落。塞西尼翁丘陵的乾旱氣候對這種橡栗十分不利，因此，象鼻蟲只在不得已的情況下才退而求其次接受這種橡栗。

灌櫟是一種矮小的灌木，是人一跨就可以越過的可笑的橡樹。它那華美的橡栗與它那卑微的形態形成鮮明的對照。它的橡栗鼓脹成粗胖的卵形，殼斗上滿布粗糙的鱗片。象態橡栗象鼻蟲沒有比這更好的住處了，那是一處堅固的住宅和豐盛的食

品庫。

這三種橡樹的幾根小枝杈都長著橡栗，我將它們放在金屬網罩的圓頂下面，一端浸入一杯水裡，水保持新鮮。小枝杈上安頓著幾隻象鼻蟲。最後，實驗儀器也在我工作室的窗子上安放妥當。一天的大部分時間，這間房子都受到充足的陽光照射。讓我們耐下心來，時刻注意監視。我的辛苦會得到補償的。橡栗怎樣被象鼻蟲利用是值得觀察的。

事情拖得並不太久。我做完這些準備工作後的第二天，我開始觀察時蟲子正好也開始幹活。象態橡栗象鼻蟲母親比雄蟲身材高大，配備曲柄手搖鑽的時間更長。牠現在仔細檢查牠的那個橡栗，無疑是準備產卵。

牠一步步從前到後，上上下下爬遍這顆橡栗，在粗糙的殼上容易行走。但是如果腳底沒有套上黏性踩腳鞋，沒有套上能夠使牠在各種姿勢中都能保持平衡的刷子形鞋底，是無法在殼面其他光滑部分行走的。這隻昆蟲從容不迫地在光滑的支撐物上閒逛，從不失足。

最後的選擇出現了。這顆橡栗被認定品質優良，蟲子決定要在上面開鑿一個探測孔。這隻蟲子的尖椿太長，操作起來十

分困難。想擁有最好的機械效果，必須根據器物凸面的法線[2]把施工器械豎立起來，把在工作時間以外向前移動時礙手礙腳的工具，置放到這位象鼻蟲工人的身體下面。

　　為了達到這個目的，這個小傢伙用後腳抬起自己的身體，靠著鞘翅和後跗節形成的三腳架豎立起來。沒有比這個奇怪的探查者更稀奇古怪的了。牠站立著，再將牠的鼻子長劍──尖椿轉向自己。

　　好啦，尖椿筆直地豎起來啦。鑽孔工作開始了，就像猛刮北風那天我在樹林中看到的一樣。這隻昆蟲慢條斯理地鑽孔，從左到右，從右到左輪番進行。牠的鑽頭不是始終朝著同一方向的旋轉螺旋形管，而是一個透過先朝著一個方向，然後再朝另一個方向輪番啃咬、磨損物體、向前推進的套管針。

　　在繼續談下去之前，讓我們來點小插曲吧！給一起偶發事件一點篇幅。這是一起相當惹人注目、不能略而不談的偶發事件。我多次發現這種昆蟲工人死在工地上。死蟲的姿勢十分離奇。如果說死亡並不總是嚴重事件，特別當工作正起勁，死亡突然降臨在蟲子身上更不是什麼嚴重事件時，那麼這個稀奇古

---

② 法線：曲面上某點的切線或切面在該點的垂線，為該點的法線。──編注

怪的姿勢就會令人忍不住笑出來。

　　探測尖樁的尖頭正好插在橡栗上。工作已經開始。在這根尖樁上，這根致命的支柱的頂端，象態橡栗象鼻蟲筆直地懸吊在空中，遠離地面。牠的身體已經乾枯，不知死亡多久了。牠的腳爪僵硬，收縮在腹部下面。假設這些腳有這隻蟲子活著時那樣的靈活性和延伸性，它們就不會觸及懸掛橡栗的枝椏。還差得遠呢。到底發生什麼事，使得這隻蟲子的身體被刺穿，就像我們用大頭釘釘在我們收集到的昆蟲的頭上那樣？

　　原來這裡發生了一起工程意外。由於鑽頭很長，象態橡栗象鼻蟲開始工作時，以後腳立起。讓我們假設象鼻蟲的身體滑動了，接著兩隻原是附著的腳發生動作上的錯誤，這個笨拙傢伙的身體脫離牠所鑽探的橡栗，而且被工作一開始時必須彎得稍稍過頭而具有彈性的探頭拖離。這個懸吊著的傢伙就這樣被遠遠地拖離了牠的工地。牠在空中竭力掙扎。牠的蹠節——救命的鑽頭找不到一處可以抓附。牠失去可以讓自己擺脫困境的支撐點，最後終於筋疲力盡，死在尖樁的尖頭上。正如工廠裡的工人，象態橡栗象鼻蟲有時也是機器操作意外事故的受害者。讓我們祝牠好運，套上結實的黏性踩腳鞋，避免滑動的發生。現在我們繼續談下去吧。

這一次，機器運轉得稱心如意，但非常之慢，以致尖椿的下降，即使被放大鏡放大了，也無法辨識出來。這隻昆蟲一直在旋轉、休息、再旋轉。一個小時、兩個小時過去了。在這段時間內，我們自始至終目不轉睛，密切注意，因而弄得十分緊張。我很想親眼看見象態橡栗象鼻蟲如何在取出探頭時，返回原處，把卵放在井坑裏。這樣至少我可以預見整個事件的進行情況。

兩個小時過去了，我的耐心也耗盡了。我與家人商量，家裏三個人輪流值班，不間斷地監視這隻頑固的傢伙。我必須不惜一切代價了解牠的秘密。

還好我召請了幾位助手，他們用眼睛幫我觀察，幫我注意。在八小時——好似永無終結的八小時以後，夜幕即將下垂時，守候的哨兵呼叫我。這隻昆蟲已經顯露出結束的模樣。牠後退，謹慎地抽出牠的曲柄手搖鑽，擔心會把它弄壞。牠的工具抽出後，再次直著向前鑽。

是時候了。唉，我又一次上當受騙了。我的八小時監視毫無成果。象態橡栗象鼻蟲逃走了，牠放棄橡栗，沒有利用牠的探測成果。現在我完全有理由拒絕在樹林深處進行的觀察。在綠色橡樹林中、在把人曬得肌膚疼痛的炎炎烈日之下，這樣的

長期等待眞是無法忍受的酷刑。

　　整個十月，我在非常時刻的助手的幫助下，觀測了很多裡面沒有產卵的鑽井。行動時間長短頗不相同。一般說來是兩小時，有時甚至長達半天之多。鑽這些花費十分巨大而又沒有蟲子的井穴目的何在？首先，讓我們了解蟲卵的位置和蠕形蟲幼蟲的最初幾口食物，或許答案就會出現。

　　住著象鼻蟲的橡栗長在橡樹上，嵌在橡栗殼裡，就像沒有發生過任何有害子葉的事件似的。我們稍加注意就很容易辨認出這些橡栗來。在離殼斗不遠的地方，在光滑、綠油油的外殼上，可以看見一個小點。這是靈巧的針刺出的刺孔。一團狹小的褐色乳暈（壞死的產物）很快把這個孔眼包圍起來。這是鑽井口。另外有幾顆橡栗，洞孔從殼斗穿過開鑿，但這種情況比較罕見。

　　讓我們選擇新近鑽孔的，換句話說，有淡色刺孔的，還沒有因時間推移而被褐色乳暈包圍的橡栗。讓我們剝去這些橡栗的殼，它們裡面大多找不到什麼稀奇古怪的東西。象態橡栗象鼻蟲在它們上面鑽孔，卻沒有把卵託付給它們。這些大橡栗在我的網罩裡耗費了好多小時被仔細加工，而之後卻沒有被加以利用。但是，它們當中還有很多是包藏著一枚卵的。

　　然而，不管殼井坑入口距離橡栗底部多遠，這枚卵總被放在橡栗底部，在子葉那裡。那裡有柔軟的莫列頓呢。這東西由殼斗提供，它被葉柄（滋養品的源泉）有滋味的滲出液汁浸濕。我看見一條小小的象態橡栗象鼻蟲幼蟲。牠在我眼前孵出。我看見牠一出生便輕咬這種棉絮堆似的物體幾口，這對牠來說就像個用丹寧酸調味的新鮮麵包。

　　這種像新生的有機物那樣多汁、易於消化的麵包，只在殼斗和子葉之間才有。象態橡栗象鼻蟲也只在那裡安置牠的卵。這種昆蟲十分清楚，那裡有最適合新生兒幼弱的胃的食物。

　　上面則是比較粗糙的子葉麵包。小蟲先在小酒店裡恢復體力、振作精神之後，不是直接地，而是透過母親用探針打開的狹道進入麵包房。這條狹道滿布碎屑和咀嚼了一半的殘渣。吃了這種清淡的粗麵粉，力氣和勁頭就來了，象態橡栗象鼻蟲幼蟲於是完全鑽入橡栗堅硬的果肉裡。

　　這些資料說明了產卵者的手法。牠在鑽孔之前，像醫生治病那樣，上上下下、前前後後、左左右右仔細檢查那粒橡栗。這時候牠的目的是什麼呢？探查這粒果實是否已經有蟲居住。當然，這個橡栗食櫥是豐足的，然而卻不夠兩隻蟲子食用。事實上，我從來沒有在一顆橡栗裡找到兩隻象態橡栗象鼻蟲幼

蟲。單獨一隻，總是單獨一隻在消化美味的果實，並且在離開它和下到地裡之前，使它轉變爲橄欖綠色的小骰子，而子葉麵包最多只剩下沒有什麼價值的麵包屑。每隻象態橡栗象鼻蟲幼蟲有牠自己的圓形大麵包，每個消費者都有屬於自己的一份橡栗口糧。

把卵放進橡栗以前，首先去那裡仔細察看是適當的。那裡是否已經被占領。可能有的占有者在這個地下墓穴底部，在橡栗底部，被布滿鱗片的殼斗掩護著。這個小小的藏身處沒有什麼秘密。如果橡栗的表面沒有微小的刺孔，誰的眼睛也看不出裡面有個隱士。

這個小點正好可以看見，於是成了我的嚮導。它在那裡出現，這就告訴我這個果實已經有蟲居住，或者至少受過與產卵有關的實驗；它不在那裡出現，這就向我肯定沒有誰擁有這間房屋。毫無疑問，象態橡栗象鼻蟲也用同樣的方式獲得資訊。

我用敏銳的目光觀察事物，必要時，我還有放大鏡的幫助。我只需把實驗對象放在手指之間轉動一會，檢查就完成了。而牠，這個近視的象態橡栗象鼻蟲調查者，在確切地觀看小孔之前卻不得不到處巡查一番。其次，和我在好奇心的驅使下的調查研究相比，牠的家庭利益使牠不得不更加謹慎小心。

因此，牠大大加長了對橡栗的觀察時間。

成功了，橡栗被認定品質優良。鑽頭深鑽，運轉了好幾個小時。然後，這隻昆蟲幾次離開，對牠的工作表示輕蔑，沒有緊緊跟隨探測之後產卵。這種努力持續得這麼久有什麼好處呢？這僅僅是在象態橡栗象鼻蟲飲水、恢復體力的桶上開洞取酒嗎？蟲口器上的麥管會下降到桶的深處，在一些令人滿意的角落裡吸幾口富於營養的飲料嗎？這僅僅是進食嗎？

首先，我信得過這隻蟲子。此外，我對爲了喝一大口飲料而表現得這樣百折不撓、堅持不懈感到相當驚奇。雄象態橡栗象鼻蟲讓我了解眞相後，我便放棄了這個想法。這些雄蟲也有長口器。如果需要，這個長口器也能開鑿井坑。然而，我卻從來沒有看見一隻雄蟲在橡栗上定居下來，用鑽頭對橡栗進行加工。爲什麼要鎮日忙忙碌碌、辛辛苦苦呢？對這些飲食節制的蟲子，一丁點東西就足夠了嘛。用鼻子尖對著一張嫩葉的表皮進行加工，對維持體力來說就足夠了嘛。

如果牠們，這些在餐桌上遊手好閒、無所事事的傢伙，並不需要更多的東西，那麼那些忙於產卵的母親又會是什麼樣的蟲呢？這些母親來得及吃喝嗎？不，被鑽了孔的橡栗並不是可以在那裡緩慢悠閒、沒完沒了吃喝的小酒店。

象態橡栗象鼻蟲的口器伸進橡栗裡抽取一小口，這是可能的。但是，僅為了獲取這樣一點碎屑肯定不是原來的目的。

真正的目的我隱隱約約地看到了。我們說過，象態橡栗象鼻蟲的卵始終放置在橡栗的底部，在一種類似棉絮的物體的內部。這種物體被葉柄滲出的液汁潤濕。小蟲剛孵出時還不能夠啃食較硬的子葉，於是啃咬橡栗底部柔嫩的毛氈，把它的液汁當作食物。

但是，隨著橡栗長大，這塊蛋糕就越來越硬，它的滋味和液汁的量都會發生變化。柔嫩的部位變得堅硬，濕潤的地方變得乾燥。有個時期，對象態橡栗象鼻蟲新生幼蟲來說，舒適安逸的條件全都恰到好處。更早一些，條件還沒有達到要求；更晚一些，條件就會過分成熟。

在外面，在橡栗的綠色外殼上，一點也看不出這個內部廚房烹飪的進展情況。為了不餵哺小蟲令人嫌惡、難以下嚥的菜肴，做母親的在只看外形無法使牠充分了解橡栗內部食物的情況，於是不得不用吻管先嚐嚐糧倉底部的東西。

這就像保母在餵哺嬰兒一匙粥糊之前，自己先用嘴唇嚐嚐。象態橡栗象鼻蟲母親就是這樣做的。牠的慈母柔情和人的

保母相比不差分毫。牠把探頭下伸到橡栗的底部。牠在把橡栗裡的菜肴傳給未來的孩子之前，先來了解一下這些東西。如果菜肴令人滿意，牠就決定產卵。反之，牠就不再探測。這樣，在經過辛勤的工作後，不帶來任何效益的鑽孔工作就有了解釋。在橡栗這個食品罐頭底部的柔軟麵包，經過仔細的鑑定並不合要求。當為自己的孩子準備出生時的食物時，這些象態橡栗象鼻蟲的要求多麼嚴格、多麼挑剔、多麼細緻啊！

把卵有序地安置在新生兒可以在那裡找到多汁、輕薄、易於消化的菜肴的地方，對這些高瞻遠矚的昆蟲來說是不夠的。牠們的照料關懷遠不止這些。一個折衷辦法十分有用。那就是把小幼蟲從最初只吃「糖果」的飲食方式引導到吃「硬麵包」上。這個辦法在地道（母親鑽探的成果）裡付之實踐。那裡有碎屑——吻管大剪刀咀剪過的碎片。此外，管道的內壁受損變軟，比其他東西更加適合新生兒嬌嫩的大顎。

在啃咬子葉以前，象態橡栗象鼻蟲幼蟲的確進入這條管道。牠吃在路途中找到的粗麵粉，收集懸吊在牆上的褐色細粒。最後，當牠身體足夠壯實時，就弄破果仁這個圓形大麵包，消失在裡面。胃已經準備就緒，剩下來要做的事就是幸福地享用大餐。

這種管狀嬰兒哺乳室應該有相當的長度，以滿足新生兒的需要。因此，象態橡栗象鼻蟲母親用曲柄手搖鑽幹活。如果探測活動局限於品嚐食物，局限於探查清楚橡栗底部的成熟程度，整個過程就會簡短得多。這樣的好處象鼻蟲並不是沒有看到。我有時看到這隻昆蟲對鱗片狀的小碗物進行加工。

我在那裡只看到過一次急於收集資訊、了解情況的產卵蟲的嘗試。如果橡栗合適，鑽孔操作就將在更高的部位，在殼斗外面重新開始。當卵應該產下時，一般的慣例是，就在橡栗上鑽孔。在鑽孔工具的長度可以允許的情況下，鑽孔位置盡可能高些。

這個半天也沒有鑽成的探測長孔的目的是什麼？在離葉柄不遠的地方，鑽頭花費較少的時間和力氣就會達到想鑽的部位——新生蟲子該在那裡飲水的活泉。這時候，這樣堅持不懈、頑強拼搏有什麼好處呢？象態橡栗象鼻蟲母親把自己弄得這樣筋疲力盡，是有理由的。

牠這樣做，是爲了到達理想的地方——橡栗的底部。而且，牠還爲孩子準備了一只長長的小麵粉袋子。這是一項具有重大價值的成果。

這些種種全都是瑣碎小事！不，這些不是瑣碎小事，而是重要大事。這些事情告訴我們，無限的關懷和照料反映在儲藏最細小的東西這件事上。它們向我們證明了一個高級的邏輯——微小細節的控制調整。

象態橡栗象鼻蟲像教育家那樣有自己的好想法、好主意，有自己的功用，相當值得尊重。這至少是烏鶇的看法。這種鳥在臨近秋末，漿果開始短缺時，樂意將長嘴昆蟲當作美味佳肴。這雖是小小的一口食物，但滋味鮮美，沒有橄欖的苦澀味。即使這時橄欖還沒被寒冬征服。

假如沒有烏鶇和牠的競爭對手，春天樹林的復甦會是一幅什麼樣的景象啊！即使人被自己所做的蠢事毀滅，從地球上消失了，烏鶇仍然用自己的銅管樂歡祝春回大地，仍然同樣莊嚴肅穆。

象態橡栗象鼻蟲使鳥兒——森林歡樂的來源——飽餐一頓。牠除了扮演這個值得讚揚的角色之外，還扮演另一個角色，即緩解植物的擁擠狀況。正如名副其實的強者一樣，橡樹慷慨大度，它提供豐碩的橡栗，大地也欣然接受這些恩賜，然而森林缺乏空間就會自己窒息。過剩必將造成毀滅。

但是，既然糧食豐足，於是急於抵消過剩生產的消費者就從四面八方趕來。田鼠這個土著在一堆碎石裡，在牠的麥稈床墊旁邊積存橡栗。外地的松鴉不知怎樣也得到了資訊，成群結隊從遠方飛來，在幾個星期內，挨棵逐株大吃大嚼，並用像哽住了的貓叫來表示喜悅、歡樂和激動，在完成使命後，便返回牠的北方故鄉。

象態橡栗象鼻蟲比所有其他昆蟲先來到這裡。牠把卵產在還呈綠色的橡栗上。橡栗躺在地裡，尚未成熟就被弄成褐色，還穿了個洞眼。象態橡栗象鼻蟲幼蟲在耗光裡面的食物後就從這個洞出來。在一株橡樹下，被掏空的橡栗輕易地就可盛滿一籃子。在清理過剩的產量這個工作上，象鼻蟲科昆蟲比松鴉和田鼠做得更好。

人們為了幫他飼養的豬準備飼料，很快來到了這裡。在我們村裡，市鎮擊鼓宣讀公告的人宣布在市鎮樹林裡採收橡栗的日子。這可是件了不得的大事呀。頭天晚上，村裡最有幹勁的人會去樹林裡摸清地點，為自己選個好地點。第二天一早，天剛亮，全家人都已經就位開工了。父親用竹竿撲打橡樹的高枝，母親在地上採摘手搆得到的橡栗，孩子們則在地上拾撿。母親穿著麻布圍裙，這樣就不怕進入矮樹叢深處。籃子盛滿了，然後裝筐，裝口袋。

現在繼田鼠、松鴉、象鼻蟲等許多動物之後，森林傳來的是人的歡樂喜悅。他們估算這次收穫會給他們帶來多少肥美的豬肉。但是歡樂之中也有遺憾：他們看見那麼多橡栗落在地上，穿了洞，被糟蹋了。於是有人咒罵起糟蹋這些橡栗的傢伙來。根據他的說法，森林只屬於他們，橡樹只為他們結果。

我對他說，朋友，守林人不能記下輕罪犯人的罪狀。這對其他動物倒是件很幸運的事，因為我們的利己主義傾向於只在橡栗的收穫中，看到用香腸編成的環圈，這會有很糟糕的後果。橡樹邀請大家利用它的果實。因為我們的強勢，讓我們從中獲取了最大一部分。這就是我們唯一的權利。

在不同的消費者之間公平的分配這點超然在上，無限地主宰著一切。不論大小，人人在這個世上都有自己扮演的角色。烏鶇鳴囀，讓春天的簇葉歡快喜悅是極好的事，我們不要先認定橡樹被蟲蛀食就一定是件壞事。這可是為鳥準備了可口的象態橡栗象鼻蟲點心呢。這食物會使鳥的臀部脂肪豐滿，歌喉優美動聽。

我們讓烏鶇歌唱吧。現在將重心拉回象鼻蟲科昆蟲的卵上去吧。我們知道這些卵在哪裡：它在橡栗底部，在最嫩和液汁最多的果仁中。它如何定居在那裡的呢？那裡距離殼斗上的入

口很遠呀！沒錯，這是個微不足道的問題（如果人們願意這樣說），甚至是個幼稚可笑的問題。但是，我們別對它不屑答理，因爲偉大的科學往往是由幼稚可笑的事物構成的呀。

第一個用琥珀在自己衣服上摩擦，並且發現這塊琥珀吸住了麥稈的人，當然沒有想到今日發現「電」的奇異現象。他天眞地玩耍自娛。這個兒童遊戲不斷被人重複，被人用各種方式探尋，最後成了世界上強大力量中的一種。

觀察家對什麼都不應該忽視。他永遠也不知道會從最微不足道的事物中誕生出什麼來。因此，我向自己再提出這個問題：象態橡栗象鼻蟲的卵用什麼方法在離入口這樣遠的地方安置下來的呢？

對還不知道卵的位置，但卻知道象態橡栗象鼻蟲幼蟲首先從底部進攻橡栗的人來說，答案會是這樣的：卵產在管道的入口，在表面附近。小蟲在母親挖掘的地道裡爬行，自己到達這個藏有孩提時期食物的偏僻地點。

在掌握足夠的資料以前，我首先如此假定著。但是，謬誤很快消散。當象態橡栗象鼻蟲母親將腹尖貼放在用口器挖掘的管道口上一會之後退出時，我收集了這些橡栗。卵似乎應該在

那裡，在入口處，在表面附近。結果呢？不，卵並不在那裡。它在通道的另一端。我大膽地說，它像一塊掉到井底的石頭那樣，落到了橡栗底部。

讓我們趕快拋棄這個愚蠢的想法吧！管道極端狹窄，被銼屑狀物堵塞，因此這樣掉落是不可能的。其次，根據葉柄是直的或是顛倒的方向，在某顆橡栗上下落，在另一顆橡栗上應該是上升的。

第二種解釋出現了，也同樣具有冒險性。人們思忖：杜鵑在草坪上產卵，不管在草坪何處，之後牠用喙收集卵，很快地把卵放在黃鶯的窩裡。象態橡栗象鼻蟲有類似的辦法嗎？我在昆蟲身上並沒有發現其他能夠深入這個小藏身處的工具。

所以，讓我們趕快拋棄這個稀奇古怪的解釋。這個解釋是不得已的辦法。象態橡栗象鼻蟲從來不是為了以後方便啄住牠的卵而不加遮掩地產下牠。即使這樣做，脆弱的卵在後退過程中穿過一半堵塞的狹小通道時也會被壓碎、死亡。

我感到非常尷尬。對這個觀察對象的身體結構瞭若指掌的讀者，都會和我同樣感到尷尬。蠍蛉兒擁有一把劍——伸入地下要求的深度產卵的工具。褶翅小蜂裝備著一種鑽越石蜂的土

木工程，並把卵帶到半睡半醒的粗胖幼蟲身上的探頭。③但
是，象態橡栗象鼻蟲沒有這類短劍、匕首。牠的腹部末端什麼
也沒有，空無一物。然而牠只需把腹尖貼在井坑狹小的孔眼
上，就可以馬上將卵安置在橡栗底部。

　　解剖的結果將告訴我們用其他辦法無法解開的謎底。我剖
開象態橡栗象鼻蟲產卵蟲的身體。呈現在我眼前的東西令我大
吃一驚。這是一部稀奇古怪的機器，一根僵硬的褐色尖頭椿，
幾乎占據了整個身體。我差不多要說這是口器，因爲它的模樣
非常像昆蟲頭上的口器。這是一根管子，像獸類尾巴上的長毛
那樣細，空著的尖端擴大成像榴彈發射筒，另一端則鼓脹成卵
泡狀。

　　這就是產卵工具，它和鑽孔器同樣精細。鑽孔口器下鑽多
深，卵探測器這個內部口器就能下鑽多深。當象態橡栗象鼻蟲
加工橡栗時，就決定了攻擊點，使兩件相輔相成的工具都能夠
到達理想的部位——即果仁。

　　現在，其餘問題都迎刃而解了。象態橡栗象鼻蟲母親的曲

---

③ 褶翅小蜂、蝈蝈兒相關文章見《法布爾昆蟲全集3——變換菜單》第九章，
　《法布爾昆蟲全集6——昆蟲的著色》第十二章——編注

柄手搖鑽結束工作後，地道竣工，準備就緒。這時，這位母親轉過身來，把腹部末端放置在橡栗被鑽出的孔洞上。牠拔劍出鞘，使內部機械突顯出來。這部機械毫無困難地穿過遊移不定的銼屑似的碎片，順利插入。從表面看過去，沒有東西出現在引導探頭那裡，因為這個探頭運轉敏捷、小心。卵安置完畢，這個工具逐漸回升，縮回腹內，也還是什麼都沒有出現。大功告成了，產卵的母親離開了。我們沒有從中窺探到任何秘密。

　　我強調堅持得不對嗎？一個表面不重要的現象，剛剛真實地告訴我菊花象使人猜疑的情況。長吻管象鼻蟲有個內部探頭，一個沒有顯露出來的腹部口器。象鼻蟲在腹部的秘密處，擁有類似蟈蟈兒和姬蜂所配戴的刺刀。

第九章

榛果象鼻蟲

　　如果說只要有安靜的住所、健全的胃、可靠的糧食來源，就能夠幸福，那麼榛果象鼻蟲就是幸福的，而且比隱藏在荷蘭乳酪裡的著名老鼠還更加幸福。寓言作家筆下的這位老鼠隱士和塵世還保持著聯繫，這就是煩惱之源。一天，鼠族的幾位代表前來請求這位隱士給點微薄的施捨。隱士漫不經心地聽牠們訴苦，對牠們說牠不能幫助牠們，但允諾為牠們祈禱。僅此，牠不說其他什麼話就砰的一聲把門關上。

　　不管這位隱士對別人缺衣少食的情況多麼漠不關心，這些饑腸轆轆者必然多多少少擾亂了牠的消化。關於這一點故事裡並沒有談到。但是，我想這樣推測是被允許的。博物學家筆下的隱士榛果象鼻蟲則沒有這些煩惱麻煩。牠的家是座不可侵犯的宅第，是個單層的箱子。討厭的窮光蛋在那裡找不到門，甚

至沒有小窗口可敲。那裡一片寂靜、非常安寧，外面的喧囂、憂慮都到不了。這真是座完美的住宅，既不太熱，也不太冷，安安靜靜，誰也進不去。室內的桌子也很好，而且豪華。牠還需要什麼呢？室內享福者長得肥頭大耳。

人人都認識這個享福者。我們當中有誰沒在用牠堅固的臼齒咬碎榛果時，咬到過一個味苦和黏黏的東西呢？呸！這就是榛果裡的蠕蟲嘛。讓我們克制住厭惡的情緒，逼近觀察這隻蟲子。牠值得我們花點力氣研究。

這是一隻豐滿的榛果象鼻蟲幼蟲，牠胖嘟嘟的，彎成弓形，除了腦袋之外全身呈乳白色，頭上長著淡黃色的角。把牠從隔室裡抽出，放在桌上，牠顫動、蜷曲、發抖、挪不動身子。牠生活在這樣狹窄的窩裡，移動又有什麼用呢？其次，幼蟲時期熱衷於蟄居，這也是象鼻蟲的共同特點。這個有著渾圓、發亮臀部的隱居者——榛果象鼻蟲幼蟲也不例外。關於這個隱居者的故事隨後再述。

榛果的果仁是榛果象鼻蟲的糕餅。這是相當美味的糕餅。由於糧食豐裕，足已使榛果象鼻蟲長得豐滿肥壯，所以牠通常不屑於這種糕餅的碎屑殘渣。對一隻蟲子來說，榛果仁裡豐裕的生活必需品，足夠牠過三、四個星期舒服安逸的甜蜜生活。

但是，對兩隻蟲子來說，就不夠了。因此，榛果象鼻蟲母親小心謹慎地爲孩子們分配食物。

我很少碰見兩隻榛果象鼻蟲住在一起。晚到者——某隻資訊不靈的榛果象鼻蟲母親的兒子，坐在另一隻的旁邊，是得不到什麼好處的。糕餅快吃完了。擅闖的不速之客還很幼弱，似乎受到了身強力壯主人的冷落。這個主人唯恐失去自己的財富。身體虛弱的多餘者注定死亡，這是顯而易見的。比起乳酪裡的那隻老鼠，象鼻蟲對同類之間的互助並不會更多。人人爲己，這是小動物冷酷無情的規律，甚至在榛果裡也是這樣。

榛果象鼻蟲的住宅是座連續完整的堡壘，沒有接縫，沒有入侵者可以鑽進來的縫隙。胡桃的果殼是由兩個裂瓣接合組成的，兩個裂瓣間有條抵抗力最小的縫線。榛樹則用完整的一塊桶板製作它的小木桶。這塊桶板彎成張力相同的穹窿形。榛果象鼻蟲幼蟲如何找到進入這座堡壘的通道呢？

用肉眼在大理石般光滑的表面上找不出任何事物，這可以解釋外來的開發者——榛果象鼻蟲能夠進入榛果的現象。那些親眼看見這個沒有入口、沒有打開的榛果所包藏的奇特物的人，其驚訝和天眞的幻想是可以想像的。他們認定榛果裡胖胖的榛果象鼻蟲幼蟲不可能是外來者，牠就誕生在受到不吉祥的

月亮影響的這顆果實裡，牠是濃霧製作的腐敗物的產物。

　　今天的農夫是古老信仰的忠貞信徒。他們往往將蟲蛀的榛果和其他被昆蟲損壞的果實記在月亮和流動的污濁空氣的賬上。只要鄉村學校不讓令人高興、生動活潑的田野研究坐上榮譽的席位，這種情況還將無限期地延續下去。

　　讓我們以事情的真相取代這些愚昧無知的言談吧。榛果象鼻蟲幼蟲肯定是外來者、入侵者。牠之所以能夠進入榛果內部，是因為牠在這枚堅果上找到一條通道。這條狹窄的通道，在我們第一次觀察時漏掉了。讓我們再用放大鏡來仔細搜尋一番吧。

　　這不需要花太多的時間。在放大鏡下，榛果殼底有一塊寬闊的凹陷處，淡白色，比較粗糙，榛果殼兩個分瓣在那裡接合。在這個部位的邊緣，稍偏外面，有個精微的棕紅色細點。這就是堡壘的入口。這就是謎底。

　　雖然沒有進行其他部分的調查研究，象態橡栗象鼻蟲的研究結果已足以將情況解釋清楚了。榛果象鼻蟲的嘴喙上也攜帶著曲柄手搖鑽。這種鑽頭總是太長，但現在卻略微彎曲。我的腦子裡清晰浮現出這樣一幅畫面：這隻昆蟲以牠在橡栗上的同

類象態橡栗象鼻蟲爲榜樣，立在由鞘翅和後腳跗節形成的三腳支架上。這姿勢值得以喜歡畫下荒謬怪誕圖像的鉛筆來描繪。牠安插好牠的機械，耐心地一再鑽削。

被鑽削的東西很硬，因爲牠們選擇的是接近成熟時的果實，這樣一來，便可以提供榛果象鼻蟲幼蟲更味美、更豐盛的食物。這個東西厚實而堅固，它的皮比橡栗皮厚得多、堅固得多。如果象態橡栗象鼻蟲得花費半天時間鑽出一條狹窄的通道，相比之下，這隻蟲子鑽得更慢、更堅持、更有耐心啊。或許牠的尖頭樁是用特殊材料製作的。人類製作可以鑽削花崗岩的鑽頭，這隻蟲子無疑地也給了牠那尖利的工具一個硬三倍的切削器。

這隻蟲子的產卵器或慢或快地下仲到榛果底部。那裡有更嫩、更富有乳汁的組織。產卵器斜著下伸，鑽得相當深，以便爲牠的孩子準備嬰兒期食用的粗麵粉棒。榛果和橡栗的探測者——榛果象鼻蟲和象態橡栗象鼻蟲，都爲了家庭進行了仔細周到的準備工作。

最後榛果象鼻蟲要放置卵了，要把卵放置在榛果果仁裡的井坑底部。這裡重述一下榛果象鼻蟲已經爲人所知的獨特方法。榛果象鼻蟲的產卵蟲用和前喙一樣長，而且在使用之前一

直藏在腹部的後喙，把卵安放在果仁裡。

　　對變成搖籃的榛果進行的觀察，特別是觀察象態橡栗象鼻蟲的方法，讓我對哺乳室的這些關懷照顧瞭若指掌。然而，我希望知道的更詳細些。我想要親自觀察這種蟲子的工作情形；可是，實現這個願望的希望很渺茫。

　　在我居住的地區榛樹很少，而被這種樹吸引，而進一步開發利用的昆蟲幾乎沒有。儘管如此，還是讓我們用我荒石園裡的六棵榛樹來進行實驗吧！首先，要讓這些樹有蟲子居住。

　　加爾的一個小山谷不像塞西尼翁的丘陵那樣炎熱，在這裡我獲得了幾對榛果象鼻蟲。四月底，驛車把這些蟲子運到我這裡。這時，榛果稚嫩、扁平，顏色還很淡，剛剛從榛葉叢中露出來。果仁還沒有形成，還差得遠呢，但已經有了粗胚。這就是希望。

　　在一個風和日麗的早上，我把這些外來的蟲子安置在那幾棵榛樹的葉叢裡。旅行沒有讓牠們過度勞累。牠們穿著樸素的橘紅色服裝，儀表堂堂。一獲得自由就半開鞘翅，展開翅膀，再合上，再展開，但不起飛。這是單純的柔軟體操，有利於在遭到長期禁錮之後恢復力量。牠們在陽光照耀下顯得興高采

烈。從這些表現看來，我可以準確預測到這些昆蟲移民是不會
逃走的。

　榛果一天天鼓脹起來。對孩子們來說，這可是極大的誘
惑。榛樹不太高，連最小的孩子也搆得著，果實將孩子們的口
袋塞得滿滿的。他們把榛果夾在兩塊石頭中間砸爛，或者咬
碎。這讓他們心花怒放、樂不可支。我特別叮囑他們：不要碰
這些榛果。今年，為了讓我了解象鼻蟲的生活史，收穫的歡樂
將會取消。

　這樣的禁令會讓這些天真無邪的孩子萌生什麼想法呢？如
果他們到了能夠理解我的年齡，我會對他們說：「朋友們，提
防科學這個大巫師吧。如果你們當中有誰受到誘惑（但願不會
這樣），但願他認為自己受到了這樣的告誡：科學向我們提供
一些小小的秘密，他要求我們以比一把榛果更重大的犧牲來做
為交換。」

　禁令得到了理解。誘惑人的果實幾乎沒有誰去碰一下。而
我呢，我毫不鬆懈地巡視這些果實。但是，這些關懷照顧毫無
用處，我沒撞見過一次榛果象鼻蟲堅持不懈地在果實上鑽孔。
至多我有時在夕陽西下時看到一隻。牠爬得高高的，試圖安設
牠的機械。這些現象並沒有讓我們得到什麼新的訊息，這種種

象態橡栗象鼻蟲早已提供資訊讓我了解了。

　　況且，這僅是一次簡短的嘗試。榛果象鼻蟲在尋找適合牠的東西，但還沒有找到。也許這個榛果的鑽孔者在夜間幹活。

　　在另一個觀察研究上，我獲得成功。最早有蟲居住的幾顆榛果留在我工作室裡，我頻繁地檢查，兢兢業業，勤奮工作，努力終於得到了回報。

　　八月開始時，兩隻榛果象鼻蟲幼蟲在我眼前離開牠們箱子似的住宅。毫無疑問地，牠們一直都在用大顎尖這把剪刀耐心地雕鑿住宅堅硬的內壁。當我發現蟲子下一次逃跑時，出口已經鑿成。一些質地細緻的粉末像木屑那樣掉落。

　　這個供牠逃出的天窗沒有和細小的入口混在一起。也許只要工作繼續進行，就不宜把讓住所空氣流通的氣窗堵塞起來。天窗在果實底部，離榛果殼粗糙的部分很近。那裡比起其他地方稍微鬆軟，這個鑽孔點選得眞好，在那裡遇到的阻力最小。

　　榛果象鼻蟲隱士沒有像醫生那樣仔細診聽，沒有像探險者那樣進行探測，就清楚知道牠的監獄——榛果的弱點所在。牠艱苦工作，堅信會成功。牠在那裡挖下第一鎬，就會有第二

鎬、第三鎬……一直挖下去，而不會把力量浪費在到處試探上。持之以恆、鍥而不捨是弱者之力量所在。

　　成功了。光線透進住所裡。天窗打開了，呈圓形，朝著內部略略擴展開來。窗口的周圍全都經過精心處理，弄得很光亮。所有可能阻礙外出的凹凸不平、粗糙不堪的地方，都在牙齒的磨光機下消失了。我們所使用的鋼絲拉模版製造的孔眼也不會比這操作得更加精確。

　　說到這裡，用鋼絲拉模版這個詞可真貼切。的確，榛果象鼻蟲幼蟲利用一種類似拉模的操作讓自己脫殼而出。牠像一邊通過直徑過分狹小的孔口一邊變細的黃銅那樣，在通過天窗的同時縮減自己的身體。金屬絲被工人的鉗子和轉動的機器迅猛抽拉，之後，就保持這種操作方式使它具有縮減的口徑。榛果象鼻蟲幼蟲知道另一種方法：經由自身的力量拉長自己的身體。很快通過狹道後，牠的身體又恢復自然的粗胖。撇開這些區別，牠和用鋼絲拉模版處理過的黃銅相似得令人吃驚。

　　出口恰好和榛果象鼻蟲幼蟲的頭一樣大。幼蟲頭上有角，不容易變形。這個腦袋經過孔口時，不管身體多麼粗大都努力擠過。當這隻蟲子完全解脫出來時，這個粗大的圓柱體，這個肥胖的蠕蟲竟然通過了這樣狹窄的洞口，真是令人目瞪口呆。

如果人們沒見過這場表演，就永遠猜想不到這樣的體操成績。

我們認為，出口是根據頭的精確直徑開鑿的。而這個頭（孔的大小只根據它的大小來計算）最多只是身體大小的三分之一。三倍粗的物體怎麼能夠通過這樣的狹道呢？

現在，頭已經在外面了，毫無困難。門是根據它的形狀製作的。接下來是頸部，它稍微大一些。一個使物體收縮到最小程度的動作使它脫離了狹口。下面輪到胸部，輪到豐滿鼓凸的大肚子了。這是最困難的部分。這隻昆蟲沒有腳爪，沒有利牙，沒有能夠提供支撐的僵硬鞭毛，牠什麼都沒有。就像一條鬆軟的臘腸，必須依靠自身力量通過和牠身體幾乎不成比例的狹口。

榛果內部發生的事被不透明的果殼遮擋，我無法了解。我在外面觀察到的非常簡單，但它讓我清楚知道看不見的情況。這隻昆蟲的血從身體後部向前部湧流。體液移動，聚積在已經脫逃出的部位。這一部位鼓脹起來，好似水腫，大小是頭直徑的五至六倍。

在狹口上，就這樣形成了一個粗大的環形軟墊，這個具有能量的、腰帶形的物體，靠著身體的膨脹和彈力，逐漸抽出後

面的體節。而後面這些體節藉由體液的移動逐漸縮減體積。

這個過程進行得非常緩慢而且十分艱苦。這隻昆蟲將獲得自由的身軀彎曲起來，重新直立，搖動震盪，正像我們搖晃釘子，以便從孔裡拔出一樣。這時，榛果象鼻蟲幼蟲的大顎半開，接著關上，再次半開，沒有抓捕東西的意願。牠發出哎呵、哎呵的聲響。筋疲力盡的蟲子用這種聲音來助陣，正如樵夫哎呵、哎呵揮動斧頭砍伐一樣。

榛果象鼻蟲幼蟲每叫一聲「哎呵」，牠那臘腸似的身體就抬高一點。當具有拔取功能的環形軟墊鼓脹、繃緊時，還在殼裡的身體部分就讓體液流到已經出殼的自由部分，讓留在殼裡的部分乾涸到極點，這樣就可以進入拉絲模了。

鼓脹起來的腰帶再稍稍抬起一下，再半開一下。哎呵，好啦，榛果象鼻蟲幼蟲從殼上滑動落下。

那些剛剛讓我們看到這個景象的榛果，是一點鐘前從樹枝上摘下的，所以榛果象鼻蟲幼蟲極有可能從榛樹上掉下來。對我們來說，從樹上跌落會跌得粉身碎骨，令人心驚膽顫。但對這個有可塑性、脊柱這樣靈活的蟲子來說，這倒是件微不足道的小事。在灌木梢上的世界翻筋斗，或在稍後榛果成熟脫離樹

枝、掉落地上時，安安穩穩地搬遷，對榛果象鼻蟲幼蟲而言都無大礙。

蟲子一旦獲得自由，便隨即在一個狹窄的範圍內探測地形，尋找一個容易挖掘的地點。找到後，牠就用大顎挖掘，用臀部推壓，把自己埋下。牠在一個不深的地方將粉末狀材料往後推壓，挖掘出一個圓窩。牠將在那裡度過天寒地凍的嚴多，等待春天大地的甦醒。

如果我根據推測，跑去勸告比誰都更加熟悉象鼻蟲科昆蟲事務的榛果象鼻蟲，我就會對牠說：「現在離開榛果是愚蠢的。之後，當四月的歡慶時節再度來臨時，當榛樹讓長出果實的玫瑰色雌蕊接替葇荑花序的墜子時，那才是最恰當的離開時機。但是，在烈日如焚的此刻，在這個讓最勤勞勇敢者不得不停工休息的此刻，放棄一個非常舒適的住所，在夏天的農閒季節裡長眠又有什麼好處呢？」「當秋雨和冬霜來臨時，到哪裡去找比榛果殼更好的住宅呢？艱難的變態過程又能在哪個更偏僻的地方進行呢？」

「而且，地底下處處有危險，不但又濕又冷，還十分粗糙，對你那細嫩的皮膚來說，接觸摩擦是多麼痛苦啊。那裡有個可怕的敵人潛伏著，一種寄生在地底幼蟲身上的隱花植物。

在我用來飼育昆蟲的短頸廣口瓶裡，爲了保護一隻隻躲藏地下的幼蟲隱者，著實讓我操碎了心。或遲或早，靠著玻璃內壁出現一叢東西，好似毛茸茸的紡錘。紡錘的底部纏著一條可憐的幼蟲，牠已被吸乾，成了生石膏粒。這是一種蘑菇的菌絲體，而處於地下蛹期的昆蟲，就像被開發利用的沃土，都轉化成爲這種蘑菇的一部分。然而，在榛果裡，不但環境十分衛生，而且還能擺脫劫掠，卵不必擔憂任何類似的危險。那麼爲什麼幼蟲要離開呢？」

榛果象鼻蟲無視於這些理由和論據。牠逕自地搬遷，牠這樣做並沒有錯。在掉落榛果的地上，首先要擔心和提防田鼠。這種動物很喜歡積攢果核。牠在碎石上堆積所有牠夜間巡查獲取的戰利品。然後從容不迫地、耐心地用牙齒在果殼上鑿穿一個小洞，種子就從這個洞被拔了出來。

榛果頗受田鼠歡迎。這可是道美味佳肴呀。它被象鼻蟲掏空後就更加珍貴了，裡面盛藏的不再是平常的食品，而是榛果象鼻蟲幼蟲。這種幼蟲就像肥肉小香腸，使慣用澱粉食物的飲食方式產生了一些讓人高興的變化。昆蟲懼怕田鼠，便選擇鑽到地下生活。

此外，促使蟲子離開還有一個更加重要的理由。沒錯，在

榛果固若金湯的塔樓裡是可以高枕無憂，但是還必須考慮到未來如何脫殼而出。天牛幼蟲把謹慎小心拋到腦後，離開橡樹內部，來到樹表，把自身暴露在鐵鎬的搜尋之下。牠向危險地方移居，只爲準備一條脫逃的路徑，然而在這路徑上將出現這隻長角昆蟲。這隻蟲子還不能夠爲自己開闢一條道路。

對象鼻蟲科昆蟲的幼蟲來說，類似的預防措施是必不可少的。當牠的大顎十分有勁時，牠不等待體內積存的脂肪轉化成一種新的組織，不等待那個半睡半醒的時期來到，便鑿破將來成蟲不能依靠自身力量從那裡脫逃的箱子。牠逃出，並鑽入地下。牠高瞻遠矚，明智地預測到未來。成蟲能夠從目前的地下建築裡，順利爬升到光天化日之下。

我們假設，榛果象鼻蟲在榛果裡就發育成成蟲形態，牠就無法使自己脫殼而出。然而，安置卵的時候，牠卻能用自己的鑽頭有效率地達到鑽殼的目的。牠受了什麼阻礙，無法朝著相反方向做牠擅長的工作呢？稍微思考一下，我們就會知道那個巨大的困難是什麼了。

想要放置一枚卵，只要有支口徑像曲柄手搖鑽那樣粗的細管就足夠了。可是，想讓僵硬的象鼻蟲通過，就必須有相當寬大的孔洞。要被鑽孔的榛果質地堅硬，硬得連榛果象鼻蟲幼蟲

用牠那強勁有力的半圓鑿大顎，也只能鑽通一個恰好能讓頭部通過的孔，身體其餘部分則必須使出令人筋疲力盡的力氣跟著掙出。

當榛果象鼻蟲幼蟲裝備好，花了九牛二虎之力為自己鑽鑿出一個舷窗似的孔洞後，牠如何利用牠那纖細的鑽頭為自己打開一扇足夠寬大的門呢？牠用鑽鑿鑿出一圈孔眼，不就能去除一塊大小合乎要求的圓片嗎？嚴格說來，如果牠用極大的耐心工作著，這是可能的。這也是昆蟲不虞匱乏的特質之一。

但是，在這裡多長的時間都是不夠的。在榛果內部，鑽孔器完全不能操作。這個器械太長，當榛果象鼻蟲在外面鑽洞時，為了把它插入鑽孔部位，都不得不立起身子。然而由於榛果殼扁圓形穹頂下的空間不夠寬大，這種姿勢和交替的旋轉都不再可能使用。

不管這隻蟲子多有耐心，不管人們假設牠的鑽頭多麼完善，牠還是會死在榛果箱裡，因為牠受到狹窄住所的阻礙，無法使用牠的曲柄手搖鑽。牠將可能成為自己過長的器械的犧牲品。用在安放卵時，這個器械很好。但是，如果榛果象鼻蟲這個囚犯想要破殼逃出，這個器械就嫌太笨重了。

榛果象鼻蟲幼蟲如果有個不太大的口器，有個簡單的、短而硬的穿孔器，儘管牠們得冒著遭受田鼠侵襲的危險，可能還是不會放棄榛果的。對昆蟲變態來說，這是一個饒有趣味的實驗室。沒錯，榛果殼在地面上毫無遮掩，任憑北風吹刮。但是只要保持乾燥，寒風吹刮又有什麼要緊呢？這隻昆蟲不怕冰凍。在麻木遲鈍的生命狀態之外，又加上低溫，牠那甜蜜的覺就睡得更熟了。

我深信這點：榛果象鼻蟲如果身帶一個不那麼笨重的鑽孔器，在消耗完榛果的果仁之後，是不會搬遷的。我的假設是以另一些象鼻蟲類昆蟲，特別是毒魚草象鼻蟲（毒魚草莢果的利用者）和維爾巴斯庫姆象鼻蟲（農耕地的常客），的習性為基礎的。這些莢果住宅幾乎和榛果一樣，只不過體積較小而已。

這些莢果堅固的外殼由兩片密實的果莢組成，藉此與外界隔離。一隻象鼻蟲身材普通，衣著樸素，在五、六月時得到這種莢果，並把牠的幼蟲安放在裡面。幼蟲啃吃果實的粗胚，粗胚裡裝著還沒成熟的種子。

八月，植物乾枯了，被太陽曬成紅棕色，但仍俊俏挺拔，結滿了茂密的莢果。我們打開幾個莢果，它們差不多和櫻桃核一樣堅硬。象鼻蟲在裡面蛻變成成蟲。冬天時，再次打開莢

果，毒魚草象鼻蟲還沒有離開。四月了，當我們最後一次打開莢果，這隻小象鼻蟲類昆蟲仍然住在牠的居所裡。

然而，這時附近一些新的毒魚草已經長出，正在開花，果莢也已足夠成熟。這是毒魚草象鼻蟲離開莢果去建立家庭的時刻。只在這時，這隻獨居的昆蟲才拆除牠的隱居所——果莢。這個果莢一直妥善地保護著牠到現在為止。

毒魚草象鼻蟲怎麼拆除隱居所呢？——很簡單。牠的口器是個很短的穿孔器，因此，即使在狹窄的巢室裡也很容易使用。其次，果莢也遠不及榛果硬。與其說這是硬木內壁，不如說是個非常乾燥的羊皮紙套。隱居者插進有柄的短鎬。牠鑽洞、敲打，讓牆像灰泥殘屑那樣塌陷。牠看見太陽啦。太陽帶來的歡樂萬歲！長著布滿紫色毛絨的雄蕊的黃花萬歲！

這成套的工具在太低的天花板下顯得太長；可是在這裡，它的體積則顯得很小，宅子裡有足夠的空間供牠舞刀弄棍。這些昆蟲難道不是受到這成套的工具啟發，而產生好點子的嗎？榛果象鼻蟲幼蟲憑藉著鋒利的剪刀早早離開了榛果。毒魚草象鼻蟲一年有四分之三的時間堅持留在安全的殼中，只在毗鄰的植物舉行婚禮的時刻到來時，才從殼裡鑽出。本能所擁有的無懈可擊的邏輯，哪怕在最微小的地方都會顯露無遺。

第十章

楊樹象鼻蟲

　　象鼻蟲科昆蟲的母親將卵巧妙地深入置放於幼蟲能找到食物的地方，有時還用令人讚嘆不已、準確可靠的植物性直覺來改變飲食方式。不過一般說來，牠們的知識就止於此，別無其他。這個母親很少或根本沒有什麼技藝在身。幼蟲的衣食用品和奶瓶精巧細緻的做工與牠毫無相干。我只知道這鄉野的母性有個例外。這個例外是某些象鼻蟲固有的特性。這些象鼻蟲為了替幼蟲製備食物罐頭，便將既是住宅又是口糧的樹葉捲起。

　　在這些植物香腸的製作者中，最靈巧能幹的就屬楊樹象鼻蟲①了。牠身材矮小，但衣著華麗。背上閃著金色和銅色兩種光澤，腹部呈靛藍色。誰想看牠工作，只需在將近五月底到草

① 楊樹象鼻蟲：又名細雪茄切枝象鼻蟲。——編注

地邊往普通黑楊較下面的細枝杈尋覓就行了。

在上面，當春天輕拂的微風撼動著碧綠的樹枝，讓樹葉在扁平的葉柄上顫抖時，下面，在寧靜的空氣中，當年新發的嫩芽正在休憩。

楊樹象鼻蟲主要在那裡，在遠離喧囂鬧嚷、騷動不安、不利於勤勞的人的高處工作著。工作坊與人同高，觀察起來相當輕鬆。

沒錯，是很輕鬆。但是，如果想詳細跟蹤察看這種昆蟲工作的方法和過程，這在曬得人頭暈腦脹的烈日下，卻是件十分艱苦的事。此外，還得馬不停蹄地往來奔波，這得花費大量時間。再者，在野外並不利於準確的觀察。準確的觀察需要非常充裕的時間，需要每天時時刻刻堅持不懈，辛勤巡視。在家中舒適的環境裡進行研究似乎更加可取。但是，首要條件是昆蟲必須順從。

楊樹象鼻蟲非常符合這個條件。

這是一隻溫和且熱心的蟲子，牠在我的桌子上與在楊樹上一樣，幹勁十足。不斷更換的嫩枝，插在金屬鐘形網罩下的新

鮮沙土上，取代了工作室裡的樹。這隻象鼻蟲毫不驚惶失措，甚至在放大鏡的玻璃片下都從容地工作著。我希望得到多少葉卷，牠就向我提供多少。

讓我們來跟蹤觀察牠的工作吧。要捲曲的樹葉選自由樹基長出的新枝。它不是從下面的樹葉中選出，那些樹葉已經呈現出成熟的綠色，已經比較結實。它也不是從枝梢的新葉中選出來的。上面的太嫩、不夠寬大；下面的又太老、太硬，捲起來太累了。

選定的樹葉屬於中間等級。葉子綠得還不很純，綠中帶黃、很嫩，像塗著清漆那樣發亮，就差一點便成熟了。它的細齒葉緣鼓脹成纖細的小腺環形軟墊，並滲出一些黏液。當芽上的鱗片散開時，黏液便為芽塗上一層柏油。

現在來談談這種昆蟲的裝備和工具吧。牠有著像秤鉤那樣的雙腳。跗節下部帶著白纖毛形成的厚刷。這種蟲子穿著這種厚刷鞋子，便能迅速敏捷地在最光滑的垂直內壁上攀爬。牠能夠背朝下，像蒼蠅一樣在玻璃鐘形罩的天花板上停留和奔跑。從這個特點能猜測出來：牠的工作非有的巧妙平衡能力不可。

牠彎曲有力的口器和榛果象鼻蟲的一樣。不太大，在頂端

膨脹成一把抹刀。抹刀的末端是把靈巧的剪刀。這也是個極好的穿孔器，在開工後首先發揮作用。

　　楊樹葉在正常狀態下是不能捲起的。這是一張活的葉片。由於內含汁液加上植物組織的張力，樹葉在捲起之後，馬上又會恢復平直的外形。葉片只要保持著生命活力，矮小的蟲子就無法征服它、捲曲它。這在我們眼裡是非常明顯的，同樣的這在象鼻蟲眼裡也是非常明顯的。

　　怎樣才能獲得沒有生氣活力的柔軟性呢？我們會說：「必須摘下樹葉，讓它掉在地上，然後等到樹葉枯萎時，在地上處理它。」但是，關於這點象鼻蟲科昆蟲比我們考慮得更加仔細周密，與我們意見相左。牠想：「我無法在地上工作，草坪上障礙重重。我必須無拘無束，行動自由。我必須懸在空中，不受什麼阻礙地工作。」

　　「更加嚴重的是，我的那些幼蟲會拒絕吃乾燥的腐酸味香腸。牠們需要新鮮的食物。我為牠們準備的葉卷不應該是乾枯的樹葉，而應該是軟脆而且還沒完全失去汁液的樹葉。我必須切斷供給樹葉汁液的源泉，而不是徹底弄死它，這樣便可以讓即將枯死的樹葉維持新鮮，陪伴我的幼蟲渡過青春歲月。」

楊樹象鼻蟲母親選擇好樹葉後，便暫時住在葉柄那裡耐心地用口器往下鑽，堅持不懈地讓口器轉動。這種堅持的幹勁告訴我們，用穿孔器這樣鑽有很大的好處。一個小小的裂口打開了，而且相當深。

樹汁的導管被切斷了，只有非常少的汁液流到葉片上。樹葉因承載不住重量，受傷的部位下垂了。它垂直地俯下身子，略微枯萎，很快就變得相當柔軟。楊樹象鼻蟲對樹葉進行加工的時刻來到了。

用穿孔器一鑽，相當於狩獵峰的一螫，但畢竟技巧較差。狩獵蜂想為牠的孩子捕捉有時是死的、有時是癱瘓的獵物。牠像熟練的解剖學家一樣，清楚地知道在什麼部位插進牠的螫針，以使被螫的獵物突然死亡，或者僅僅失去活動能力。

楊樹象鼻蟲想為牠的幼蟲收割失去生機的樹葉。這樣的樹葉十分柔軟，好像癱瘓了似的，容易加工成葉卷。牠對葉脈和葉柄等組織瞭若指掌。在這些地方，樹葉的導管聚集成一個小倉。就在那裡，而且只在那裡，從來不在別處，楊樹象鼻蟲巧妙地插入牠的鑽頭。牠幾乎不費吹灰之力，只一下就破壞了導管。這隻長著口器的昆蟲在哪裡學到吸乾泉水的技能的呢？

楊樹葉呈不規則菱形，像一根邊緣有尖利小刺的戈矛。楊樹象鼻蟲就從菱形葉的一個鈍角（右邊或左邊皆可）開始葉卷的製作。

儘管樹葉懸垂，從哪一面捲曲都可以；但是，這種昆蟲從來不會忘記選擇從樹葉正面下手。牠這樣做有牠的理由。這些理由是力學定律強加給牠的。樹葉的正面比較光滑，容易捲曲，必須放在捲葉內部；而背光面，由於有葉脈，彈性較大，必須放在外部。小腦袋的楊樹象鼻蟲的看法與學者的觀點不謀而合。

現在，這隻蟲子開始幹活了。牠在折線上，三隻腳放在樹葉已經捲起的部分，另外三隻腳放在還沒有捲起的部分。這隻蟲子用小小的腳和厚刷鞋子把身體牢牢地附著在樹葉上。牠的六隻腳，一邊支撐身子，一邊使勁用力。這部昆蟲機器的兩邊腳爪像發動機那樣交替運轉，以致已經成形的圓柱體在舒展的葉片上有時前進，有時後退，舒展的葉片移動著，貼在已經成形的葉卷上。

腳的交替動作沒有任何規律，只看昆蟲工人當時如何操作。或許這只是一種可以稍微休息而不中斷工作的變通方法，就像我們用雙手輪流搬運東西以減輕負擔一樣。

在現場觀看這隻昆蟲工作，得花上整整幾個小時。這種工作也會讓這隻蟲子腳爪顫抖、筋疲力盡。如果其中一隻腳不小心稍微放鬆，其他的腳就會受到威脅。想要準確了解象鼻蟲面對的困難，必須親眼看見這隻捲葉象鼻蟲是怎樣謹慎小心地在五隻腳已經牢牢地固定時，才抽出剩下的那一隻。一邊是三個支撐點，另一邊是三個牽引點。這六個點一個一個逐步移動，讓受力系統保持平衡。只要有片刻忘卻，片刻鬆懈，倔強的葉片就重新展開，拒絕服從操作者的擺弄。

此外，工作環境也不大方便。樹葉懸垂，非常傾斜，甚至垂直。葉面像漆過，像玻璃那樣光滑。楊樹象鼻蟲工人因此穿著鞋底黏著刷子的鞋子，攀爬垂直而光滑的物體。牠用十二隻秤鉤緊緊抓住滑溜的葉面。

這些精良的工具並不能排除工作中的全部困難。我吃力地用放大鏡跟蹤觀察這隻蟲子捲纏動作的進展情況。手錶的指針走得也不會比這更慢。蟲子長時間停在一個點上，腳始終牢牢抓著葉面。牠等待葉片的褶子被降伏，不再反彈、抗拒。樹葉上沒有塗抹任何膠，讓葉卷黏得牢牢的。葉卷是否穩固取決於樹葉的彎曲狀態。

因此，楊樹象鼻蟲工人使出的勁無法對抗葉片的彈性，再

度展開那已經部分捲折的捲狀物，這種情況並不少見。這隻昆蟲頑強地、不動聲色地、緩慢地重新開始，把不服貼的葉片再度捲折起來。不，象鼻蟲並沒有因為失敗而躁動。牠對用耐心和大量時間能夠完成什麼瞭如指掌。

楊樹象鼻蟲通常後退著工作。牠折好一條線後，注意避免放棄牠剛剛做好的褶子，注意避免回到出發點重新開始。褶子還不夠服貼，如果過早放任不管，就會反抗，重新展開。

因此，這隻昆蟲堅持留在折線上，用腳爪緊緊壓著褶子，始終耐心地、緩慢地向後退。當褶子被壓得服服貼貼後，象鼻蟲工人又準備折下一個褶子。這隻蟲子再次長時間停留在折線上，然後向後退。楊樹象鼻蟲就這樣一個褶一個褶地捲起葉片，好像用犁頭耕地一樣。

當楊樹葉被確認已經柔軟時，這隻昆蟲便稍稍整修一下剛才做成的褶子，接著就很快攀爬到折線處，以便開始捲曲下一個褶子。

這隻昆蟲從上到下，從下到上來回走動。牠既頑強又靈巧，最後終於將樹葉捲好。牠已經捲到葉片邊緣，到達另一個鈍角處。這個鈍角是剛開始捲葉那個角的對角。這是一塊拱心

石②，整個葉卷是否穩固都取決於此。楊樹象鼻蟲對此更加警惕和耐心。

　　牠用鼓脹成抹刀的口器端逐點壓緊需要固定的邊緣，正如用熨斗壓平衣邊一樣。牠長時間地、很長時間地壓緊葉邊，一動不動。牠等待葉邊緊貼在葉卷上，角上的整條花邊一處一處被謹慎小心地固定起來。

　　葉卷怎樣緊緊貼牢呢？如果加進來一根線，人們會自然而然把口器當成一部縫紉機。這部機器把它的縫針垂直地插入布料。然而，這樣的比較是被不允許的，因爲象鼻蟲並沒有使用任何纖維，答案應該在其他地方。

　　我們說過，楊樹葉很嫩。它那像精細的環形軟墊似的細齒葉緣上，有流著微量膠汁的腺體。這微量的黏性物質就是天然的漿糊，就是用來封蓋的蠟。這隻昆蟲用口器按壓，使漿糊更大量地從小腺體中湧流出來。於是牠把印章加蓋在葉卷上，等待黏稠的封蠟硬固就行了。大體上來說，這就是我們黏信封所用的方法。不管這樣的黏封能夠維持多久，樹葉因枯萎而逐漸

② 拱心石：建築拱圈結構中位於正上方的石塊，用以強化結構。常用於比喻事物之高度重要性。——編注

失去彈性，很快就會失去對抗的力量。捲好的葉卷好似一根雪茄，和粗麥稈一樣粗，差不多一法寸長。它垂直懸掛在因啄傷而彎曲的葉柄上。要製造它，花一整天時間不算太多。楊樹象鼻蟲母親在短暫的歇息後，著手處理第二張樹葉。牠夜間幹活，製成了另一個葉卷。在二十四小時內製作兩個葉卷，對最勤勞的楊樹象鼻蟲母親來說，這就是牠能做的一切。

然而，這個昆蟲捲葉女工的目的是什麼？牠在準備自己食用的罐頭嗎？顯然不是。如果僅是為了自己，昆蟲從來不會這樣細心地備辦食物。牠常是為了家庭才這樣靈巧地積攢財富。楊樹象鼻蟲的雪茄是未來的嫁妝。

讓我們把這個雪茄打開來看看。葉卷的每一層裡都有一枚卵，而有時還更多一些，有兩枚、三枚，甚至四枚。卵呈橢圓形，微黃，類似精巧的琥珀珠子，鬆鬆地貼附在樹葉上，稍有震動就會脫離。它們凌亂地分布著，在雪茄的內層，或者深些，或者淺些，始終孤孤單單。在這個螺旋卷的中央，有一些卵差不多就在開始捲折的角上。

產卵蟲不中斷地製作葉卷，不讓腳的緊張狀態鬆弛下來。隨著牠感覺到成熟的卵已來到產卵管的末端，牠便把卵放置在正在捲折的褶子中間。當牠在工作坊裡全心投入艱苦工作的同

時，就在哪怕片刻休息就會弄壞的機器齒輪之間生育。製作和產卵同步協調，一致進行。楊樹象鼻蟲母親生命相當短暫，只不過兩、三週。牠要安頓開銷很大的家庭，因此怕把時間浪費在安產的感謝禮中。

事情還沒有完結呢。在同一張樹葉上，離開艱難地被捲折起來的葉卷不遠處，幾乎總是站著楊樹象鼻蟲父親。這個遊手好閒的傢伙站在那裡做什麼呢？牠僅僅是偶然的過路人，對機械的運轉十分好奇，因而停下來觀看別人工作嗎？牠對製作出來的物品有興趣嗎？牠希望在伴侶需要時幫牠一把嗎？

人們會認為是這樣。我不時看見牠跟在楊樹象鼻蟲女工廠主人後面，在褶子的條痕裡，用腳抓住圓柱體，稍微幫忙一下。但是，牠總是顯得十分冷漠而且動作笨拙。對牠來說，幫忙將圓柱轉不到半圈就足夠了。這不是牠的事呀。牠離開遠去，在樹葉的另一端等待、觀望。讓我們留意牠的這個舉動吧。在昆蟲中，父親很少幫忙建立家庭。讓我們讚嘆牠的援助吧，但不要太多。牠所助的一臂之力是出自私心。對牠來說，這是表示愛情和使牠的工作成果受到讚揚的方法。

的確，儘管牠那表示要合作製作葉卷的主動行為多次遭到拒絕，但這個心急如焚的傢伙最終仍然被接受了。事情發生在

工地上。過程有十來分鐘，捲折動作暫時停頓。但是，楊樹象鼻蟲女工的腳劇烈收縮，避免鬆開。如果牠們停止用力，螺旋葉卷就會立刻展開。不能為了這短暫的歡樂（昆蟲唯一的歡樂）而讓工作停頓下來。

機器為了讓不馴服的葉卷維持在被制服的狀態，自己始終處於緊張狀態，只做短暫停頓。雄蟲退到附近，待在樹葉上。雌蟲重新開工。或早或遲，在封條貼到製成品上以前，遊手好閒的傢伙又來探望。牠又鼓起勇氣以幫忙為藉口，把腳插在滾動的葉片上一會，就像什麼事都還沒有發生過似的。

在製作一支雪茄的時間內，這樣的事重複了三、四次，以致人們不得不思忖：安置卵這樣的工作是否需要這個貪得無厭的獻殷勤者的協助。

當然，在陽光朗照下，在還沒有遭到啃咬的樹葉上，成雙成對的楊樹象鼻蟲比比皆是。結婚的嬉戲玩樂是工作嚴格要求下破壞不了的喜慶活動。楊樹象鼻蟲們心花怒放，盡情玩樂。競爭者相互推擠。一張樹葉，牠們只吃掉一半厚。這張樹葉裸露出的條紋，使人想起隨興揮就的書法。在工作坊裡辛勞工作之前是快樂伴侶的縱情狂歡。

　　根據昆蟲學的法則，這次聯歡結束後，一切都應該恢復平靜，楊樹象鼻蟲母親此後開始製作雪茄，而不再受到干擾。可是一般法則在這裡卻沒有任何意義。我從來沒有看見雌蟲製作葉卷時，雄蟲不在附近窺視。我如果有耐性等待下去，我肯定會看見三番五次的交尾。爲每枚卵再三舉行婚禮，我對此大惑莫解。在我根據書本的敘述，相信存在著單一性的地方，我卻看到了事物的多樣性。

　　這種情況不是孤立的。我下面要提到第二個更加令人驚訝不已的情況。這是天牛向我提供的。我在籠子裡養著幾對天牛，用梨片做爲牠們的食物，用橡木圓材安置牠們的卵。交尾幾乎延續了整個七月。在四個星期裡，高大的、有角的雄天牛老是騎跨在牠的伴侶身上。雌蟲被騎著、摟著，到處漫遊，用產卵管尖選擇有利於儲放卵的樹皮縫隙。

　　雄天牛相隔很久才下到地上來，到梨片那裡進食以恢復體力。然後，牠突然像癲狂的人那樣跺腳，用一股瘋狂的幹勁返回，再次騎跨在雌天牛身上，恢復原來的姿勢。牠日日夜夜、時時刻刻都保持著這種姿勢。

　　雌天牛放置卵的時候，雄天牛一聲不吭，用有毛的舌頭把產卵蟲的背擦得發亮。這是天牛的愛撫。但是，過了一會兒，

牠又進行試探，往往都能成功。牠眞是沒完沒了，樂此不疲。

交尾活動就這樣持續了一個月，直到卵囊枯竭時交尾才停止。這時雌雄兩隻蟲子都體力耗盡，在橡樹幹上不再有什麼事要做了。這對配偶於是分開。牠們一天天衰竭憔悴，有氣無力，奄奄一息，幾天之後便死亡了。

天牛、楊樹象鼻蟲等昆蟲這樣異乎尋常地始終堅持不懈，人們可以從中得出什麼結論呢？僅此一點：我們今天了解到的眞理是暫時的。它們將被明天了解到的眞理打開缺口，之後便像荊棘那樣，大量矛盾現象叢生，以至於知識的最後一個詞是懷疑。

第十一章

葡萄樹象鼻蟲

　　春天，正當楊樹葉被製成葉卷的時候，另一種衣著華美的象鼻蟲也將葡萄葉捲製成雪茄。牠的體型稍稍肥胖些，呈變藍的金黃綠色。這種華美的葡萄樹象鼻蟲如果身材更好一些，就可能在昆蟲學的珠寶首飾蟲中享有盛譽。

葡萄樹象鼻蟲
（放大3倍）

　　為了吸引人們的視線，牠有比身體的亮麗光澤更好的東西——牠的技藝。這種技藝引發葡萄果農的仇恨，他們嫉妒牠所擁有的天賦。農民了解牠，甚至用一個特殊的名字稱呼牠。這個名字很少賜給小蟲子的社會。

　　農村裡關於植物的詞彙十分豐富，但關於昆蟲的詞彙卻非常貧乏。一兩打概括、籠統而晦暗不明的名詞，在普羅旺斯的

慣用語中就是全部昆蟲學的專業詞彙。然而，普羅旺斯語在植物方面卻很富於表現力，非常豐富。甚至有時某個詞彙專指某種野草，而這種植物或許只有植物學家才知道。

農夫首重植物——最偉大的乳母。對他來說，其餘的都無足輕重。華美的首飾、奇特的習性、本能的奇蹟，這一切對他都無關緊要。但是，一旦誰碰他的葡萄樹，吃別人的草，卻是罪惡滔天！快取一個名字吧，快拿來一個掛在為非作歹之徒的脖子上的鐵項圈吧。

這一次普羅旺斯的農民為了想出一個特別的詞彙，不惜花費力氣。他們將這個捲製雪茄的蟲子取名為喙溝蟲。學者所取的名字和農民的是多麼吻合一致啊。葡萄樹象鼻蟲就是喙溝蟲，兩者都影射著這種昆蟲所擁有的長口器。

但是，葡萄果農所取的名字簡單明確，和專業詞彙相比，多麼貼切啊。後者將牠所利用的樹種強制性補充出來，這反而讓我糊塗了。我始終沒有弄清楚，為什麼將這個在葡萄樹上捲製雪茄的蟲子稱為樺樹象鼻蟲。

如果的確有利用樺樹的象鼻蟲類昆蟲，這當然和葡萄樹象鼻蟲不是同一種昆蟲。這兩種樹葉的形狀、大小都迥然不同，

不適於同一個昆蟲工人加工。

　　你們——昆蟲體貌特徵的記錄者，在放大鏡下細心的描繪昆蟲的形態和制定牠們的身份文書之前，在給予被你們用木樁處死的蟲子姓和名之前，請試圖了解一下牠們的生活方式吧。

　　這樣的話，你們就會看得更加清楚，就會避免令人憎惡的錯誤，就會讓初學者不得不在樺樹象鼻蟲身上貼上葡萄樹象鼻蟲的標籤時，省去一些遲疑猶豫。人們寧願原諒難聽的音節和子音的呱呱聲響，卻會大發雷霆，拒絕接受歪曲事實的名字。

　　葡萄樹象鼻蟲遵循楊樹象鼻蟲的工作方法。葡萄葉首先在葉柄被啄，這樣樹汁便停止流動，使樹葉變得柔軟。捲折從樹葉的某個角開始。樹葉的正面碧綠光滑，被捲在裡面；背面呈棉絮狀，有粗大的葉脈，則顯露在外。

　　但是，葡萄葉比較寬大，葉脈較深，而且彎彎曲曲、起伏不定，不可能從一個葉角順順利利地捲折到對角。這時就需要捲一些不規則的褶子。褶子多次改變捲折的方向，使得外邊時而是綠色的，時而是棉絮狀的，這好像是象鼻蟲隨興所至捲折出來的，毫無次序可言。

楊樹葉較窄小，形狀規則，可以捲出漂亮的葉卷。葡萄樹葉寬闊、笨重，輪廓不規則，只能捲出難看的雪茄，一個不規整的包裹。

這並不是因爲葡萄樹象鼻蟲缺乏才能，而是製作葉卷時困難重重。在力學上，象鼻蟲對付葡萄葉的良策巧計的確與對付楊樹葉的一模一樣，即：三隻腳在葉片上，三隻腳在褶子的邊緣。葡萄樹象鼻蟲也是一邊腳做爲支撐，另一邊用力。

葡萄樹象鼻蟲像製作雪茄的競爭者那樣後退著工作，眼前或許有剛捲好的褶子，它還不牢固，需要立刻修整。只要捲出來的褶子還沒有穩固，象鼻蟲就會耐心地修整。葡萄樹象鼻蟲用口器施加壓力，把最後一層的細齒葉緣加固。這裡沒有葉緣滲出的黏膠，但有棉絮狀的廢毛。這些廢毛互相糾纏，把葉緣黏緊。從總體上看，這兩種象鼻蟲使用的方法相同。

象鼻蟲家族的習性並沒有改變。當葡萄樹象鼻蟲母親耐心地捲牠的雪茄時，葡萄樹象鼻蟲父親就在附近，在同一張樹葉上觀看配偶幹活。然後牠匆匆忙忙地跑過來，志願充當助手，用牠的鐵鉤幫點小忙。牠不是個勤勞苦幹的助手。牠的短暫合作是調戲葡萄樹象鼻蟲女工的藉口。牠賴在那裡不離開，終於達到了目的。

　　最後，牠心滿意足地離開。讓我們來看看牠吧。在葉卷製作完畢以前，我們將會看見牠懷著同樣的意圖多次返回，很少受到冷落。不必進一步詳談這些一而再、再而三、沒完沒了的交尾。這是關於昆蟲生理學最棘手的問題之一，情況又與傳統資料所記載的相悖。用生命的印章爲蛾母親的幾百枚卵，爲蜜蜂母親的三萬多枚卵打上標記，這兩種昆蟲的父親都只直接參與一次，然而象鼻蟲父親卻差不多對每枚卵都要求參與一次。我把這個問題交給有權發表意見的人去談論。

　　讓我們攤開一個新近製成的雪茄。卵，好似精美的琥珀珠子，分散在螺旋卷的不同部位上。一般說來，總共有好幾枚——五到八枚。參加宴會的象鼻蟲賓客數不勝數，在楊樹和葡萄樹葉卷上都是這樣。由此可以肯定，這些昆蟲過著極端節衣縮食的簡樸生活。

　　這兩種捲葉蟲孵卵都很迅速。五到六天後就孵出小蟲了。對觀察者來說，開始學會飼育幼蟲似乎有一定的困難。由於缺少對這些困難的預告，困難就更加使人感到厭煩。其實，想要進行下面的實驗十分簡單。

　　既然葉卷既是住宅又是食物，只需在葡萄樹上收集一些，在楊樹上收集一些，把它們放在短頸廣口瓶裡就行了。之後在

適當時刻再把它們從瓶子裡取出來。在露天、氣候多變的環境中成長的昆蟲，在玻璃器皿和平安寧的掩蔽所裡只會發育得更好。因此，我毫不懷疑我將輕易地取得成功。

然而，天哪，這是什麼呀？我不時攤開幾個雪茄，以便了解裡面的情況。我看到的情況使我對育嬰室的命運憂心忡忡。新生的幼蟲並沒有繁衍興旺起來。我發現牠們有些已經氣息奄奄。牠們一天天消瘦下去，萎縮成皺皺的小球。我還發現有些已經死去。我耐心等待，但枉費心思。幾個星期過去了。我養育的葡萄樹象鼻蟲和楊樹象鼻蟲的幼蟲沒有一隻肥壯起來，沒有一隻顯得生氣勃勃。我的這兩種象鼻蟲居民一天天減少，奄奄一息，瀕臨死亡。當七月來到時，在短頸廣口瓶裡什麼也沒活下來。

全都死了。死於什麼？死於飢餓。是的，在豐足的糧倉中死於飢餓。這從食物只被耗用了一點點就可以看出。葉卷幾乎原封未動，毫無損耗，至多可以在褶子裡看到幾個擦傷的痕跡。這是不屑於這些食物的牙齒留下的痕跡。可能因為糧食過分乾燥，不能食用。

如果說自然條件下太陽的熱力在白天把糧食曬硬了，那麼晚上的霧和露就應該再把糧食弄軟。這樣一來，在螺旋卷中央

就會有一個對楊樹象鼻蟲和葡萄樹象鼻蟲的幼嬰來說必不可少的嫩麵包心。相反的，在短頸廣口瓶裡始終乾燥的空氣中，葉卷變成了幼蟲不想吃的老麵包皮。這就是我實驗失敗的原因。

下一年我重新開始實驗。這一次我考慮得更仔細周密。我自忖，葉卷在葡萄樹和楊樹上懸掛著。刺在葉柄上的孔沒有完全弄斷輸送樹汁的導管。一股細小的水流持續不絕。水流在一段時間內讓沒有受到太陽照射的葉片保持柔軟，特別在螺旋卷的中央更是如此。這樣一來，幼蟲就有新鮮的糧食可供食用。牠就會日漸粗壯，變得生氣勃勃，擁有個可以用不很細嫩的食物滿足自我的胃。

然而，葉卷卻一天天發黃，變得乾燥。如果它一直懸掛在樹枝上，如果碰巧夜裡缺乏濕氣（這是經常發生的），乾燥就會侵襲整個葉卷，葉卷裡的寄主就會死亡，正如短頸廣口瓶中的情況一樣。但是，或遲或早，風會把它吹刮落地。

葉卷的墜落卻拯救了幼蟲。這時蟲子還沒發育完全。在楊樹下，在經常受到灌溉的牧草下，泥土始終保持濕潤。在葡萄枝蔓下，土地受到葡萄藤掩護，積存著新鮮的雨水，這兩種象鼻蟲的食物在濕潤的環境裡，不會直接受到炎炎烈日的照射，因此，維持了幼蟲所需的柔軟。

　　我就這樣進行推理，思考新的實驗設計。事實會證實我的假設的正確性。現在一切都進行得比較順利。

　　和新製作的綠色葉卷相比，我寧可收集已經發黃的雪茄。雪茄很快就會掉落地上。它們內部的象鼻蟲幼蟲年紀較大，養育照顧可以隨便點。最後，像過去一樣，我把葉卷放置在短頸廣口瓶裡，但是，這次是放在一層沙土上。此外，便不再需要什麼了。實驗取得圓滿的成功。

　　儘管這次黴菌侵襲雪茄，似乎把一切全弄糟，但這些幼蟲卻仍然生氣勃勃，順利成長。腐敗物適合這些幼蟲。開始時我很注意提防黴菌，為了避免發黴，我讓葉卷保持乾燥。這次，我看見幼蟲用大顎大口大口地啃咬正在腐爛的碎葉片。由於發黴，樹葉已經略微發臭，就快變得好似鬆軟的沃土。

　　在最初的幾次實驗中，我的昆蟲寄宿者讓自己餓死，對此我不再感到驚奇。我聽信一種很不得當的衛生學，注意在沒有發黴的環境中讓食物保持良好狀態。但是，正應該反其道而行之，應該聽任黴菌發揮功效。發黴讓硬如皮革的布料變嫩變軟，使得黴味更濃。

　　六個星期以後，將近六月中，那些最老的葉卷成了破破爛

爛的房屋，只剩下最外面的一層──防禦性屋頂。讓我們打開這個破屋子看看。它的內部已經完全破敗，混著殘渣和黑色細粒。黑色細粒像狩獵用的細火藥。外面是即將崩塌的外殼，到處破洞。這些洞孔表明，洞裡的居民已經離開，下到了地上。

果真我在短頸廣口瓶盛裝的新鮮沙土層裡找到了這些居民。牠們每個都受脊椎骨的推動，在沙土層裡挖掘一個圓窩。這在利用空間方面是精打細算的。幼蟲在窩裡蜷縮成一團，集中心思，準備開始新生活。

巢室的內壁雖然由小塊沙土構成，但並不會馬上傾塌。這些幼蟲隱居者在進入睡眠變態以前，認為加固住所是謹慎小心之舉。我稍加小心，就能夠把像豌豆那樣大小的小球狀住宅分離開來。

這時我認出加固住宅的材料是一種樹膠。樹膠噴出時是流動的，滲透得相當深，把沙土粒黏結成一堵相當厚的牆。這種產品無色、量少，使我對它的來源遲疑不決。它肯定不是源出於類似毛毛蟲的絲管那樣的腺體，象鼻蟲幼蟲沒有這樣的東西。這物質是由消化管道的入口孔或出口孔提供的。到底是哪一個孔呢？

　　另外一種象鼻蟲科昆蟲沒有解決水泥的問題，卻提供了一個可能相當正確的答案。這種象鼻蟲就是短喙象鼻蟲。這種蟲子其貌不揚，笨頭笨腦，全身布滿末端有爪子的結節狀隆起，身體呈炭黑色。當人們在春天遇見牠時，牠的身體總是被泥土弄得髒兮兮的。牠穿的那套滿是塵土的服裝告訴我們，牠是挖土運泥工。

短喙象鼻蟲
（放大3倍）

　　的確，短喙象鼻蟲經常到泥土下層尋找大蒜——牠的幼蟲的唯一食物。在我那產量不豐的菜園裡，對普羅旺斯居民來說十分珍貴的大蒜，有個為它專門準備的角落。七月，在收穫的季節裡，大多數的大蒜提供給我一隻漂亮的蠐蟲。牠非常肥胖。牠在珠芽中為自己挖掘一個大窩——唯一的窩，而不去碰觸別的珠芽。這就是短喙象鼻蟲的幼蟲，是先於普羅旺斯廚師的蒜泥蛋黃醬發明者。

　　哈斯帕耶①說，生的大蒜是窮人的樟腦。是的，是除蟲用的樟腦，而不是麵包。但是，在這種幼蟲中，與這種說法相悖的反常情況卻變成了現實。短喙象鼻蟲幼蟲對這種氣味很濃重的香料非常喜愛，以至於牠一生中除了這種食物以外不再吃別

① 哈斯帕耶：1794～1878年，法國化學家及政治家。——譯注

的東西。這濃烈熱辣的飲食偏好怎麼會讓牠積累出一層厚脂肪層呢？這是牠的秘密。在我們生存的這個世界上，口味和偏愛多種多樣，千差萬別。

大蒜濃汁的愛好者——短喙象鼻蟲幼蟲吃光了大蒜珠芽後，向地下鑽得更深。牠或許擔心大蒜很快就會被拔除，牠預防種菜的人將給牠帶來的煩惱。牠往下，遠離牠的出生地。

我在一半盛著沙土的短頸廣口瓶裡飼育了一打短喙象鼻蟲，有幾隻靠著瓶壁定居下來。這使我能夠隱約看見牠們地下巢室裡的發展變化。短喙象鼻蟲建築工人的身體彎成弓形。這張弓有時收緊成圓圈，我彷彿看見牠像菊花象鼻蟲那樣用大顎尖收集掛在尾部的黏性小滴。這個建築工人讓小滴滲進沙土內壁，用它來粉光玻璃瓶，這種物質在玻璃瓶上凝結成白色和淺黃色霧狀的長條痕跡。

總而言之，水泥凝固後的模樣以及我窺見到的一絲絲幼蟲的工作情形，使我認定加固小屋的短喙象鼻蟲使用的是菊花象鼻蟲修建「茅屋」的方法。短喙象鼻蟲也知道轉變為水泥砂漿工廠的腸子的獨特秘密。牠用這秘密方法黏結泥沙，為自己建造一個相當堅固的住宅。八月這隻昆蟲在住宅裡蛻變為成蟲後，繼續居住到大蒜季節臨近。

這種方法可能在各種各樣的象鼻蟲中非常普遍。這些昆蟲無論是幼蟲、蛹或成蟲狀態，一年中有部分時間都蜷縮成團，在地下室裡度過。捲葉蟲，特別是楊樹和葡萄樹的捲葉象鼻蟲，不管在使用黏合物時多麼精打細算，毫無疑問在腸子裡都有牠們需要的水泥存貨；因為對牠們來說，想找到更好的材料非常困難。但是，讓一扇門為懷疑打開，讓我們繼續下去吧。

製備「雪茄」的工作進行了四個月後，時日已將近八月末，我第一次把具有成蟲形態的楊樹象鼻蟲從「地下室」裡取出。我把牠從地裡挖出時，牠全身的金光和銅光閃耀奪目。如果我沒有打擾這個華麗的東西，牠便會在牠那座地下小城堡裡睡覺，一直睡到四月養育牠的那棵樹長出新葉。

我還從地裡挖出另一些軟綿綿的、全身雪白的蟲子。牠們鬆弛的鞘翅半開，以便讓弄皺的翅膀展開。這些剛剛甦醒的蟲子體色蒼白，其中最成熟的那深黑色口器反射著紫光，對比十分鮮明。金龜子蛻變為成蟲時，首先讓牠的工具堅硬起來，並著上顏色。這些工具是：保護臂膀的鋸齒形鎧甲和有輪輻狀小圓齒葉緣的頭罩。象鼻蟲也同樣首先使牠的穿孔器變硬、染色。這些勤勞的昆蟲進行著準備工作，使我興味盎然。身體其他的部分剛剛成型，未來的工具由於提早淬火，已經堅硬得異乎尋常。

　　我從打碎的殼裡也取出蛹和幼蟲。從外表看，這些幼蟲越不過今年年初。匆忙行事有什麼用呢？幼蟲和成蟲一樣，也許還比成蟲更好一些，適合在冬天嚴酷的條件下半睡半醒。當楊樹吐出有黏性的嫩芽，當蟋蟀在草坪上唱起單調的歌，大家，遲到的和早熟的，都已準備就緒。大家都聽從大地回春的召喚，從地下鑽出，急急忙忙攀爬友好的大樹，在陽光下重新開始捲葉的節慶活動。

　　地上滿布卵石，渴求雨水的滋潤，葉卷在那裡很快便乾燥了。葡萄樹象鼻蟲待在這樣的地下，成長得較慢，成熟得較晚。由於缺乏鬆軟的糧食，牠們面臨停工的威脅。九月、十月我獲得了第一批葡萄樹象鼻蟲的成蟲。這是封藏起來的華麗首飾。直到春天，牠們都一直把自己封閉在首飾盒裡。在此期間，大量的蛹和幼蟲被埋葬，很多幼蟲甚至還沒有拋棄牠們的葉卷呢。然而，從牠們的體型大小來判斷，牠們很快就要出來了。初寒乍到時，一切都將麻痺遲鈍，發育成長也漸趨緩慢，直到天寒地凍、朔風凜烈的日子結束。

第十二章

其他捲葉象鼻蟲

　　昆蟲的技藝是由可以自由使用的工具的形態構造決定的嗎？或者，相反的，不取決於這些工具的形態構造？是器官的結構在控制和支配本能嗎？或者，各式各樣的能力要回溯到僅用解剖學知識不能加以解釋的根源嗎？關於這些問題另外兩種捲葉蟲將做出答覆。榛樹捲葉象鼻蟲和鉗顎象鼻蟲[1]都是對楊樹葉和葡萄樹葉進行加工的象鼻蟲雪茄工人的狂熱競爭者。

榛樹捲葉象鼻蟲
（放大4倍）

　　根據希臘文，捲葉象鼻蟲這個詞意爲「去皮的動物模型」。這個詞彙的創造者的意圖就是這個嗎？我那幾本由鄉村博物學者撰寫的不成套

---

[1] 鉗顎象鼻蟲：又名長腳象鼻蟲。——編注

的書，不能讓我做出回答。然而，我用顏色來解釋這個詞彙。

捲葉象鼻蟲就像隻被抓傷的昆蟲，牠將血淋淋的慘狀展露出來。牠的身體呈朱砂紅，鮮豔得同西班牙蠟一樣。這是在樹葉的暗綠色上凝固的一滴動脈血。

在昆蟲中很少有這樣醒目的服裝。除此之外，牠還有其他一些同樣異乎尋常的特點。各種象鼻蟲都長著小腦袋。捲葉象鼻蟲更是過分愚蠢地把身體縮小。牠只保存了頭部不可少的部分，彷彿牠試圖不要腦袋似的。盛著牠那點可憐的腦髓的腦袋，是個普通細粒，烏黑發亮。頭的上部沒有口器，但有個短而寬的吻端；頭的下部有個難看的頸脖，於是，人們想像牠是被一個扼死人的絡頭②給夾成這樣的。

捲葉象鼻蟲腳長，形態笨拙。牠在一張樹葉上踱步閒逛，樹葉被牠鑿了些圓形天窗，鑿出來的碎葉是牠的食物。毫無疑問的，這是隻奇怪的蟲子；也許是遭生命演化所報廢的古代模型，其殘存的紀念品。

只有三種捲葉象鼻蟲出現在歐洲的動物種類中。牠們當中

② 絡頭：套在牲口頭上，用以駕馭行動之物。——編注

最有名的是榛樹捲葉象鼻蟲③。我關心的就是這一種。我在這裡，不是在榛樹——牠的合法領地上，而是在赤楊——一種黏性橙木上，找到了牠。利用樹種的多變性值得簡單地研究。

我們居住的地區不大適合榛樹生長。這裡過分炎熱，乾燥的氣候對榛樹不利。在馮杜山高高的圓形山頂上，疏疏落落長著一些榛樹。然而在平原上，除了可容人進入的花園之外，別的地方就沒有這種樹了。由於缺乏飼育昆蟲的灌木，雖然並非不可能有昆蟲，但至少是鳳毛麟角。

長期以來，我把一支雨傘倒轉過來，用木棍撲打我那個地區的荊棘。現在是第一次用它來撲打我們的捲葉象鼻蟲。我接連三個春天觀察赤楊上紅色的象鼻蟲科昆蟲和牠的作品。一棵樹，僅僅一棵樹、始終是同一棵樹，在艾格河邊的柳樹林裡向我提供了這隻捲葉蟲。我們第一次看見牠是活著的。在周圍，儘管只有幾步遠，別的赤楊樹上都沒有。在這棵受到禮遇的樹，這塊偶然的小移民地，這個外來者的市鎮上，一些象鼻蟲在擴展領地之前先適應水土。

牠們是怎樣來到這裡的？毫無疑問，是急流把牠們帶來

③ 榛樹捲葉象鼻蟲：又名榛樹象鼻蟲。——編注

　的。地理學家確定艾格河爲一條河流。我親眼見過這條河，更
確切地稱它爲卵石流。讓我們統一看法：我不想說這些放任自
流的卵石在那裡流動。輕微的傾斜不會產生這種雪崩似的景
象，但是，只要一下雨，卵石就會流動起來。這時我會聽見離
我家兩公里遠的碎石子互相碰撞發出聲響。

　　一年的大部分時間，艾格河是一大片白色卵石地。湍急的
流水消失後剩下的是河床。這是一道很寬的河道，可以和艾格
河強大的鄰居隆河媲美。如果連綿不斷的雨突然來臨，如果阿
爾卑斯山的積雪融化，乾涸的河道就會在幾天之內灌滿山洪，
奔騰咆哮，波濤洶湧，翻捲著卵石。一個星期之後再來看看
吧。寧靜繼暴雨的喧鬧之後來臨，可怕的洪水已經無影無蹤，
河岸上只留下渾濁泥濘、可憐兮兮的小水窪。那是洪水和卵石
經過後留下的痕跡。小水窪裡的水很快就會被太陽喝得一滴也
不剩。

　　突然上漲的水帶來成百上千的寶貝，散落在山旁，待人拾
撿。乾涸的艾格河河床，是個很奇怪的採集植物標本的地點。
人們可以在那裡採到來自高地的大量植物物種。其中一些歷時
短暫，在一個季節內就被清除，沒有留下後代；另一些則堅持
下來，適應了新的氣候條件。這些離鄉背井者來自遠方，來自
崇山峻嶺。要在它們家鄉採集其中一種植物，就必須攀登馮杜

山，越過山毛欅林帶，抵達木本植物的最北界。

　　外地的動物也在柳樹林裡有牠們的代表。柳樹林的寂靜只在持續不斷的漲水期才會受到打擾。我們的注意力特別集中到一種陸地軟體動物身上。這種動物特別喜歡待在家裡，雷雨期間雷聲隆隆時，正如普羅旺斯人所說的那樣，這些「卡卡洛索鼓手」就走出牠的莊園——岩石的凹處，在家門口吃雨水淋濕了的草、苔蘚和地衣。這是這種蝸牛在爬行中所能得到的一切。要使這些「鼓手」旅行，就得爆發一場山洪。

　　艾格河瘋狂上漲的河水做到了這一點。上漲的河水把法國最肥大的蝸牛波馬梯亞蝸牛——勃艮地④的光榮帶到我家附近，放在柳樹林裡。這個被放逐者雖然在長草的山坡上被傾盆大雨沖得滾動起來，但卻在鈣質封蓋的保護下對抗雨水的浸入。牠利用自己堅固的甲殼抵抗衝擊。牠從一站到另一站，從一個柳樹林到另一個柳樹林。牠甚至下到隆河，在艾格河河口對面的鼠島和鴿島上繁殖起來。

　　人們白費力氣在別處，在生長橄欖的土地上尋找這種移棲動物。牠從哪裡來？牠喜歡溫和的氣候、綠色的草坪、涼爽的

④ 勃艮地：法國隆河和李恩河東部的地區。——譯注

陰影。牠的發源地當然不是這裡，而是遠在山上，在阿爾卑斯山頂上。然而，這個山民被迫進行的遷移卻似乎是甜蜜的。這隻粗胖的蝸牛似乎在激流岸邊凌亂的樹中繁衍興旺起來。

　　捲葉象鼻蟲也不是土著。牠是難民船上的旅客，來自盛產榛樹的肥沃高地。牠乘坐小船旅遊，換句話說，乘坐幼蟲出生的蛹殼旅遊，這個嚴密封蓋起來的輕舟使牠可以橫渡江河。這隻蟲子在河岸邊登陸後，在夏至時找到住所。牠找不到自己喜愛的樹，於是就在赤楊上定居下來，在那裡紮下根。自從我和牠打交道的這三年來，牠都忠於同一棵樹。此外，關於這個小鎮的根源可能可以追溯得更遠。

捲葉象鼻蟲的葉卷

　　這個外來者的歷史使我興味盎然。對牠來說，生活的初始條件——氣候和食物，已經改變。牠的祖先生活在溫和宜人的氣候條件下；牠們食用榛樹葉；牠們把由於過去世世代代經常使用而很熟悉的樹葉製成葉卷。而牠這個背井離鄉者卻在炎炎烈日下生活。牠吃赤

楊樹葉。這種樹葉的滋味和營養大概與家族的菜肴截然不同。牠加工一張不認識的樹葉，但這張葉片的形狀大小都近似一般的葉片。這種飲食習慣和氣候的錯亂在蟲子的特徵方面引起了什麼變化嗎？

捲葉象鼻蟲的葉卷沒有引起任何變化。我用放大鏡來回移動觀察赤楊和榛樹的開發利用者，但枉費功夫。後者是透過鐵路交通網從寇黑茲地區的低地運來的。即使在細節上我也沒有看到這兩者之間有哪怕是最小的區別。技藝方法改變了嗎？我還沒見過用榛樹葉製作的產品，但我大膽肯定牠和用赤楊樹葉製作的產品如出一轍。

改換糧食和氣候吧。改換要加工的材料吧。這隻昆蟲如果能夠遷就、適應強加給牠的新事物，就會一成不變地堅持牠的技藝、習性和身體結構。如果不能，就會滅亡。是過去的狀態或者非過去的狀態，這是急流中的難民船上的乘客，在大批旅客受難之後告訴我們的。

讓我們瞧瞧捲葉象鼻蟲在赤楊上如何工作，我們就會知道牠在榛樹上如何幹活。牠不了解楊樹象鼻蟲的方法。楊樹象鼻蟲為了使要捲折的樹葉鬆軟，猛刺葉柄。捲葉象鼻蟲這個紅色工廠主人有牠自己特殊的方法，與猛刺法毫不相干。

　　方法之所以不同的原因是捲葉象鼻蟲沒有口器，沒有適於鑽進狹窄的葉柄的尖細穿孔器嗎？這是可能的，但並不是肯定無疑的，因為吻管這把優質大剪刀能夠一口咬掉葉柄的一半，得到相同的效果。我寧願把這種新的方法看成是每個昆蟲專家單獨了解到的一種方法，讓我們決不要根據工具來判斷作品。善於使用任何工具（即使有缺陷的工具）的，就是能工巧匠。

　　然而，捲葉象鼻蟲用大顎在與葉柄有一段距離處橫著切割赤楊樹葉。牠切斷葉片，包括中心的葉脈，只剩下末端的邊緣部分原封未動。被切開的部分懸吊在那裡，已經枯萎。

　　切開的葉片是樹葉的主要部分，捲葉象鼻蟲於是循著粗葉脈將葉片折疊起來，綠色的葉面折在裡面。牠從葉緣出發，將折疊的葉片捲成圓柱體。圓柱上端的開口用沒被刀傷損壞的葉片封閉起來，在下端，則將樹葉邊緣往內塞，封住開口。

　　雅致的小桶垂直地晃動，風一吹就搖擺起來。它的中樞是中央葉脈，葉脈的上端比較突出。卵安置在兩張疊放的葉片之間，這讓靠近螺旋卷的中心呈現松脂紅色，裡面只有一枚，獨一無二的一枚卵。

　　我能夠獲得的葉卷很少，讓我無法了解到關於其主人發育

生長的詳細情況。不過,它們讓我了解到的最有趣的事是,它們的主人捲葉象鼻蟲在發育期結束後,不像其他一些昆蟲那樣下降到地上。牠留在牠的小桶裡。風一吹很快就使這個小桶掉到牧草中。在這個半腐爛的庇護所裡,氣候惡劣時,很不安全。這隻紅色象鼻蟲對此很清楚,於是牠很快長成成蟲形態,穿上朱紅色外套。夏天快開始時,牠放棄了那變成破屋子的葉卷。牠將在微微剝離的老樹皮下找到更好的避難所。

象鼻蟲類昆蟲中的鉗顎象鼻蟲在製作葉卷的技藝方面也同樣是行家。這是一種奇怪的吻合:這個新象鼻蟲箍桶匠像捲葉象鼻蟲箍桶匠一樣,身體呈紅色,或者說得更準確些,呈胭脂紅色。牠的口器很短,吻端鼓脹。這兩個箍桶匠的相似處只有這些。捲葉象鼻蟲箍桶匠的身體略微伸長,四肢不受拘束;鉗顎象鼻蟲箍桶匠矮胖,身體蜷縮成小球。人們對後者的製成品感到十分驚奇,它看上去與這個拘束、笨拙的工人很不相稱。

後者加工的不是服貼的葉片。牠捲折的是最近採摘的、還沒過分僵硬的綠色橡樹葉。然而,這張樹葉仍然硬如皮革,難於啃咬,不易折彎,枯萎很慢。我所知道的四種捲葉蟲中,最小的一種鉗顎象鼻蟲的命運最壞。然而,也是牠,外表十分笨拙的矮子,由於堅韌不拔、

鉗顎象鼻蟲
(放大3½倍)

很有耐心，建造出了最漂亮的住宅。

　　有幾次，鉗顎象鼻蟲開發利用同一棵橡樹。這是一棵英國橡樹，樹葉更加寬大，切口比在聖櫟葉上開得更深。在春天的嫩枝上，牠選擇上部的樹葉。這些樹葉中等大小，不很堅硬。如果地點合適，五、六個，甚至更多的小桶就通通懸掛在一根枝杈上。

　　鉗顎象鼻蟲不管在聖櫟上還是在英國橡樹上定居，都在離葉柄一段距離處，從中央葉脈的左邊和右邊切開葉片，但同時又不損壞主葉脈，因為主葉脈提供了穩固的附著點。這仍然是捲葉象鼻蟲的傳統方法。樹葉被雙重切口弄得更加容易處理，縱向折疊起來，正面折在裡面。所有這些捲葉蟲，捲製雪茄的昆蟲和製桶昆蟲，都知道怎樣用螫刺或切斷的方式制服樹葉的彈性。所有這些昆蟲都通曉力學的原理。根據這個原理，最富有彈性的一面通常會被置放在弧形凸面上。

　　卵安放在折疊的葉片之間。這次還是只有一枚。折疊的葉片被捲成了小桶，葉緣的細齒、最後一褶彎彎曲曲的線條，都被這種昆蟲耐心地施壓固定。圓柱體兩端開口的邊緣被向內推壓封閉起來。小桶製作好了，有一公分左右，並被中間主葉脈在固定端上加了箍。這個桶很小，但很牢固，也不乏優雅。

　　矮胖粗短的象鼻蟲箍桶匠有牠的優點。如果我們有機會能夠觀看牠幹活，我要進一步闡述牠的這些優點。機會終於在田野裡的一切已經差不多化為烏有時來臨了。我多次突然看見這隻昆蟲在樹葉上，一動不動，吻端黏附在葉片的溝紋上。

　　牠在那裡幹什麼呢？牠在陽光下打盹，半睡半醒。牠等待小桶上最後那道褶子在持久的壓力下穩固。我逼近仔細觀看，牠馬上將腳縮起藏在腹部下面，並掉到地上。

　　我的巡視幾乎沒有取得什麼結果。我於是試著養育牠。鉗顎象鼻蟲聽從我的安排，牠在鐘形網罩下和在橡樹上同樣勤奮的工作。我當時了解到的事實使我喪失了希望，沒有信心深入仔細地跟蹤觀察牠捲折樹葉的情況。鉗顎象鼻蟲是夜間幹活的工人。

　　夜深人靜，萬籟俱寂，將近九點或十點，這隻昆蟲用大剪刀剪斷樹葉。第二天早上，小桶製作完畢。在微弱的燈光下，在打瞌睡的時刻，這個昆蟲工人細緻靈巧的一招逃過了我的眼睛。讓我們別再考慮這件事了。

　　這種昆蟲選擇夜間工作是有理由的。這個理由我似乎隱約看到了。橡樹葉，特別是聖櫟葉比赤楊葉、楊樹葉、葡萄樹葉

更加桀驁不馴。如果在太陽灼熱的光照下，在大白天加工，這種樹葉除了有一般的柔韌性之外，還要加上過分乾燥這個困難。相反的，牠在夜間的涼爽中，由於露水的滋潤，葉片就會保持柔軟易彎，適當地順從捲葉蟲的操作。當烈日當空，火熱的光照使仍然新鮮的製成品的形狀穩定下來時，小桶就製作完畢了。

這四種捲葉蟲儘管互不相同，但都告訴我們：技藝與身體器官的結構無關；工具不對工作種類起決定性作用。這幾種昆蟲不論有吻管或者吻端，不論長腳或者用碎步奔跑，不論身體纖細或者粗短，不論是切割工或者沖壓工，都成功地取得同樣的成果：幼蟲的葉卷、住宅和食品櫥櫃。

牠們告訴我們：本能的根源在器官之外；它上溯得更加久遠，它銘刻在生命最原始的法典上。本能遠不受工具控制。它支配工具，善於按照原樣使用工具。它在這裡製作一種產品，在那裡製作另一種產品，使用工具時同樣熟練靈巧。

橡樹的小箍桶匠——鉗顎象鼻蟲沒有就此結束牠顯露出的情況。我頻繁地看顧牠，知道牠在糧食的品質方面非常挑剔，很難滿足。糧食如果乾燥，牠即使會因為不吃而餓死，也拒絕食用。牠要糧食軟嫩，在水中醃泡過，受到開始出現的腐爛現

象破壞，甚至用一點發黴的東西調味。我把糧食保存在短頸廣
口瓶裡，在一層潮濕的沙土上，這樣烹調以便合牠的口味。

　　這種捲葉蟲剛孵出的幼蟲受到這樣的飼育後，到六月已經
長得粗大起來。對牠來說，兩個月足夠讓牠變爲橙黃色的漂亮
幼蟲。這隻幼蟲很快像彈簧那樣突然鬆開，不再彎曲，在牠那
受到破壞的隔室裡忐忑不安地動來動去。讓我們注意牠那細長
的身軀，牠不像一般的象鼻蟲那樣肥胖。僅就這種幼蟲不肥胖
的現象，就表明牠的成蟲屬於一個特殊種類。我不再多談這種
蠕蟲的情況了，牠的體貌特徵並非十分有趣。

　　這很值得更加深入仔細地觀察研究。現在是九月末。我們
剛剛度過了一個異常炎熱、異常乾旱的不尋常夏天。酷暑長期
持續，沒完沒了。在阿爾代什、波德雷、胡希雍等地森林起
火。阿爾卑斯山的村莊一個個被焚毀。在我的家門前面，一個
過路行人粗心大意扔了一根火柴，燒光了鄰近田地的莊稼。這
不再是一個節慶，而是一場火災。

　　在這樣一場災難中，鉗顎象鼻蟲在做什麼呢？牠舒舒服
服、逍遙自在地在我的器皿裡繁衍興旺，因爲這些器皿把糧食
保存得十分柔軟。但是，在橡樹下，在長著好像被烘爐發出的
熱氣弄蜷曲了的樹葉叢中，在被燒烤的土地上，這個可憐兮兮

的東西變得怎樣了呢？讓我們去觀察一下吧。在牠六月工作的橡樹下，我在枯葉中找到了一打牠製作的小桶。小桶仍然呈綠色，因為乾燥得太快，用手指按壓，喀嚓一聲就粉碎了。

我打開一隻小桶，桶的中央是一隻小蟲。小蟲外表端端正正，但卻顯得弱小。牠只剛好超過牠從卵裡孵出來時的長度。這個小黃點是死的還是活的？牠一動不動，這表明牠死了。但牠那還沒有褪盡的顏色卻又表明牠還活著。我弄破第二隻、第三隻小桶。這些小桶的中央總有一隻黃色小蟲靜止不動，就像幼蟲那樣的小個兒。這個問題就到此為止吧。讓我們把剩下的收穫物保存下來，以便進行我想要做的實驗。

小桶裡的小蟲像木乃伊那樣紋絲不動。牠們真的死了嗎？不，牠們沒有死。我用針尖刺牠們時，牠們馬上就動個不停。牠們現在的狀態只不過是生長發育的暫時停頓狀態而已。在牠們新近捲起的、還懸掛在樹上並且將接受一點樹汁的盒子裡，牠們找到了初步發育成長所必不可少的食物。然後小桶掉到地上，很快就乾燥了。

鉗顎象鼻蟲幼蟲這時蔑視堅硬的食物，停止吃食，停止發育。牠對自己說，睡覺可以讓人忘掉飢餓。牠在麻痹遲鈍狀態中等待雨水來將麵包弄軟。

這場雨，蟲子和人眼巴巴地等了四個月。然而，至少在象鼻蟲需求的範圍內，我能夠讓它提早降臨。我讓剩下的乾燥小桶在水面上浮動。當它們被浸透時，我把它們移到玻璃試管裡。試管的兩端用濕棉花塞子封住，使空氣保持濕潤。

我的巧計妙法獲得的結果值得一提。沈睡的蟲子醒來了，啃食變軟了的圓形麵包心，好好地彌補了時間上的損失，以致在短短幾個星期內，牠們的身體就和那些在我那一半盛著濕土的短頸廣口瓶裡，沒有經歷過生長停頓的蟲子同樣粗大。

當食物不再柔軟時，這種能在漫長的幾個月內暫時中斷生命的能力，其他捲葉蟲是沒有的。八月末，即卵孵出後三個月，在乾燥的楊樹雪茄中，死亡率更高。至於赤楊上的圓桶，由於沒有足夠的資料，無法考察主人的耐力。

在這四種捲葉象鼻蟲中，最受乾燥威脅的是鉗顎象鼻蟲。牠製作的小桶落下，留在除了雨天之外都非常乾燥的土地上。其次，由於牠的葉卷體積很小，一被陽光照射就乾枯了。

葡萄園的土地同樣乾旱，但葡萄樹下有陰影。豐滿的葉卷比細薄的葉卷更好，其厚度可使中心保存住對幼蟲來說不可少的新鮮和涼爽。在持久節食方面，葡萄樹象鼻蟲無法和鉗顎象

鼻蟲相比；楊樹象鼻蟲就更不用說了，對牠來說，儘管葉卷像老鼠的小尾巴一樣狹小，但並不存在乾燥的危險。這種葉卷通常落在溝渠邊、田野、草原潮濕的土地上。榛樹捲葉象鼻蟲的處境也不危險，因為牠寄宿的樹是小溪的朋友。在赤楊下，牠能找到讓富於營養的葉卷保持良好狀態必不可少的涼爽和新鮮。但是，當牠利用榛樹的時候，我不知道牠如何擺脫困境。

最近一個時期，報紙——所有蠢話的響亮應聲蟲，大肆宣揚某些不幸者的胃功能，為了生存，他們三、四十天不吃一點東西。正如人們在逛馬路看熱鬧一樣，有一些頌揚讚美者，他們鼓勵這些不幸的事。

但是，假裝斯文，節制飲食的人，你們要知道，這裡還有本領更高的生物呢。一隻沒有受到報紙讚揚的、卑微的、無足輕重的小蟲子；一隻前兩天出生的小蟲只吃幾口食物，然後，由於糧食乾燥，牠四個月不再進食。這並不是病態的萎靡不振。蟲子在發育期的極度飢餓中禁食，這時的胃比任何時候都更需要美味佳肴。輪蟲整個季節毫無生氣活力，在房頂的青苔中保持乾燥，現在在一滴水中又開始打起轉來。而鉗顎象鼻蟲幼蟲在四到五個月內瀕臨死亡，不過一旦我將牠的麵包弄濕，牠就又生氣勃勃，貪婪地吃起來。生命能夠有這樣的停頓，它到底是什麼呢？

鉗顎象鼻蟲和榛樹捲葉象鼻蟲捲折樹葉都相當靈巧能幹，不亞於葡萄樹象鼻蟲和楊樹象鼻蟲。這向我們表明了，雖然工具不同，但技藝仍然可以相同。它們向我們肯定，相同的能力和不同的器官可以相容。反之，用相同的器官可以從事不同的行業。形態的相同並不強使本能相同。

這說明什麼呢？誰提出這種破壞性的命題呢？這個大膽者就是黑刺李象鼻蟲。

黑刺李象鼻蟲和葡萄樹象鼻蟲、楊樹象鼻蟲比賽身上的金屬光澤。牠完完全全和後兩種昆蟲一樣，有著彎曲的穿孔器。這個穿孔器似乎很適合刺戳葉柄，然後把捲起的葉片的邊緣固定。黑刺李象鼻蟲身體粗短，似乎適於在一條褶子狹窄的條紋

裡工作。牠有釘著扣釘的便鞋，在光滑的表面能穩穩地站立。對了解昆蟲雪茄工人的人來說，只要看見這種黑刺李象鼻蟲，就會立刻用屬於同一類的名稱稱呼牠。專業詞彙工作者沒有弄錯，他們一致稱牠爲象鼻蟲。人們根據工作者的外貌評斷行業時沒有半點猶豫，人們把這第三種象鼻蟲，當成其他兩種——即楊樹象鼻蟲和葡萄樹象鼻蟲的競爭者。牠被歸入樹葉捲折者的行列中。

可是怎麼啦。我們受了外貌的騙，上了結構同一性的當。至於習性，黑刺李象鼻蟲與用專業術語把牠與之聯繫起來的那兩種象鼻蟲毫無共同之處。專業術語只建立在形態的特點上。更甚的是，只要沒有看見過黑刺李象鼻蟲工作，誰也無法猜測牠的職業。牠專一地加工黑刺李樹的果實。牠的蠕蟲形幼蟲，必須有黑刺李樹小小的果仁做爲口糧，必須有黑刺李樹狹小的果核做爲住宅。

這種與昆蟲雪茄工廠主人外貌相同的昆蟲，對同類的行業和手藝一竅不通，在絲毫不改變工具的情況下，成了小盒子的穿孔工。牠使用與牠的近親用來加固葉卷的穿孔器相同的工具，在硬得像象牙的外殼的表面挖掘小洞。一種可以折疊的薄片形成的工具，現在用來破壞難以加工的東西，像挖土機的鎬那樣運作著。更加奇怪的是，牠在做了鑿子的粗活後，在卵的

上方立起一個小小的奇妙物體。我們有理由讚嘆、佩服這個物體的精巧細緻。

黑刺李象鼻蟲的幼蟲讓我同樣感到驚奇。牠改變飲食方式。葡萄樹和楊樹的主人，耗食樹葉；黑刺李樹的主人，吃含有澱粉的植物。牠改變破殼而出的方法。當身體發育完全後，下降到地上的時刻來臨時，前兩種象鼻蟲——即楊樹象鼻蟲和葡萄樹象鼻蟲的幼蟲面前，只有一個沒有抵抗力的障礙，即葉卷淺淺的表層；這個淺層因腐爛而變軟、毀壞。然而黑刺李象鼻蟲以榛果象鼻蟲爲榜樣，要鑽通一堵特別堅固的牆。

如果我們對黑刺李象鼻蟲的習性了解得更加清楚，我們會揭示出多少奇怪的對比現象啊。第四種象鼻蟲——杏樹象鼻蟲是我熟悉的，牠的形態與昆蟲雪茄工廠主人和果核的開發利用者相同，總之，在各個方面都對象鼻蟲這個名稱當之無愧。牠會幹什麼呢？牠會捲折樹葉嗎？牠把幼蟲安置在果仁的箱子裡嗎？不。

這種象鼻蟲的行業和技藝非常簡單，因爲牠的方法僅限於在杏子仍呈綠色的果肉中產卵，一些產在這裡，一些產在那裡。牠沒有什麼困難需要克服。這種象鼻蟲的幼蟲和母親都沒有任何技藝可言。牠用口器對抵抗力差的物體敲擊一下，進行

探查，然後把卵放入樹木傷口的深處。牠要做的就是這些。這種象鼻蟲安置家小也很隨便，讓人聯想起菊花象鼻蟲。

這種象鼻蟲的幼蟲在此方面也不必施展什麼才能。那麼，牠用自己的才能來幹什麼呢？用來吃果肉。果子很快落到地上，變成爛糊。在這種濃稠的汁液中，昆蟲容易生活，因為腐敗的乳類浸泡著幼蟲。當到地下避難的時刻來臨時，浸透在果醬裡的小蟲沒有遮掩物需要撕碎，沒有牆需要打洞。杏子的果肉變成了一撮褐色粉塵。

從前，黃斑蜂——一些是棉花的整經工，一些是松脂的揉合工，向我提出難題。[①]之後又有潘帕斯的食糞性甲蟲——各種法那斯，這些昆蟲準備食品罐頭。有些法那斯塑製梨形糞球，有些製作儲存在黏土罈子裡保鮮的豬肉糞塊。牠們都向我提出這個難題：既然人們承認這些不同的昆蟲工廠主人（牠們的形態如此相近）的共同根源，那麼一些互不相干、毫無聯繫的習性和技藝能夠得到解釋嗎？有了這四種象鼻蟲，楊樹象鼻蟲、葡萄樹象鼻蟲、黑刺李象鼻蟲、杏樹象鼻蟲，問題就再度顯現出來而且更加迫切。

---

① 相關文章見《法布爾昆蟲記全集 4──蜂類的毒液》。──編注

環境因素略微改變了昆蟲的外形；光線加深了昆蟲的體色；糧食的量適度地改變了昆蟲的身材；炎熱或者寒冷的氣候使皮毛的顏色變淡或者變深。如果這些變化以及其他變化能夠使某個人欣然接受，我都輕易承認。但是，我們行行好吧。讓我們站得更高些，不要把有生命的世界縮減爲一個管道、一整套把自己塞滿和把自己騰空的腸胃。

讓我們想想，開動動物機器所有構件的最後一道高明而巧妙的技巧，讓我們觀察一下本能——形態的主宰者，讓我們回想一下這句古代的絕妙成語：「心智動搖障礙」，我們將會了解理論在解釋以下的現象時遇到的困難：在這四種形狀像水滴般，一模一樣的象鼻蟲中，怎麼會有兩種捲折樹葉，一種雕刻果核，最後一種開發腐爛果實形成的果醬呢？

正如牠們十分突顯的家族氛圍似乎肯定的那樣，如果牠們之間有血緣關係，如果牠們的確是親屬，那麼誰是這個家族的始祖呢？會是樹葉的捲折者嗎？

除非滿足於幻想，誰也不會接受這一點：雪茄的製作者某天會對牠製作的葉卷感到厭膩，而成爲在果核上鑽孔的狂熱革新者。這些技藝彼此很不協調，無法互補與適應。對最初那些捲葉者來說，樹葉並不短缺。牠們或許從一種植物轉到或多或

少類似的植物上。但是，放棄非常容易得到的葉卷，並且在不受外力壓迫的情況下變成頑強的硬木啃咬者，這是最愚蠢不過的。沒有任何可以接受的理由能夠說明，為何要放棄原本的手藝。在昆蟲的世界裡，這種荒誕的行為是聞所未聞的。

黑刺李的開發者拒不認為自己啟發了昆蟲雪茄工人。牠說：「要我拋棄澀中帶甜的小黑刺李樹。我，酒杯雕刻工，拋棄我的雕刻刀，在一個荒謬的時刻成為樹葉的捲折者。我這樣做，會被當成什麼呢？我的幼蟲酷愛含澱粉的植物果仁。面對任何別的菜肴，特別面對瘦肉，面對楊樹上的同事那淡而無味的葉卷，牠會讓自己餓死。過去只要有黑刺李或者類似的果實，我的種族就會心滿意足，不會愚蠢得為了一張樹葉而放棄這些果實。今後，只要有大量黑刺李我們也會忠於它。萬一短缺，我們就會餓死直到最後一個。」

杏子愛好者的杏樹象鼻蟲，其口氣同樣肯定而且明確。牠很容易在柔軟的果肉裡安家落戶，盡力避免敦促牠的後代艱苦地從事在殼上鑽孔以及把樹葉卷成雪茄的工作。根據地點、果實的豐足程度，從杏子轉到黑刺李、桃子，甚至轉到櫻桃，這些都是最大膽的革新。這些果肉愛好者對牠們的飲食生活非常滿意，而這種生活過去和今天又都同樣可能獲得。那麼，牠們冒昧地捨棄柔嫩的轉而選擇堅硬的，捨棄多汁的轉而選擇乾燥

的，捨棄容易的轉而選擇困難的，爲的又是什麼呢？

在這四種象鼻蟲中，沒有一種是家族譜系的始源。牠們共同的祖先會是一隻不知名的昆蟲，或許緊貼在頁岩上。我們開始時已經查閱過古老的頁岩檔案。即使共同祖先就在這些檔案裡，它也不會告訴我們。石頭圖書館保存了形態，卻沒有保存本能。它不講述說明任何關於技藝的東西，因爲——讓我們不斷重複這一點——昆蟲的工具不可能透露牠們的行業。象鼻蟲科昆蟲用同樣的工具可以從事迥然不同的職業。

各種象鼻蟲的祖先是做什麼的，我們不得而知，也不抱任何希望有朝一日會知道。理論根植於假設的空地上；理論說，「讓我們承認」、「讓我們想像」、「可能是」。理論，我親愛的，就是達到人們希望得到的某種後果的便捷方法。我雖然並不是機敏的邏輯學家，但是，用一套選擇適當的假說也保證能夠向你們論證白的是黑的，陰暗的是光明的。

但是，我非常喜愛實實在在的、無可爭辯的眞理，不會追隨那些虛假謬誤的假說。對我來說，必須要有千眞萬確、明白無誤地觀察到的、仔細深入地探查到的事實。然而，關於本能的起源，你們了解到什麼呢？什麼都沒有了解到。接下去也什麼都不會了解到，也永遠都不會了解到。

您認為自己建立了一座用巨石建成的紀念碑。實際上您只不過建造了一個空中樓閣，現實的風一吹它就會倒塌。真實的而不是想像中的象鼻蟲，這種人人都可以觀察了解的昆蟲，敢於眞誠地、如實地告訴您這一點。

牠對您說：「我們具有彼此之間截然相反的技藝，不會是一種源出於另一種。我們的才能和本領不是一個共同祖先的遺產，因為要為我們留下這樣的遺產，最初的創始者必須同時精通各種互不相容、不能共存的技藝：捲折樹葉的技藝、鑽通果核的技藝、浸泡果實的技藝，還有許多你不知道的其他技藝不算在內。這個創始者即使並非同時什麼都會，但牠至少肯定隨著時間的推移放棄過第一個行業，學習第二個，然後學習第三個，然後學習其他各種行業。關於其他那些行業的知識，留給未來的觀察者去研究吧。同時操作好幾種技藝，或者從某個行業的行家轉變為另一種行業的行家，說實話，這對蟲子來說，可是個不明智的舉動呀。」

象鼻蟲科昆蟲就是這樣告訴我們的。讓我們來把牠們的話補充完全。象鼻蟲發展史上的三種行業團體的本能，絕對不能歸結到一個共同的根源；對應的各類象鼻蟲儘管身體結構酷似，但不可能是同一個家族的分支。牠們的每個亞種都是一枚獨立的大紀念章，是在外形和才能的工作坊裡用特殊的模子製

作的。當外形的差異加上本能的差異，這是什麼東西呢？

我們研究得已經夠了。讓我們進一步結識黑刺李樹的開發利用者吧。七月底，幼蟲長得胖嘟嘟的，於是鑽出果核，下到地上。牠用背部和額頭把周圍的灰粉推向後面，在地上營造一個圓形窩巢。這個建築者用一點黏性物質把窩巢稍微加固，以防崩塌。葡萄樹象鼻蟲和楊樹象鼻蟲經常進行類似的蛹期和過冬的準備工作，但這兩種象鼻蟲更加早熟。九月還沒有結束，牠們大部分就已具有成蟲形態。我看見牠們在短頸廣口瓶裡的沙土上，就像有生命的天然金塊那樣閃閃發光。這些金質小球能夠預報即將來臨的寒冷季節。一般說來，牠們在地道裡動也不動。然而，由於受到一年中最後的強烈陽光的引誘，幾隻楊樹象鼻蟲回到自由的空中了解氣候的變化。當北風初刮，這些喜歡冒險的昆蟲就躲藏在枯死的樹皮下，或許甚至死亡。

黑刺李樹的象鼻蟲主人卻不這樣心急如焚，匆忙行事。秋天行將結束，我那些隱藏著的蟲子仍然處於幼蟲狀態。這樣不急不徐有什麼要緊呢？當牠們鍾愛的灌木覆蓋著鮮花的時候，所有的昆蟲都將準備就緒。自五月起，牠們的確在黑刺李樹上繁衍興旺起來。

這是無憂無慮的歡樂時期。果實還太小，果核還不硬，果

仁還太嫩，不適合黑刺李象鼻蟲幼蟲。但是，它們卻是成蟲的美味佳肴。成蟲沒有使用曲柄手搖鑽，而是把鑽頭一半插進果肉裡，在那裡一動也不動，愜意地吸吮。黑刺李的汁液外滲到了洞口上。

這種對酸澀的黑刺李的喜好沒有排他性。在我的籠子裡，當果實成熟的時候，金色象鼻蟲——黑刺李象鼻蟲欣然接受綠色的櫻桃和剛剛長得像橄欖那樣大的人工栽培的李子。牠斷然拒絕接受馬哈利酸櫻桃樹或者聖魯西櫻桃樹的果實，這兩種樹是附近荊棘叢中常見的野生幼樹，它們的那股藥味使得金色象鼻蟲感到厭惡。

然而一旦事涉產卵，我卻無法讓牠接受人工栽培的李子。糧食短缺期間，牠似乎對普通櫻桃的厭惡程度輕一些。如果金色象鼻蟲母親的胃滿足於任何一種厚實的果肉，幼蟲的胃就需要一種在狹小的箱子裡的，而且不太硬的果仁。櫻桃的果仁用氰氫酸調味。這種酸略帶苦味，幼蟲接受時猶豫不決。黑刺李的果仁封藏在核裡，核的內壁首先就對幼蟲的進出設下難以逾越的障礙，但產卵的象鼻蟲母親卻完全無視於這一點。產卵的象鼻蟲對家務十分在行，因此牠斷然為自己的家庭拒絕除黑刺李之外的其他核果。

讓我們看看這隻產卵蟲怎樣工作吧。六月的上半月正值象鼻蟲產卵高峰期。這時黑刺李開始染上紫色，果肉逐漸厚實，差不多有一顆豌豆那樣大，幾乎快接近成熟了。果核是木質的，頂得住刀子；果仁也長硬了。

遭到侵犯的果實有兩種小洞窩。小洞窩因組織受損變成褐色。爲數最多的洞窩是很淺的小坑，差不多總是被一丁點變硬的膠汁填滿。黑刺李象鼻蟲的幼蟲只在這些部位進食，不會超過果肉層厚度的一半。傷口滲出的樹膠則會將洞穴填滿。

其他小洞窩較寬，呈不規則的多角形，一直通到果核，洞口差不多有四公釐，內壁不像用餐小洞窩的內壁那樣是傾斜的，而是垂直地立在裸露的果核上。讓我們注意一個不久以後我們就會看到其重要性的細節：在這些小洞窩裡很少能找到膠狀物，而其他洞窩通常都盛裝著樹膠。這些小洞窩暢通無阻，是家居設施。我在同一顆黑刺李上看見兩個、三個、四個、有時一個這種小洞窩，它們經常伴隨有表面呈漏斗形的磨蝕物。象鼻蟲在那裡吃得飽飽的。

一直垂直下伸到果核裡的小洞窩比較寬，形成了不規則的火山口。在口子的中心總是矗立著一個褐色圓形果肉隆起。用放大鏡在這個中央圓錐體頂端，可以看到一個精細的孔眼，這

種情況並不罕見。另外幾次，孔口關閉，但關閉得很鬆動。人們猜測這可能與深度有關。

讓我們循著中軸切開這個錐體。在它的底部是個小巧的半圓形小碗，挖掘在果核的深處。在纖細的粉塵小床上，有枚最大直徑爲一公釐的橢圓形黃卵。在這枚卵上像防禦性屋頂那樣矗立著黃色糊狀圓錐體，錐體整個被一根小管貫穿，小管時而全部暢通，時而一半堵塞。

這個作品的結構可以告訴我們操作的過程。黑刺李象鼻蟲母親在黑刺李的果肉層裡耗用養分，或者在養分對牠的胃來說過多時耗用養分。牠首先挖掘了一個內壁平整的坑穴，讓坑穴的底部在果核上完全裸露，然後牠在那裡用鑿子雕刻一個深入果核一半厚的小盆。卵就產在銼屑形成的細薄床墊上。最後，產卵象鼻蟲在小碗和碗盛裝的東西上樹起一個尖頂。尖頂的材料是來自坑穴內壁提供的黏糊。

如果給這隻被囚禁的昆蟲廣闊的空間、充足的陽光和掛滿黑刺李的枝杈，這些蟲子會做得更加出色，我們因此也會比較容易地觀察到產卵蟲的工作情況。但現在，辛勤的觀察卻收穫甚微。

　　黑刺李象鼻蟲母親幾乎整天待在一個地方，紋絲不動，把口器插進果肉裡。通常牠什麼活動也沒有，也沒有什麼顯露出牠所做的努力。

　　一隻黑刺李象鼻蟲雄蟲不時來探望牠，爬到牠背上，把牠緊緊摟住，一邊自己搖晃，一邊輕輕搖牠。這隻被摟抱著的蟲子被動地順從雄蟲的搖擺。或許這是消磨對安置一枚卵來說必不可少的漫長時光的方法。

　　進一步觀察十分困難。口器在果肉的秘密內層工作著。隨著坑穴打開、擴大，挖掘器——口器用前部把它遮掩起來。窟窿準備好後，黑刺李象鼻蟲母親後退、轉身。我在一剎那間隱約看見在火山口底部裸露的果核以及光禿禿的果核中的小盆。卵一旦放進這個小盆裡，母親又轉過身來。之後，直到作品完成，什麼也看不見。

　　產卵蟲如何著手在卵的上方築起一個防禦堆，一個錐體、一個形狀相當不規則，但由於有個狹小的煙囪管道而奇形怪狀的方尖碑呢？特別是牠如何在柔軟的錐體裡開鑿出這個交通狹道呢？這是一個不大會被突然發現的部分，因為昆蟲非常謹慎小心的工作著。我們只了解到在沒有用腳的情況下，口器如何單獨挖掘火山口並且豎起中央錐體。

　　六月烈日炎炎，天氣酷熱，不到一週時間，卵就孵化了。好運爲我帶來了趣味盎然的場景。再說，這個好運是我的實驗所企求的。這些實驗耗盡了我的耐心。我眼前有一隻黑刺李象鼻蟲幼蟲。牠剛剛拋棄卵殼。牠在產卵盆裡動來動去，忙得不亦樂乎。牠爲什麼這樣焦躁不安呢？原來，爲了到達果仁食物櫥櫃，這隻小小的昆蟲必須開鑿小洞窩，並將它鑿成可以進入的天窗。

　　對一個小小的昆蟲來說，這可是個非同小可、異乎尋常的工作。但是，這個衰弱的小不點卻擁有木工的工具箱：牠的大顎。這把精密的半圓鑿，還是卵時就經受過必要的磨練。小蟲立即著手工作。第二天牠透過一個恰好能夠通過一根細針的小孔進入牠的樂土，占有了果仁。

　　另一個好運則讓我稍稍了解到鑽鑿成煙囪的中央圓錐體的用途。黑刺李象鼻蟲母親在黑刺李的果肉中挖掘坑穴，吸飲外滲的液汁，食用果肉。這是讓挖出來的廢屑消失不見，而又不用丟下手邊工作最直接的方式。當這個母親在果核上雕刻產卵小碗時，牠就地留下細蛀屑。這種蛀屑是製作卵的小床的優質材料，但做爲食物卻毫無用處。

　　黑刺李象鼻蟲幼蟲在挖掘洞穴以獲取果仁時，如何處理洞

穴的木質粉末呢？因為缺少空間，所以想在周圍分散堆放廢屑是不可能的。吃下這些廢屑，堆放在胃裡，這更不可能。當幼蟲滿心等待果仁的乳品時，牠的頭幾口是不吃這種乾燥的粗麵粉的。

黑刺李象鼻蟲新生的幼蟲有更好的辦法。牠用背推幾下就將擋路的廢屑從圓錐形煙囪推到外面。我的確有時看見在中央錐體頂端有個蓋滿粉塵的白點。這個有根小管子的突出物是抬升機械，挖出的廢屑就經由這裡排出。

這個錐體的用途並不僅限於排運廢屑。這隻昆蟲總是精打細算，非常節省，不會僅為排除阻礙工作的粉塵開闢道路這一目的而付出代價，樹立一座中空方尖碑。用最小的耗費可以取得同樣的成果。這種象鼻蟲科昆蟲思慮非常周密，不會在簡易的物品夠用時去製造複雜的物品。讓我們繼續觀察下去吧。

顯然地，果核表面安放卵的小碗需要個防護屋頂。此外，小蟲待會為了到達果仁裡加工盆子底部，將要求狹窄住所有扇安全門。一個很小的、很低的圓屋頂有一扇排除垃圾的天窗，似乎已經足夠。為什麼牠要這樣豪華奢侈，要像火山錐矗立在火山口中心那樣，有個高聳於坑穴上部的金字塔形煙囪呢？

　　黑刺李樹上的火山口有熔岩，也就是說有匯集起來的樹膠。樹膠從不同的損傷部位淌出，變成硬塊。一條熔流堵塞了所有的坑穴。黑刺李象鼻蟲在這些坑穴裡只是進食。相反的，在有中央錐體的大坑穴裡沒有這種熔流，或者只在內壁上出現一些稀薄的漿液。

　　很明顯的，產卵蟲為了保護安放卵的住宅不受樹膠侵襲，採取了某些預防措施。牠首先擴大洞穴，以便使流著黏稠物、不能信賴的牆，適當地遠離蟲卵。此外，牠還在黑刺李的果肉上挖掘，一直挖到果核為止。牠讓一塊非常潔淨的果核徹底裸露，什麼危險都不可能從那裡產生。

　　這還不夠。坑穴的內壁光禿禿的，筆直豎立，始終令人擔心。在幾顆黑刺李裡，在某些情況下，這些內壁也許會有大量樹膠產生。消除危險的唯一辦法是，讓一道能夠阻擋熔漿的障礙豎立在卵的上方，直到火山口。這就是中央圓錐體存在的理由。如果樹膠的噴吐量大，就會填滿環形空間。但是，至少牠不能覆蓋存放卵的部位。高高的方尖碑不會被淹沒，因此這是一道非常精巧被發明創造出來的防禦工事。

　　這個方尖碑沿著軸線部分是中空的。我們剛才看見這個物體被當成廢屑的運輸機。當黑刺李象鼻蟲的幼蟲挖深牠出生的

盆子，把這只盆子變爲通向果核的通道時，就把挖出來的廢屑從這裡推向外面。但是，這對方尖碑來說是很次要的作用，它還有著另一種作用、一種非常重要的作用。

所有的卵都必須呼吸。黑刺李象鼻蟲的卵在那個只有蛀屑床墊的小盆子裡，需要空氣進入，當然需要的是適度的進入。但是，如果沒有氣窗，那裡永遠不會有空氣進入。現在，空氣透過錐形房頂的狹道可以到達卵那裡，並且不斷更新。即使運氣很壞，火山口填滿樹膠，也不能阻攔空氣流通。

所有有生命的東西都必須呼吸。小蟲剛剛在果核上開鑿一個入口，直達果核內部。我們最精巧的鑽頭也鑽不出這樣精確的洞口。小蟲現在在一個密封的小盒子裡，在一個不透水的小桶中。這個小桶還像塗瀝青那樣塗上了含樹膠的果肉糊。此時，小蟲比卵更加需要空氣。

好啦，由黑刺李象鼻蟲幼蟲挖鑿的氣窗通氣了。不管氣窗多狹小，只要不被堵塞，就足以發揮作用。沒有什麼情況需要擔心，即使樹膠過多，也是如此。小蟲在氣窗上面豎立著防禦性錐體，透過其中心管道繼續與外界連通。

我曾經想了解在非常狹窄和無法更換的環境中，一些比黑

刺李的隱士更加健壯有力的隱居者的表現。就在昆蟲身體變態之前的這個休眠期間，我需要這些隱居者。這時，這種昆蟲已經結束了牠們的發育成長過程。牠們不再進食，差不多已經不再具有生命活力。牠們節衣縮食，以最小的消耗量活著，就像發芽的種子。對牠們來說，對空氣的需求減低到了盡可能少的限度。

　　我不加選擇地運用手頭的收藏品。首先是吃大蒜的短喙象鼻蟲幼蟲。一個星期以來，牠們放棄被啃咬的珠芽，下到地上。牠們在地上的窩裡一動不動，準備身體變態。我把六隻蟲子放在玻璃試管裡，試管的一端用上釉工人的燈封起來。我用軟木隔板將蟲子分開，為每隻蟲子設置一個與天然窩巢同樣大小的隔室。裝備好了以後，就用一個很好的塞子將試管封閉。然後，在塞子上疊放一層西班牙蠟，把試管封的非常嚴密，讓試管的內外，不可能有氣體交換。最後，每隻幼蟲都被嚴格壓縮到很小的空間裡。空間的大小，則是我根據地下隔室的寬度測定的。

　　我還進行了類似的準備工作。其中一些被測試的是從身體變態的殼中抽出的花金龜幼蟲；一些是同種昆蟲的蛹。這些不同的囚禁者在通氣條件降到最低限度下生活會如何呢？

兩個星期以後出現的景象讓我們有了結論。我的試管裡只有令人噁心的屍體糊。由於缺乏流通的空氣，蛹和幼蟲失去了生氣活力。幼蟲全都死亡，全都腐爛了。

黑刺李的小盒子儘管緊封著，但是並不像我的玻璃監獄那樣密不透氣。既然果仁也是有生命的，一旦保持著健旺狀態，就會有空氣交換。但是，當動物的生命活動更加活躍旺盛時，對種子來說原本足夠的東西這時就不夠了。黑刺李象鼻蟲幼蟲在牠用來咬碎果仁的那幾個星期之內，如果在果核內除了很有限、很難更新的空氣之外沒有其他呼吸的資源，牠就會受到很大的傷害。

一切似乎都肯定：如果氣窗——黑刺李象鼻蟲幼蟲雕刻的產品，被一滴樹膠堵塞，隱居者就會死亡，或者至少是奄奄一息、苟延殘喘，不能及時移居地下。這個猜測是值得肯定的。

因此，我準備了一把黑刺李。我親自測試沒有產卵蟲的預防措施的情況下會自然發生的事。我把火山口和它的中央錐體浸沒在一滴濃稠的阿拉伯樹膠溶液中。這種黏稠製劑就好似黑刺李的樹膠。這一滴溶液凝結了，我再添加幾滴，直到錐體頂端在濃稠的溶液中消失。至於果實的其餘部分，我就讓它保持原樣不動。

　　之後，我讓黑刺李象鼻蟲像在灌木上那樣地留在露天的環境中。含樹膠的凝結物在灌木上不會因為果實提供的一點濕氣變得柔軟。在短頸廣口瓶裡的情況也是如此。將近七月末，田野裡的黑刺李樹為我引來了第一批昆蟲移民。成批的遷居則發生在八月。出口孔是個圓孔，十分清潔，類似榛果象鼻蟲所鑽的圓孔。這些移居者同榛果象鼻蟲幼蟲一樣，可以穿過拉絲模，做體操使自己得到解脫。蟲子透過體操動作，推壓身體被囚禁部分的體液，使已經拔出的身體部分鼓脹起來，逐漸得到解脫。

　　解脫天窗有時和細小的入口混淆，兩者靠得很近。昆蟲從來不出現在裸露的火山口外面。黑刺李象鼻蟲幼蟲似乎厭惡在大顎下面碰到黑刺李鬆軟的果肉。牠的工具雖然在硬木上雕刻得很好，但或許會捲陷在一大塊黏黏的東西裡。這塊黏性物質應該用湯匙，而不是用有螺絲的半圓鑿去攪動。昆蟲總是出現在已經被產卵蟲打掃得乾乾淨淨的火山口底部。那裡既沒有樹膠，也沒有黏稠果肉。這些東西都不利於工具的良好操作。

　　在摻有樹膠的黑刺李上發生了什麼呢？什麼都沒有發生。我等待了一個月，還是什麼都沒有發生。我等待了三、四個月，仍然什麼都沒有發生。從我準備的東西中沒有任何一隻蠐蟲出來。最後，在十二月，我決心去看看果實裡究竟怎麼了。

我將我用樹膠堵住氣窗的黑刺李果核砸碎。

大部分果核裡都關著一條死去的小蟲。這條小蟲很小就死了。只在幾個果核裡有一條活著的幼蟲，發育生長良好，但缺乏生氣和活力。可以看出，小蟲已經不是由於沒有進食，而是由於另一種需求沒有得到滿足而受過苦難，因為果仁幾乎已被吃光。最後，有很少幾隻蟲子讓我看見活著的幼蟲和挖掘得很整齊的出口。這些得天獨厚的受惠者當牠們已經發育充分後，有足夠的力氣鑽通箱子。但是，當牠們發現木頭上面有令人厭惡的油灰——我的狡詐的製作物時，就頑固地拒絕向前打洞。含有樹膠的障礙一下子便徹底把牠們阻攔住了。牠們不習慣到別處去嘗試脫殼而出。在裸露的火山口外面，在火山口的底部，牠們肯定會遇到果肉。果肉遭到厭惡的程度不亞於樹膠。總之，在被我用巧計妙法制服了的幼蟲中，沒有一隻發育生長情況良好。樹膠圍牆對牠們來說是致命的。

這個結果使我不再遲疑不決。矗立在坑穴中央的錐體，對隱居在果核裡的幼蟲的生活是必不可少的。這個管道是一個通氣煙囪。

當幼蟲生活在一個如果不採取預防措施，空氣的更新就會過於困難甚至不可能的環境中時，每種象鼻蟲都肯定擁有和外

部保持聯繫的特殊技能。一般說來，一個裂縫、一條在不同的
程度上可以自由通行的通道、以及幼蟲慣常的製作物都足以使
住宅空氣流通。有時黑刺李象鼻蟲母親自己也很注意衛生，牠
採用的方法巧妙得令人驚嘆。關於這個問題，讓我們回想一下
食糞性甲蟲的奇蹟吧。

聖甲蟲把幼蟲的圓形大麵包塑成梨形，而西班牙蜣螂則把
麵包加工成卵形。這些物體的質料相同，十分緊密，像灰泥那
樣不透氣。在這樣的住宅裡呼吸肯定十分困難，但沒有危險。
讓我們來看看這些小梨的乳突和卵形物的上端。人們哪怕稍微
思考一下，就會異常驚奇和讚嘆。

在那裡，而且只在那裡，不再有不透水氣的糊狀物；這裡
有一種粗纖維塞子、一個密布小纖維的粗天鵝絨圓盤、一個寬
鬆的毛氈小圓片。透過這塊圓片可以進行氣體交換。一個可供
篩檢的部位取代了密實的物質。僅僅外貌就足以說明這個部位
的功能。如果您還心存疑慮，我們就來消除懷疑吧。

我把含有小纖維的圓盤塗上幾層生漆，我讓過濾管失去多
孔性而絲毫不改變別的部分。現在讓我們觀察下去。當破殼而
出的時期來臨，秋雨初降時，讓我們砸碎丸狀物。這時它們內
部只見乾燥的屍體。

　　塗了生漆的小梨裡的卵死了。它在孵卵蟲身體下面是塊毫無生氣活力的石卵。這隻「小雞」在胚胎期便死去了。當有著呼吸氣窗作用的毛氈小片塗上漆時，金龜子、蜣螂和其他一些昆蟲也同樣死去了。

　　使用滲透性的塞子，效果非常之好，以致這種方法在遙隔千里之外的食糞性甲蟲中也普及推廣。如亮麗法那斯、普羅旺斯的食糞性甲蟲等等，對這種方法也都同樣熱衷、非常醉心。

　　潘帕斯草原的昆蟲主人之一採用另一種方法，牠加工處理的材料，使牠非採用這種方法不可。這位主人就是米隆法那斯——陶瓷藝術家和豬肉製品的備辦者。牠用很細的黏土製造中央放著一個圓形熱餡餅的葫蘆。這個葫蘆是用死屍的膿血製作。收受這些食物的幼蟲在葫蘆上層孵出。　一塊黏土隔牆將葫蘆上層和糧倉分開。[2]

　　這隻幼蟲在之後鑿穿地板，並且到達熱圓餡餅儲藏室時，在上面的隔室和下面的房間如何呼吸呢？住宅是件陶器、一隻磚罈。罈子的內壁有時有一指寬，空氣穿透過這樣的圍牆進入是絕對不可能的。米隆法那斯母親深知這點，因此採取了預防

[2] 米隆法那斯的觀察詳見《法布爾昆蟲記全集6——昆蟲的著色》第五章。——編注

措施。牠循著葫蘆頸部的軸心修建狹窄的通道，空氣可以透過這條通道流通。很明顯，這條很小的管道沒有用生漆或者其他物質堵塞，是個通氣的煙囪。

黑刺李象鼻蟲在牠的果實上冒著受樹膠侵害的危險，因此在預防措施的巧細方面遠超過潘帕斯草原上的「豬肉」加工者。牠在存放卵的部位豎起一個方尖碑。這好似法那斯的葫蘆頸。為了供給卵空氣，黑刺李象鼻蟲像是昆蟲陶瓷工那樣，讓乳突的軸空著。黑刺李象鼻蟲和法那斯的幼蟲在開始階段都不得不艱苦鑽著：一個雕刻果核；另一個鑽通磚隔牆。而且，兩者都到達了目的地：前者到達果仁；後者到達熱圓餡餅。牠們都在身後留下接續昆蟲母親製作的管道的圓形天窗，以保證住宅與外部的空氣流通。

對比不能繼續進行，因為處於被樹膠窒息的危險中的黑刺李象鼻蟲，其技藝超越了另一種在黏土罈子內處於安全狀態的昆蟲。象鼻蟲科昆蟲不得不關心可能淹沒牠、窒息牠的可怕樹膠滲出物。因此，牠們的產卵蟲首先豎起一個防禦性圓錐體——通氣的煙囪，樹膠的排注無法達到這個圓錐體的高度。其次，牠們的產卵蟲在這個果醬狀防禦物的周圍挖掘寬闊的封鎖溝。這條溝把滲出危險物質的內壁隔離在相當遠的距離之外。如果噴發過猛，黏液就會堆積在火山口那裡，而不會使通氣窗

面臨堵塞的危險。

　　如果將黑刺李象鼻蟲和那些在防止窒息危險方面「專家」比較，可以說牠們是自己藉由逐步從一種不太成功的方法，變換到另一種比較令人滿意的方法，來學成技藝的；如果牠們的確自力更生，取得成功；那麼，即使我們的自尊心會因此受到傷害，也讓我們不要猶豫，也讓我們承認牠們是能夠教導我們的專業工程師。讓我們宣布：嘴喙短小的黑刺李象鼻蟲有著發達的腦袋，是個了不起的發明家。

　　但是，你們不敢走到這一步，你們寧願求助於偶然的發現。當問題可以用這樣合乎理性的方法和手段解決時，求助於偶然性則成了低級庸俗的辦法。選擇使用這種辦法就好像將字母表上的字母拋到空中，料想它們落下時會拼成一首詩中的某個詩句。

　　不徒勞無益地去理解拐彎抹角的、迂迴曲折的概念，而說：「有種最高秩序統治著物質世界。」這樣做多麼簡單，特別是多麼真實啊。這就是黑刺李象鼻蟲卑謙地向我肯定的。

第十四章

金花蟲

　　我是聖多馬①難以對付的弟子，在對某個事物說「是」以前，我要觀察、觸摸，而且不只一次，是兩、三次，甚至沒完沒了，直到我的疑慮在如山的鐵證下歸順聽從爲止。是的，形態不能決定本能，裝備不能把某種職業強加於人。繼象鼻蟲之後，現在由金花蟲來向我們證實這點。我察看了三種金花蟲，牠們在我的荒石園裡經常出現。在適宜的季節，每當我想要牠們提供某種情況時，我不需要尋找，牠們就會出現在我面前。

　　第一種是百合花金花蟲。既然拉丁文用詞無視誠實公正的原則，讓我們用牠的學名──負泥蟲來稱呼牠，我們就不要轉

① 聖多馬：耶穌十二門徒之一。據史書記載此人親手觸摸耶穌傷口後始相信耶穌已復活。後以聖多馬喻親自獲得有關某事物之確切證據後始相信此事的人。──譯注

譯這個名稱，尤其不要重複使用這個名稱。
審慎穩重的精神不允許我們這樣做。我從來
就沒有弄明白，在博物學中有什麼必要用這
樣一個令人憎惡的詞彙，來折磨某種美麗的
花、某種優雅的動物。

負泥蟲（放大3倍）

　　的確，我們的金花蟲儘管受到專業詞彙
的粗暴對待，卻是美麗可愛的。牠形態勻稱，不太粗胖，也不
太細小，呈美麗的珊瑚紅色，頭和腳則烏黑發亮。春天時儘管
有的人很少看百合花一眼，但人人都認識這種花卉。這個時
節，花莖已經在綠葉的圓形花飾中央顯現。一隻鞘翅目昆蟲停
留在這株植物上。牠身材中等偏小，體色朱紅，類似西班牙
蠟。你伸手向前抓牠，牠馬上膽戰心驚，全身癱瘓，掉在地
上。

　　讓我們等待幾天之後再回到百合花這裡來吧。它漸漸抽
長，開始露出花蕾。花蕾結集成小包，紅色昆蟲仍在那裡。此
時，百合花的葉子已經被弄得缺口很深，被損壞得像塊破布，
被暗綠色小污物弄髒，就像傳說中的一種巫術，將磨碎了的葉
到處撒布，撒得像濺起的泥漿。

　　然而，這個小污物卻在移動，慢慢前進。讓我們抑制住厭

惡的情緒，用麥稈尖探測這些小污物堆吧。我們讓一隻十分難看、肚子圓凸的淡橘黃色幼蟲顯露出來，揭去蓋在牠身上的東西。這就是百合花金花蟲的幼蟲。

我們剛剛從這隻蟲子身上剝掉的法蘭絨外衣，可能來自於這隻昆蟲，這個寡不知恥的工廠主人，本身之外的某個不可告人的地方。這件緊身上衣的確是用這隻蟲子的糞便製成的。百合花金花蟲蠕蟲形幼蟲，不用傳統的方法朝下拉屎，而是朝上拉屎，並且在牠的脊樑上收集這些腸子的殘餘材料。這些材料隨著新的環形軟圈一個接著一個緊緊包貼，從後面向前面堆放。雷沃米爾曾滿意地描述過這種覆蓋物如何在傾斜面上滑動，從蟲子的尾巴基部向前延伸到腦袋。這些傾斜面是呈波浪狀起伏的脊樑的變化形態。這位大師已經談過這種含糞的機械，我們就不用再談了。

我們現在已經了解到百合花金花蟲為什麼得到負泥蟲這個羞恥的名字：百合花金花蟲幼蟲用自己的糞便為自己製作服裝。這個名字已經被擱在官方的檔案文獻裡。服裝製作完畢，並且覆蓋蟲子整個背部以後，縫紉工廠並未因此而停工。後面不時添加一條新褶邊，前面也是一樣。延伸出的多餘部分由於自身的重量而鬆脫掉下。糞衣不斷修補、翻新，從一端延長。另外一端則破舊，切短。

有時這堆布料也過分厚重，於是翻倒。赤身裸體的蟲子只關心丟失的外套。於是，牠那好心助人、樂善好施的腸子立刻為牠補救這個災難。

或者由於放在縫紉機上的布料太大，而使邊料不斷被切削落下；或者由於使覆蓋物部分或全部落下的高低不平的地形，百合花金花蟲的幼蟲在牠的通路上留下一堆堆髒物，以致象徵純潔的百合花竟然變成了糞便的集中地。花葉被吃掉後，花莖被金花蟲的幼蟲咬得傷痕累累，失去了莖皮，變成了破破爛爛的莖桿。雖然百合花正在盛開，但也無法倖免於難。美麗的象牙酒杯變成了污穢的茅坑。

為非作歹之徒過早排泄污物。我想看看牠開始時的情況，看看牠污穢的建築物的第一層。牠當過學徒嗎？牠最初做的很不得心應手嗎？然後稍好些嗎？然後好了嗎？這些我現在全都了解了。牠沒有見習期，沒有笨拙的嘗試。從一開始，牠的技藝就嫻熟完美，排出的污物擺在尾部。讓我來談談我看見了些什麼。

百合花金花蟲五月產卵。卵放置在葉子內部的表面上，平均產三至六個短列，呈兩端渾圓的圓柱形，鮮桔紅色，發亮，塗著一層有黏性的分泌物。這層分泌物將卵整個緊貼在葉子

上。孵化需要十二天左右。孵化後的卵殼有些皺紋，但始終呈鮮豔的橙黃色，停留在原位不動。撇開它略微乾枯的外表不談，孵化的卵殼保存得和最初一樣。

　　新生的幼蟲一‧五公釐長，頭和腳呈黑色，身體的其餘部分呈暗琥珀色，在胸廓的第一個體節上有褐色的肩帶，這條肩帶在中間中斷，在第三個體節後面的身體兩側各有一個小黑點。這就是最初的服裝。以後橘黃色將取代琥珀色。這隻小蟲胖嘟嘟的，用牠的短腳，還用屁股緊貼著葉子。牠的屁股起著槓桿作用，並且將略為圓鼓的大肚子向前面推進。這隻蟲子是個雙腿殘廢者。

　　從同一個卵群孵出的每隻小蟲，很快就開始在自己的卵殼旁邊吃食。牠們孤孤單單地在那裡啃咬，在厚實的葉子上為自己挖掘一個小洞，但在挖掘時注意不損害反面的表皮。就這樣在葉面上儲留下一塊半透明的地板，一個支撐物，使牠能夠食用洞穴內壁而沒有跌落的危險。

　　牠們懶洋洋地挪動身子，尋覓幾口更加味美的食物。我看見一些蟲子盲目分散，在同一條溝裡結成小群體，但從來沒有像雷沃米爾描述的那樣並列著節省地吃食。共棲動物雖然同代，並且從同一卵群孵出，但在牠們之間並沒有什麼次序，並

沒有什麼協定，也沒有對節約的關切。百合花多麼慷慨大度、樂善好施啊！

這時，小蟲子的大肚皮鼓脹起來，腸子開始發揮功能。行啦，我看見從牠的外衣排出的第一個球狀物。這個小球像嬰兒期可以容許的那樣量少且呈流體狀。這流出的很少一點東西同樣被拿來利用，而且有條不紊地置放在小蟲子的脊樑後端。我們聽之任之吧。不到一天內，小蟲便已逐漸為自己製作了一套外衣。

這個蟲子藝術家在製作服裝方面是位大師。如果說牠幼年時期織造的莫列頓呢的品質已經極好，那麼以後當這種布料製作技藝爐火純青、巧奪天工時，未來的寬袖長外套會是怎樣的呢？讓我們繼續談下去吧！關於這位糞製法蘭絨工業家的才能我們知道得相當多。

色彩鮮豔的網上衣有什麼好處呢？幼蟲用牠來保持身體涼爽，防止太陽照射嗎？這是可能的，柔嫩的表皮上有這樣緩和的糊劑就不必擔心龜裂了。幼蟲的目的在於使牠的敵人灰心喪氣嗎？這也是可能的，誰敢啃咬污物堆呢？這只是一種時興的任性、稀奇古怪的心血來潮嗎？我也不能說不是。

　　我們有過穿著帶撐架的襯裙的時期，那荒誕的鋼環形的防護罩。還有那一直存在著的大禮帽，像堅硬的套子般，緊緊裹住我們的腦袋。所以，讓我們對這種昆蟲拉屎者寬宏大量吧，讓我們不要非議牠在穿衣戴帽方面的怪癖吧！我們也有我們的怪癖啊。

　　為了對這個敏感的問題上更明白些，讓我們來問問百合花金花蟲的親密姻親。在我的幾十畝碎石地上，我種了一方蘆筍地。從烹飪的角度看來，從這塊地裡收穫的莊稼，永遠不能補償我的費心照管。不過，我經由另外一種方式得到了補償。在那些我讓牠們自由展開成翠綠條紋的瘦弱嫩枝上，春天時，有兩種金花蟲大量繁衍，比比皆是。牠們是田野金花蟲和十二點金花蟲。這是極好的意外收穫，比蘆筍更好。

　　田野金花蟲穿著三色服裝，身上的裝飾並不少。牠有藍色

田野金花蟲
（放大4倍）

鞘翅，鞘翅的外緣鑲了白色帶子，每片鞘翅裝飾有三個白色飾結。在牠的紅色前胸中心有個藍色圓盤。牠的卵呈暗綠色，圓柱形。這些卵不像百合花金花蟲那樣以線狀小族群躺臥，而是彼此隔離，一端豎立在蘆筍葉、細枝、含苞待放的花上，處處都有，毫無秩序可言。

　　田野金花蟲的幼蟲雖然露天活動，在養育牠的植物的葉子上生活，並且因此暴露在各種可能威脅百合花上的蠕蟲的危險之下，但卻完全不了解以糞便層掩護自己的辦法。牠一生都光著身子，總是非常潔淨。

　　田野金花蟲幼蟲呈淡綠黃色，身體後部相當肥胖，前部逐漸變細。牠的主要運動器官是腸子末端。這個末端形成局部鼓泡，像靈活自如的手指那樣彎曲，纏繞枝杈，支撐蟲子，推牠向前。真正的腳很短，相對身長而言位置過於靠前。這些腳能夠單獨辛苦地拖著後面笨重的身軀。牠們的助手——腸子末端上的指狀物體，十分有力。當牠從一根細枝移到另一根時，幼蟲沒靠別的支撐，便翻身倒立，頭朝下。這個雙腿殘缺者是走鋼絲高手，一個技術嫻熟的雜技演員。牠不怕跌落，在枝杈上自由移動。

　　田野金花蟲幼蟲休息的姿勢十分奇特：沈重的臀部擱在後腳上，特別是擱在鉤形腳趾——腸子末端上；身體前部抬起，彎得十分優雅；黑色腦袋豎得直直的。這隻小蟲子有點像蹲著的獅身人面像。在陽光下，在午睡和恬靜的消化食物的時刻，這個姿勢很常見。

　　這隻赤身裸體、手無寸鐵、肥嘟嘟的蠕蟲形幼蟲，在陽光

朗照、炎熱的日子裡半睡半醒，很容易被捕獲、劫掠。各種小飛蟲身體短小，卻可能十分狡詐，令人厭惡。牠們常常飛到蘆筍葉叢。田野金花蟲幼蟲擺出人面獅身像的姿勢，一動也不動。甚至當這些小飛蟲在牠的臀部上空嗡嗡叫時，牠似乎也毫不理會。這些小飛蟲像牠們安靜地玩耍嬉戲時所顯示的那樣不傷害人嗎？這一點非常可疑。這種長著雙翅的賤民不僅吸吮植物微微滲出的汁液，牠們也是為非作歹的行家，毫無疑問地還追逐著其他目標。

的確，在這裡，在大部分田野金花蟲幼蟲的身上，一些像白色瓷器那樣白的小點牢牢地貼在牠們皮膚上。這是匪徒的秧苗──小飛蟲產的卵嗎？

我收集身上有這些白色污點標記的田野金花蟲蠕蟲形幼蟲，並且把牠們監禁起來餵養。一個月後，將近六月中，這些幼蟲變得萎縮乾癟，身體起了皺紋，轉變為褐色，最後只剩下一個乾燥的皮殼。這個皮殼的一端或者另一端裂開一條縫隙，一隻雙翅目昆蟲的蛹從中露出半個身子。幾天以後，寄生蟲羽化了。

這是一隻淺灰色小飛蟲，身上豎著稀稀疏疏粗糙的纖毛。牠的身體大小不到家蠅的一半，與家蠅有些相像。牠屬於彌寄

生蠅類。彌寄生蠅在幼蟲時，經常寄生在各種毛毛蟲體內。撒布在田野金花蟲幼蟲身上的白點，是令人憎恨的雙翅目昆蟲產的卵。從這些卵裡誕生的寄生蟲，將穿破病毛毛蟲的肚子。牠們經由微小的、不怎麼痛苦的、幾乎立刻癒合的傷口鑽進毛毛蟲體內，進入浸泡內臟的體液中。受侵害者最初並沒有受到什麼損傷。牠繼續在鋼絲上做體操、在草場上飽餐、在陽光下睡午覺，似乎什麼嚴重的事也沒有發生過。

我那些飼養在玻璃管裡的田野金花蟲幼蟲，身上有寄生蟲的幼蟲，我常常用放大鏡探查牠們，並沒有發現牠們有任何忐忑不安的跡象。這些彌寄生蠅的子孫初期多麼兇狠惡毒而又不露聲色啊！在牠們為身體變態做好一切準備之前，牠們的寄主必然會繼續生存下去，而且始終精神飽滿、充滿活力。因此牠們貪得無厭，沒命地吃著為將來所做的儲備、脂肪等等。當咬食形態改變時，形態完整的昆蟲就將產生。寄生蟲專挑對田野金花蟲幼蟲眼前的生活來說不需用的東西，並且不去觸碰目前必不可少的器官。把這些器官咬傷一處，寄主就會死亡，牠們也會死亡。將近發育成長的末期，謹慎和含蓄就不再必要不可了。牠們把被剝削者的身體徹底掏空到只剩下一張皮，這張皮以後還將充做牠們的掩護所。

在這種野蠻殘忍的盛宴裡，我感到一種滿足：我看見彌寄

生蠅得到報應了，輪到牠們被嚴酷地清除。在田野金花蟲幼蟲
的脊樑上有多少隻彌寄生蠅呢？或許八隻、十隻，或許更多。
然而，只有一隻小飛蟲，而且始終只有一隻，從受害者體內出
來；因為受害者的身體太小，不夠幾隻小飛蟲共食。其他那些
怎樣了呢？在可憐的受害者的肚子裡，這些小飛蟲之間發生過
戰鬥嗎？牠們互相吞食，只讓最強壯有力者，或者讓在鬥爭中
最幸運者倖存嗎？或者牠們當中先到一步的，已經成了寄主體
內的主人，其他的則寧肯在外面死亡，而不鑽進一條已被占領
的幼蟲的體內嗎？只要在蠕蟲形幼蟲體內有兩條蟲，就會發生
飢荒。我認為原因應該是這些蟲子互相殘殺。同類的肉或者異
類的肉，群集在田野金花蟲肚內寄生蟲的獠牙下，無所區分。

　　不管強盜之間的競爭多麼兇狠激烈，寄生種族是不會滅絕
的。我檢查我那塊蘆筍地裡的像羊群一樣大群的田野金花蟲幼
蟲，牠們當中一大半在暗綠色的皮上有著彌寄生蠅的卵，這些
細小的白色污點清晰可見。田野金花蟲幼蟲身上有污點，就表
明牠們的肚子肯定已經受到侵害或者即將受到侵害。而田野金
花蟲幼蟲身上沒有污點，則不能肯定牠們的肚子是處於何種狀
態。為非作歹的傢伙在植物的綠色彩斑上不斷閒晃，等待良
機。只要雙翅目昆蟲活動的季節還繼續著，很多今天還沒有白
斑的幼蟲，明天或者某一天就會標上這種白斑。

　　我預計我這個羊群中的絕大多數最終都會受到侵害。關於這點，我的飼養活動能提供足夠的證據。當鐘形網罩下住滿昆蟲時，如果我不細心選擇，如果我隨便收集住滿田野金花蟲幼蟲的枝杈，我就很少能夠獲得金花蟲成蟲。牠們幾乎全都蛻變爲一大群小飛蟲。

　　如果我們能有效地防止某種昆蟲，我就會對任何方法都不抱幻想，而勸蘆筍種植者求助於彌寄生蠅。這位昆蟲助手獨有的癖好使我們脫離惡性循環。藥物防止疾病，但是，疾病對藥物來說又是必不可少的。爲了消除蘆筍的踩躪者，必須靠大量的彌寄生蠅。然而想要得到大量的彌寄生蠅，首先必須有大量蘆筍的踩躪者。自然的天平在整體上將事物平衡。如果田野金花蟲大量繁殖，就會突然產生不可勝數的小飛蟲來滅滅牠們。如果前者日益罕見，後者數量也會減少，但卻始終蓄勢待發，以便制止另一方再度繁衍興旺，數量過大。百合花金花蟲穿著牠厚厚的污物大衣，從對田野金花蟲來說命定的苦難中解脫了出來。如果你脫掉田野金花蟲那色彩鮮豔的綱上衣，你永遠不會在牠的皮上找到可怕的白色污點。這種預防手段非常有效。

　　難道不能找到另外一種巧妙的防禦辦法嗎？它既可防止彌寄生蠅的侵害，又不求助於令人憎惡的污物。方法是有的，只需居住在不必擔憂雙翅目昆蟲產卵的庇護所裡就行了。這正是

十二點金花蟲
（放大4倍）

十二點金花蟲的方法。十二點金花蟲和田野金花蟲雜居生活。牠不同於後者的是，牠的體型稍大，特別是牠的服裝整個呈鐵紅色，有著對稱分配在幾個鞘翅上的十二個黑點。

十二點金花蟲的卵呈深橄欖綠色，圓柱形，一端尖，另一端被截去了一段，很像田野金花蟲的卵。牠的卵也像田野金花蟲的卵一樣，以被截段的末端豎立在支撐面上。如果沒有居住地做為指南，人們很容易把這兩種卵弄錯。田野金花蟲將牠的卵固定在細枝杈的葉子上；十二點金花蟲則把牠的卵單獨安放在還沒有成熟的果子上。這些果子是像豌豆大的小球。

孵出的小蟲為自己開關狹窄的通道，鑽進果子。牠以果肉為食。因為口糧份量不夠，每個小球上只能容納一隻幼蟲，沒有第二隻。然而，我卻多次看見同一個果子上有兩枚、三枚、四枚卵。第一隻孵出的蠕蟲形幼蟲得天獨厚，成了這個小球的主人。不過，牠是個不能容忍異己的主人，能夠弄死任何在牠旁邊的就食者。殘酷無情、無法平息的競爭，隨時隨地都可能發生。

十二點金花蟲幼蟲的身體呈暗白色，胸部第一個體節披著

不連貫的黑色肩帶。這種深居簡出的昆蟲絲毫沒有田野金花蟲
那種在蘆筍葉子上吃食的雜技演員才能。牠無法用臀部抓牢，
無法將臀部轉變成能夠纏繞和緊抱的指頭。牠在自己的匣子裡
要這種能力來做什麼呢？牠喜歡睡眠，這注定牠會因不四處走
動覓食而肥胖。在同一個族群裡，每條蟲都根據未來的生活方
式而獲得自己的天賦。

　　受到侵害的果子很快就掉到地上。隨著果肉被耗光，它一
天天褪去綠色，最後變成美麗的半透明小球。相對地，那些沒
有受到侵害的果子則在植物上成熟了，並且染上濃豔的紅色。

　　十二點金花蟲幼蟲在牠的小球皮下，再也找不到什麼可吃
的東西了，於是牠鑽破這圓球，下降到地上。彌寄生蠅饒過
牠，牠那半透明的匣子——硬如皮革的表皮和污穢的豔麗綢上
衣，就如同其他金花蟲的防禦措施一樣，也許還更好，牠因此
得救了。

第十五章

金花蟲（續）

　　十二點金花蟲在牠的半透明小球中得救了。是得救嗎？唉，我剛才使用了這個討厭的說法啊！世界上有什麼人自認可以逃離壓榨者？

　　將近七月中，這正是十二點金花蟲以成蟲形態從地下爬出地面的時期。我那充作飼育之用的短頸廣口瓶，向我提供了一大群很小的膜翅目昆蟲和纖細、漂亮、沒有明顯產卵管的藍黑色小蜂。這種低賤的昆蟲有什麼正式名稱嗎？專業詞彙分類者將牠登記歸檔了嗎？我不知道。我不大關心這件事。我最想要了解的是蘆筍上的隱居所。當這個隱居所被十二點金花蟲幼蟲掏空，不再具有保護作用時，牠成了半透明的球。彌寄生蠅這種小飛蟲獨自將受害者吸乾榨盡。牠們有時也成群結隊，一群二十多隻，來榨取利用十二點金花蟲的幼蟲。

當一切都似乎呈現一種寧靜生活時，一個矮子中的矮子出現了。牠被特意指派來消滅最初受到果子的小盒子保護，然後又受到皮殼——幼蟲在地下造的蛹室保護的昆蟲。以十二點金花蟲為食是牠生存的理由，牠的職能。牠在何時？如何進行？這個我可不知道。

不過，儘管牠為自己所扮演的角色感到自豪，並且覺得生活甜蜜，但牠還是將觸角像槍托那樣轉動，讓它們擺動。牠讓跗節互相碰擦，表示牠心滿意足。牠刷擦肚子。我不常看見牠。牠受託進行消滅活動。牠是個冷酷無情地消滅生命、人群和葡萄的壓榨機的齒輪。

吃的專制暴虐使世界成了一個匪窟，過程就像一場殺戮。被殺戮奪走的生命在胃的蒸餾器裡經過蒸餾，變成後天再製的生命。一切都重新熔煉，一切都在死亡這個貪得無厭的熔爐中重新開始。

從吃的觀點來看，人是頭號強盜。他耗食生存的和可能生存的一切。這使人想起某些只要求發芽，在陽光下呈現綠色，延伸成莖稈，頂上裝著穗子的小麥籽粒。這是些雞蛋。把它們和平寧靜地交給母雞，它們就會發出小雞的輕柔啾鳴。它們為了使我們活著而死亡。這是牛的、羊的和家禽的肉。多可怕

啊！牠散發出血腥的氣味。這簡直是屠殺。如果人們一想到這些，就不敢坐下吃飯。飯桌就像是一個殘酷的牲禮祭壇。

我們只舉最溫和的動物燕子為例吧！牠獨自四處飛翔，一天下來便要毀滅多少生命啊！從早到晚，牠吞食在燦爛陽光下歡樂跳舞的大蚊蟲、家蚊、小飛蟲。牠箭也似地迅速飛過，這些舞蹈者便大量死亡。牠們死亡了，然後落在一窩雛鳥的貝殼狀碎屑下面，成為令人悲嘆的廢墟殘渣，成為草坪上的鳥糞石。從動物這個體系的一端到另一端，只要存在著大的和小的區別，情況就都是這樣。永恆的屠殺使生命的波濤綿延不絕，永遠存在。

思想家對這些屠殺感到十分悲痛，開始夢想將我們從恐怖的弱肉強食中解救出來。這種天真無邪、單純無知的理想，正如我們可憐的本性能夠隱約瞥見到的那樣，並非不可能。對我們大家，也就是對人和蟲來說，這種理想部分實現了。

呼吸是最緊迫的需求。我們在靠麵包維持生命之前，必須靠空氣維持生命。以空氣維生是自然而然的事，非常順利，不需要激烈艱苦的鬥爭，不需要耗時費力的勞動，幾乎在不知不覺中就完成了。我們獲取空氣不需要武裝自己，不需使用搶劫、暴力、詐欺、談判、拼命工作等手段。至高無上的生命要

素自動地來到我們身上，浸透我們，激勵我們。每個人在這個問題上毫無憂慮，十分寬裕。

更加完美的是，這是不付分文的。而且，只要向來精明的稅務部門還沒有發明分配空氣的龍頭，以及按活塞使用次數收費的空氣鐘形罩，這樣的好事就會無限期延續下去。讓我們期待免去這樣的科學進步吧，因爲這種進步將是我們的不幸，將是人類的末日。納稅這件事將殺死納稅人。

化學科技在它歡快的歲月裡向我們允諾，將會有一種濃縮食物精華的藥丸。這些高科技的藥物——曲頸瓶的製成品，不會終止這樣一個想望：有個耗費不比肺更大的胃；進食就像呼吸一樣。

植物知道這個秘密的部分。它和平地在大氣中汲取碳。在大氣中，每片葉子都浸透於生長和變綠所必需的物質中。但是，植物卻不進行絲毫活動。它因此獲得清白純淨、白碧無瑕、無可指責的生命。動物需要活動，這需要異常辛辣的香料，而香料則要經由鬥爭取得。動物活動，於是進行屠殺。人或許具有已知的頭等智慧，但並沒有更大的貢獻。他和野獸同樣順從胃的管制，胃是進行活動無法抗拒的動力來源。

然而，我在哪裡陷入了迷思呢？一個個有生命的小點在金花蟲幼蟲的大肚子裡亂鑽亂動，向我們顯示生命的掠奪搶劫。這個小點多麼精通滅絕者的職業啊！金花蟲枉費心機，在一個無法襲取的箱子下面躲避。牠的劊子手把身體減縮得很小、很小，以致最終可以觸到金花蟲的身體。

可憐的金花蟲幼蟲，你擺出嚇唬人的獅身人面像的姿態，停留在枝杈上，躲藏在神秘的匣子裡，穿上糞便盔甲。在殘酷無情的搏鬥宿命中，你也不會因此而免於死亡。總會有那些接種者，變換狡詐手段，變換身材大小，變換器械工具，把牠們那致人死命的生殖胚胎注入你的身體內。

百合花主人——百合花金花蟲雖然使用牠那污穢的方法，也不能因此受到保護、安全無虞。牠的幼蟲往往是其他寄生蠅眼中的掠奪物。這種彌寄生蠅並不比田野金花蟲的彌寄生蠅粗大。我相信這種寄生蟲只要牠的受害者覆蓋著令人憎惡的豔麗綢上衣，牠就不會在這受害者身上散布牠的卵。但是，受害者一時不謹慎小心就會向牠提供良機。

當埋藏在地下準備身體變態的時刻來臨時，金花蟲幼蟲就脫去外衣。牠這樣做或許是為了從植物下到地面時將身體變輕，或許是為了在陽光朗照下享受日光。牠一直蓋在潮濕的被

子裡，直到現在還沒享受過這樣的日光浴。這樣赤身裸體在葉子上散步，是幼蟲一生中最後的歡樂，可是對漫遊者來說卻是致命的。彌寄生蠅突然飛來。牠找到一塊乾淨、脂肪豐滿、發出亮光的皮，就趕緊把卵緊緊貼放上去。

未遭受侵害者和遭受侵害者所提供的情況與生活方式，和人們預見的情況是吻合的。最招惹寄生蟲的是田野金花蟲，牠的幼蟲露天生活，得不到任何遮護。其次是十二點金花蟲，牠的幼蟲在蘆筍的果實裡定居。得天獨厚的是百合花金花蟲幼蟲，牠有著用糞便做成的寬袖長外套保護。

現在我們再來觀察因為形體非常相像，所以被認為是出自同一模子的三種昆蟲。牠們的服裝沒有什麼不同，牠們的身材也沒有什麼不同，真不知道該怎樣區別牠們。可是，這種一模一樣的形態卻伴隨著迥然不同的天性。

弄髒自己背部的拉屎者不可能啟發在自己乾淨的小球內退隱的隱士，蘆筍果實上的居民沒有勸告第三者露宿餐風和在葉子上像雜技演員那樣遊蕩。在三種金花蟲之中，沒有一種是其他兩種習俗風尚的啟蒙傳授者。這些在我看來都一目了然。如果牠們的始祖相同，牠們又如何獲得這樣不相一致的才能呢？

此外，這些才能是逐步發展變化的嗎？百合花金花蟲能夠告訴我們關於這點的答案。讓我們承認，牠的幼蟲受到彌寄生蠅的折磨煩擾，因而決定在背上開一道含糞的狹長切口。牠沒有明確的目的，只是偶然地讓腸子裡的東西流到背上。乾淨的飛蟲面對這堆污物猶豫不決，不敢靠近。經過一段時日，狡點的幼蟲辨識出，牠可以從那稠厚的糊狀物中得到好處。這種最初並非預謀製造的污物變成了謹慎的習慣事物。

物換星移，在歲月的幫助下，牠們取得了一個又一個的成功，這是不言而喻的。這樣的發明創造需要歷經很多世紀。用糞便製成的豔麗綱上衣從身體後部延伸到前部，直至額頭。百合花金花蟲幼蟲對牠的這種防範方法感到滿意，牠蔑視牠衣服底下的寄生蟲，便將這偶發的排糞行為訂為嚴格的法律。於是，百合花金花蟲就忠實地把令人厭惡的制服代代相傳給牠的子孫。

直到那時為止，一切似乎都很順利。但是現在事情卻混雜起來。如果這種昆蟲的確是這種防禦手段的發明者，如果牠自己發現把自己隱藏在污物下面有好處；我就要求牠夠聰明到能讓牠的詭詐計謀，持續到牠把自己埋藏起來為止。但是，情況正好相反，牠提前脫掉衣服。牠光著身子遊蕩。牠在葉叢中呼吸新鮮空氣，而這時牠那圓鼓鼓的大肚皮比任何時候都更誘引

雙翅目昆蟲。牠在最後一刻將幾世紀學習來的謹慎精神，全都
拋到九霄雲外。

這種突然的轉變，這種面臨危險若無其事、處之泰然的態
度，對我們表明：「昆蟲什麼也沒有忘記，因為牠什麼也沒有
學到，因為牠什麼也沒有發明。在本能和天性的分配中，牠得
到的那一份是色彩鮮豔的綢上衣。牠在利用這件色彩鮮豔的綢
上衣的好處同時，並不知道這件衣服價值何在。牠沒有一步一
步、由淺入深地來獲得知識經驗。緊隨牠的知識經驗而來的往
往是，在最危險、最能夠使牠產生懷疑的時刻的突然停頓。」

然而，我們不要匆匆忙忙認定，糞便衣服有種獨一無二的
防禦寄生蟲的作用。百合花上的幼蟲在哪方面比蘆筍上的幼蟲
更有天賦，人們還不十分清楚。後者沒有任何防身本領。或許
前者的繁殖力較弱，牠需要一種保護牠種族的技能，做為對牠
簡陋卵囊的補償。也沒有任何情況顯示，柔軟的覆蓋物同時也
是保護敏感的表皮不受烈日照射的掩蔽體。如果說這僅僅是簡
單的裝飾品——幼蟲的小巧玲瓏褶帶，也不會令人感到驚訝。
昆蟲具有不能用我們的喜好去加以評價的喜好。讓我們用懷疑
來做結論，並且讓它去吧！

百合花金花蟲幼蟲成熟到恰到好處就離開百合花，並且在

植物的根部淺藏起來。這時五月還沒結束。牠用額頭和臀部向後推壓泥土。牠在那裡營建一個圓窩，有豌豆那樣大。為了將住所建成一個中間空空的、不會倒塌的丸狀物，牠還得用很快就和泥砂一起凝結的黏膠浸濕內壁。

為了觀察這項加固工程，我挖出一些尚未竣工的小屋。我在那裡開鑿一個讓我能夠觀察幼蟲工作的窗口。這位隱士剛剛在窗子邊，一股泡沫狀噴流從牠嘴裡吐出，就像攪打的蛋白一樣。牠分泌唾液，大量噴吐。牠讓唾液起泡，將它放在缺口邊緣。噴出幾口泡沫後，窗口就封堵起來。在另外一些幼蟲埋藏時刻來臨時，我收集了幾隻，並把牠們安置在玻璃試管裡，用幾張細紙片做為牠們的支撐點。那裡除了蟲子的唾沫和零零星星的碎紙屑外，沒有沙土，也沒有建築材料。在這種環境中，丸形小隔間可能存在嗎？

是的，它可能存在，而且沒有什麼大的困難。幼蟲部分倚靠在玻璃上，部分倚靠在紙片上，開始在自己周圍分泌唾液，吐出大量泡沫。一連工作幾個小時後，牠就消失在一個牢固的殼中。這個殼潔白如雪，布滿細孔，好像是鼓起的蛋白質小球。幼蟲為了將沙土黏成丸形窩巢，便使用一種起泡的蛋白質材料。

現在讓我們剖開一隻會築巢的幼蟲來看看吧。在牠那相當長而軟的食道周圍，沒有唾液腺，沒有絲管。因此，起泡沫的膠結物既不是絲，也不是唾液。這裡有個器官惹人注目，那就是體積非常龐大的嗉囊，它那不規則鼓脹起來的凸紋，使它看來畸形、難看。嗉囊裡充滿了無色的黏性流體。這肯定就是泡沫的來源，就是黏合沙粒並將沙粒加固成球體的材料。

當準備身體變態的時刻來臨時，中腸不再需要像消化實驗室那樣運轉，於是便充作昆蟲的工廠和各種不同用途的倉庫。西塔利芫菁在那裡積存尿的殘餘，天牛在那裡堆放將變成隔室入口的石圍牆的白灰糊，毛毛蟲在那裡儲備粉塵和用來加固繭的膠液，膜翅目昆蟲在那裡吸取絲質建築物內糊牆紙所用的生漆。現在百合花金花蟲把中腸用作起泡沫狀膠結物的倉庫。這個消化囊袋是個多麼令人滿意的器官啊！

蘆筍上的這兩種金花蟲同樣是能幹的泡沫生產者。在建築工程方面，牠們是百合花上的同類當之無愧的對手。三種金花蟲的地下殼體形狀和結構都相同。

當百合花金花蟲在地下停留兩個月，以成蟲形態再回到地面時，想將昆蟲的生活史補充完整，就有個植物學的問題尚待解決。這時正值酷暑，百合花已經凋謝。一根枯萎、片葉不

存、頂上只有幾個凋零破敗囊袋的桿子，這就是春天時，那株枝葉茂密、華美壯麗的植物所留下的一切。只有鱗莖還堅持著，它現在暫停生長，等待將再使它充滿生機活力、綠葉滿枝的連綿秋雨。

在對金花蟲來說十分珍貴的青枝綠葉重返大地之前，牠在夏天怎樣過活呢？牠在盛夏酷暑時節不吃不喝嗎？如果戒絕飲食是牠在這個食物短缺季節的生活規律，那麼，牠為什麼要拋棄牠那可安靜地小睡，不用吃喝的蛹室呢？這是在鞘翅染好朱紅色，就將牠從地底下趕出，並讓牠來到陽光下吃食的需求嗎？這是可能的。儘管如此，還是讓我們進一步了解吧！

在百合花受到損壞的花梗上，我找到一些覆蓋著綠色的外皮。我用這些花梗餵食我那短頸廣口瓶裡的囚犯。牠們從沙土層裡出來兩天了。牠們吃得津津有味。胃具有很強的決定性。這片綠色的東西被吃得直到裸露出木質部分為止。頃刻之間，供給這些飢腸轆轆傢伙的食物，就一點都沒有剩下了。我知道所有的百合花，本土的或外來的：頭巾百合花、虎斑百合花以及其他合牠們口味的百合花。我不是不知道王冠貝母和波斯貝母也同樣為牠們樂意接受，然而這種美麗嬌弱的植物卻拒絕我那幾畝卵石地的盛情好意，不願在這裡生長。那些我差不多可能種植的這類植物，現在也和百合花那樣凋零破敗，什麼綠

色的部分都沒有剩下。

　　在植物學領域內，百合花把它的名稱給予百合科植物。百合花是這個科的首領。在沒有更好的東西的情況下，誰以百合花維生就應該接受這同一族群的其他植物。這原先是我的看法，不是金花蟲的看法。牠比我精通植物的效能。

　　百合科植物又分爲三族：百合花族、阿福花族和蘆筍族。阿福花族中沒有什麼種類適合那些飢餓的蟲子食用，這些蟲子在其中兩種植物上，都因營養不足、極端衰弱而死亡。我荒石園裡的微薄資源，使我能夠對之進行實驗的僅僅是：萱草屬植物、大蒜、虎眼萬年青、綿棗兒、風信子、麝香蘭等等。我所指出的金花蟲對阿福花的這種極度輕蔑是完全有理由的。對昆蟲的意見不應該不予理睬、不屑一顧。這種意見告訴我們，若是進一步將阿福花族和百合花族區隔，人們所整理安排的事物將更加合乎情理。

　　在百合花族中位居首位的是古典百合花，牠是昆蟲最喜愛的植物。其次是其他各種百合花和貝母，這些也差不多同樣深受歡迎。最後是鬱金香，過分提前的生長季節使我無法讓金花蟲品嚐這種植物。

蘆筍族則使我十分驚訝。紅色的百合花金花蟲咬蘆筍葉，但啃時的態度倨傲不屑。蘆筍是田野金花蟲和十二點金花蟲特別喜愛的菜肴。相反的，紅色金花蟲卻津津有味地飽餐鈴蘭、多花黃精。對沒有受過深入的植物分類學訓練，不具備辨別植物能力的人來說，這兩種植物和百合花有著天壤之別。

關於這點紅色金花蟲就做得比較好：牠吃一種野生難吃的藤本植物蘆筍菝葜時，顯得胃口很好、心滿意足。這種植物借助捲鬚纏繞籬笆，在秋末冬初結出一串串漂亮的紅色小漿果。這些漿果是耶誕節耶穌降生的馬槽的裝飾品。它茁壯成長、發育充分的葉子，對紅色金花蟲來說過於堅硬、無法啃咬。這種金花蟲需要嫩尖的新葉。我先準備不同的食物，既用粗糙味澀的荊棘葉，也用百合花飼養牠。

紅色金花蟲接受菝葜屬植物，這使我對枸骨葉冬青有了信心。冬青是另一種質地粗糙、難於下咽的小灌木。由於它青蔥翠綠、果實紅豔，酷似大粒珊瑚珠子，而被採納助添聖誕節歡樂。為了不用過分堅硬的葉子使我飼養的昆蟲厭惡反感，我選擇了剛發芽的嫩枝，芽苗還懸掛在圓圓的種子上，十分滋養。我做的種種準備工作沒有獲得成果。我飼養的昆蟲十分固執，拒不食用枸骨葉冬青。我原來認為金花蟲願意吃菝葜，那我也可以指望這種植物。

　　我們有我們的植物學，金花蟲有牠們的植物學。牠們的植物學在對植物的姻親關係和相似性的判斷鑑定方面，比我們的植物學更加深入透徹、洞察入微。牠們的範疇包括兩個很自然的族群：百合花群和菝葜群。後者由於科學的進步變成了菝葜科。在這兩個族群中，金花蟲的植物學範疇承認大多數的品種（屬），拒絕承認其他的品種。也許這些不被承認的品種，在分類中最終被定位之前需要被複查修訂。

　　對菝葜科的主要代表之一蘆筍情有獨鍾，是另外兩種金花蟲的特性。這兩種金花蟲是蘆筍田的狂熱開發者。我也常常在野生蘆筍上找到牠們。這種野生蘆筍為粗糙苦澀的小灌木，有著長而容易彎曲、分杈很多的枝莖。普羅旺斯的葡萄果農稱它為「魯米厄」，用它來製作葡萄酒釀造槽龍頭前面的過濾器，以阻止榨渣堵塞出口。除了這兩種植物外，這兩種金花蟲對任何植物都拒之千里之外。即使在七月份，當牠們飢腸轆轆，重新從地底下回到地面時也是這樣，即使那時因身體變態時期的長期戒食，讓牠們的肚腸空空如也。第四種金花蟲生活在同樣的野生蘆筍上。牠在同一族群中體型最小，性格倨傲。我對牠的生活習性了解不夠充分，無法更詳細敘述牠的情況。

　　這些植物學的詳情細節告訴我們，金花蟲早熟，在盛夏孵出，不必擔心受飢挨餓。百合花金花蟲如果再找不到牠喜愛的

植物，也可以在這裡食用多花黃精和菝葜，或是在別處食用鈴
蘭。而且，我毫不懷疑，牠還可以食用同科的其他植物。其他
三種金花蟲更加幸運。牠們的食用植物亭亭玉立，四季常青，
始終綠葉滿枝，直至秋末冬初為止。野生蘆筍本身耐得住冰雪
嚴寒，終年茁壯，生長旺盛。如此一來，遲來的食物資源也就
不必要了。在夏季短暫的自由期之後，各種不同的金花蟲前往
牠們的冬季營地，將自己埋藏在枯葉下面準備度冬。

第十六章

泡沫葉蟬

四月，當燕子和杜鵑飛來的時候，讓我們視察一下田野，像專心致力於研究昆蟲生態的觀察家那樣，把目光投注到地面。這時，我們肯定會在牧場上，在這裡，在那裡，到處都看到一小堆一小堆的白色涎沫。這很自然會被認為是從過路人嘴裡吐出的唾沫。然而，這些白色涎沫數量太大，以致人們很快就放棄這種看法。人的唾沫是不可能多到可以這樣耗費的，即使一個遊手好閒的傢伙幼稚無知而又令人厭惡地這樣做，情況也不會是這樣。

北方農民一方面承認人與這個現象風馬牛不相及，一方面卻又不放棄用強迫人接受的名稱稱呼它。他們將這種稀奇古怪的絮團叫做「杜鵑唾沫」，以紀念那用歌聲報春的鳥。據說這種不適應築巢辛勞和歡樂的候鳥，在飛行中總會注意觀察別的

鳥類的窩，以便在找到可安置自己的卵的鳥窩時，盲目地吐出唾沫。

這種解釋要人信服杜鵑唾液的效力，做這種解釋的人思想多麼貧乏啊。至於另一個名稱——「青蛙唾沫」，就更糟糕了。善良的人啊，青蛙和牠們的唾沫來這裡做什麼呢？

普羅旺斯的農民更加機靈。他們也知道這種春天的泡沫，卻注意避免給予這種東西一個荒謬怪誕的名稱。我的農民鄰居在被問到青蛙唾沫和杜鵑唾沫時，莞爾而笑，只把這些話當成不當的玩笑。當我問及這種東西的性質時，他們回答說：「我們不知道。」

好極了。就像我喜歡他們那樣，這可是個好答覆，是個一點都沒有被稀奇古怪的解釋弄得晦澀難懂的答覆。

想知道誰是這些唾沫的始作庸者嗎？那就讓我們用根麥稈在泡沫堆裡搜尋吧。我們會從中發現一隻淡黃色的小蟲，圓凸、粗短，好像沒有翅膀的蟬。這就是製作泡沫的昆蟲工人。

將這隻昆蟲放在另一張葉子上，牠就從下向上搖動，揮動牠那略呈圓形的大肚子尖，顯示出這部我們馬上就會見它運轉

的奇妙機器。這隻小小昆蟲稍稍長大後，總是在自己泡沫的掩護下工作，蛻變成蛹，把身體染綠，爲自己製作像腰帶那樣緊緊貼在身體兩側的、不發達的翅膀。在工作時，一根鑽頭，一個類似蟬的口器，從圓鈍形腦袋上突出來。

泡沫葉蟬
（放大4倍）

這的確是一隻個子縮得很小、具有成蟲形態的蟬，因此昆蟲學家才得以不受瑣碎名稱的束縛，直截了當把這種昆蟲叫做 Cigale[1]，人們曾經用討厭的 Aphrophora 取代這悅耳動聽的名稱。而牠的正式學名爲 Aphrophora spumaria，意指唾沫攜帶者，人的耳朵沒有從這項名稱的改進中得到什麼。我們就用泡沫葉蟬[2]這個名稱吧，因爲這名稱尊重耳朵的鼓膜而又不重複白沫這個詞。

我查閱參考幾本關於沫蟬習性的書。這些書告訴我，這種昆蟲刺戳植物，讓植物的液汁像起泡沫的雪花片那樣滲出。蟲子就在泡沫的掩蔽下，生活在陰涼之中。資料最豐富、最新編輯的書籍告訴我：必須天一亮就起床巡視這種昆蟲生活的作物，收集所有布滿泡沫的細枝，立刻將它浸泡在燒得滾燙的熱

① Cigale：爲法語的「蟬」，拉丁語爲 Cicada。——譯注
② 泡沫葉蟬：原文爲 Cicadelle。——編注

水鍋裡。

　　唉唷，我可憐的泡沫葉蟬。你只要當心點就行啦。告訴我情況的人不會太過分、太不留情的。我看見他黎明前起身，點上裝有輪子的爐子，讓這個可怕的東西在苜蓿、三葉草和豌豆中巡遊，就地用沸騰滾燙的水浸泡你。他有些工作要做呢。我記得有一方塊驢食草，幾乎每根小枝上都有白沫的小絮片。如果必須求助於鍋子，那麼同樣有效的方法會把什麼都收割掉，把收穫物都變成湯藥。

　　為什麼會有這些野蠻殘忍的行為呢？小巧玲瓏的泡沫葉蟬，你對收穫物來說太可怕了。人們責怪你把受你侵害的植物吸乾耗盡。我的天，這可是千真萬確的呀。你把植物吸乾，幾乎就像蝨子對狗那樣。但是，你知道得很清楚，寓言作家說過，碰觸別人的一草一木，就是罪惡滔天，這種罪行只有用沸騰滾燙的水刑才能抵償。

　　把農業昆蟲學和它的滅絕言論撇在一邊吧。如果聽信農業昆蟲學的話，昆蟲就沒有活的權利了。我不能像那些為了一顆生了蟲的李子就渴望進行屠殺的惡霸地主那樣行事。我自覺自願地、寬宏大量地把我的幾列蠶豆和豌豆交給泡沫葉蟬，牠會留下我應得的一份。對此我是深信不疑的。

在才能、在獨特的發明創造方面，卑賤者並不是最貧困的。獨特的發明創造能夠告訴我們本能無窮無盡的多樣性。特別是泡沫葉蟬，牠有牠製作汽水似液汁的方法。讓我們問問牠，牠用什麼方法使牠的產品能冒出泡沫。凡談及沸騰的鍋子和杜鵑唾沫的書籍對此都隻字不提，而這個問題卻是唯一值得歷史記載的。

蓋滿泡沫的唾液堆，大小不超過一顆榛果。即使當昆蟲不在那裡幹活，它也因為久不消散而惹人注目。這些唾液堆如果失去了製作者（這個製作者肯定會維護保養它），被置放到玻璃上，也不會馬上蒸發消失，而且即使在二十四小時之後也不見氣泡破滅。和肥皂泡沫消散之迅速相比，這種穩固性實在令人吃驚。

對泡沫葉蟬來說，唾液堆可以長時間保存是必不可少的。如果牠的製作物是堆普通的泡沫，牠就得繼續不斷地更新產品，把自己弄得筋疲力盡。起氣泡的覆蓋物一旦取得，這隻昆蟲就可以休息一段時間，而不去關心諸如飲水、發育成長等事情。因此，變成泡沫的汁液有一定的黏性，適宜長期保存。這種物質有點稠膩，像樹膠那樣溶解，並且會在一根指頭下黏稠起來。

氣泡小且規則整齊，口徑相同，可以看出，一個個都經過
了嚴格認眞的測定。人們猜測泡沫葉蟬有根測量體積的滴管，
就像配藥室裡的裝備一樣，這種昆蟲必定有屬於自己的滴管。

孤零零的一隻泡沫葉蟬常蹲在泡沫裡，不見蹤影。有時兩
三隻或者更多。這是偶發性的群居生活。這種生活是毗鄰而居
產生的結果。鄰居關係使得獨棟公寓合併爲共同生活的大廈。

讓我們觀察蟲子工作的開始情況吧。讓我們借助放大鏡跟
蹤這隻蟲子工作的方法和步驟。泡沫葉蟬將吸管插進樹葉裡，
六隻腳固定後就不動了，腹部平放在牠所選定的樹葉上。

我們將會看見從井坑口那裡噴湧出泡沫狀的滲出物。工具
的操作將會產生這種現象。這件工具的柳葉刀輪番升起下降，
互相碰觸，就像蟬的柳葉刀那樣，使滲出的汁液產生泡沫。泡
沫似乎從被刺出的傷口流出時已經製備完善，泡沫葉蟬的生活
史似乎讓我們可以這樣推測。

但是，我們大錯特錯了，實際情況比這巧妙得多。從井坑
裡滲出的是一種非常清澈透明的液體，就像露珠一樣沒有任何
泡沫痕跡。一般的蟬裝備著同樣的工具，使飲水井噴湧出一股
清澈的汁液，裡面沒有半點泡沫。小小的泡沫葉蟬的口器儘管

虹吸液體十分靈巧，但和氣泡的製作卻不相干。口器只提供原料，而由另一種工具進行加工。這是什麼工具？耐下性子來吧，我們以後會知道的。

　　清澈的汁液難以覺察地上升，並且在泡沫葉蟬身下滑動。最後，這隻昆蟲的身子被淹沒了一半，於是工作立刻展開，毫不遲疑。我們讓蛋白產生泡沫有兩個辦法。第一個是攪拌，即把黏性汁液攪打得細碎，使它在一張細胞網中注滿空氣。第二個方法是注氣法，即透過氣泡將空氣注入液體內部。在這兩個方法中，第二種更加和緩、簡單。泡沫葉蟬使用的就是這種方法。牠吹注泡沫。

　　但是，牠怎樣吹注呢？這隻昆蟲沒有任何與輸送空氣的肺類似的器械。用氣管呼吸和像風箱那樣運轉是兩種不可協調的動作。

　　我同意這種看法。但是，讓我們確信，如果這隻昆蟲為了運用牠的技藝需要噴射空氣，那麼鼓風機肯定會很精巧地被設計出來。泡沫葉蟬在牠的腹尖，在腸子的末端藏有這種機器。在那裡一個小袋子長裂成Y字形，輪番半開、半閉。小袋子那兩片緊緊挨靠的唇瓣形成了密封的圍牆。

談完這些，讓我們來跟蹤觀察這隻昆蟲的操作情形吧。牠把腹尖抬升到浸沒的液體之外。囊袋打開了，吸入空氣，充滿空氣，再關閉起來下沈。器械收縮在汁液中，受到擠壓的空氣像從一根噴管裡噴出那樣，產生第一個泡沫。輸送空氣的囊袋再度升到空中，半開，再充滿空氣，再關閉下降，再下沈注氣，於是又形成了新的泡沫。

鼓風機就這樣像馬錶一樣規律地一秒一秒地從下向上擺動，以便打開氣門充氣；從上向下擺動，以便再鑽入液體中把它盛裝的空氣灌注進入。

尤利西斯③受到眾神喜愛，從艾奧洛斯④——風暴的給予者那裡接受了囚禁風的羊皮袋子。船員們想了解這些袋子裝著什麼，冒冒失失將它們解開，於是引發了一場暴風雨，船隊在這場災難中沈沒了。這些神話中的羊皮袋子灌滿了風，我在孩提時代曾經見過。

一個流動的冶金工人——來自卡拉布利亞⑤的子弟，在兩塊石頭之間安放一只坩鍋。一個有蓋的大湯碗和一些錫盤將在

③ 尤利西斯：古希臘史詩《奧德賽》中的英雄。——譯注
④ 艾奧洛斯：希臘神話中的人物。——譯注
⑤ 卡拉布利亞：義大利南部的一個行政區。——編注

坩鍋裡熔化。一個棕髮小孩則是風神的代理人。這個孩子蹲在
地上，左邊一下，右邊一下，輪番推動兩只山羊皮袋子，把空
氣灌進爐灶裡。史前的古代鑄銅工想必就是這樣操作的。我在
我家附近的丘陵上找到過這樣的工作坊和煉銅的殘渣，冶金工
人用吹氣鼓起的皮囊讓爐火熊熊旺燒。

　　我的艾奧洛斯機械簡單稚拙。一頭山羊的皮還毛茸茸的，
就為它提供了主要材料。這個羊皮袋子有根導管，下部打結，
上面開口，並且裝備著兩塊小板。這兩塊小板是袋子的唇瓣，
靠得很近，在關鍵時刻發揮作用。僵硬的唇瓣下裝有一個皮
柄，五根手指就經由這個皮柄操作唇瓣。

　　手上升，張開，袋子將它的唇瓣微微打開，充滿空氣。手
降下，合上，袋子讓唇瓣靠攏合上，袋子關閉，通過管道投放
它所包藏的空氣。袋子打開、關閉，交替活動，於是便產生了
一股連續的氣流。

　　泡沫葉蟬的風箱除了連續性（必須經由小氣泡供應、輸送
氣體時，這是不利的條件）之外，也像卡拉布利亞冶金工人的
風箱那樣運轉。這是一只柔韌的小袋子，有僵硬的唇瓣，唇瓣
輪番張開、合攏。它微微張開讓空氣進入；它關閉起來則阻留
住空氣。尾部內壁的收縮代替了羊皮袋的加壓輸送，在小袋子

被浸淹時使氣體內盛物變成一股氣流。

第一個想到像神話裡的艾奧洛斯那樣把風關在袋子裡的蟲子，當然受到了巧妙的、難能可貴的啓發。變成風箱的母山羊皮對我們來說價值等於金屬——製作工具的上乘材料。

在這種噴射空氣的技藝——重大進步的起源上，泡沫葉蟬遠勝於人類。牠早在土八該隱[6]想到用皮袋囊使鍛鐵爐裡的火燃旺之前，就吹鼓牠的泡沫。是牠最早發明了鼓風機。

當泡沫葉蟬的鼓風機一個氣泡一個氣泡地將自己的身子遮蓋起來，泡沫團厚到泡沫葉蟬抬起腹尖也到不了那麼高時，牠便會因爲無法吸收空氣，而停止製造氣泡。然而，提取植物汁液的穿孔器仍在運作著。於是，通常在傾斜的葉面上，豐沛的汁液沒有變成泡沫，而是凝成清澈的樹脂。

要變成白色泡沫，這種清澈的汁液還缺少什麼呢？據說只缺少灌注的空氣。對我來說，用我的妙計良策取代泡沫葉蟬的注射器械是可行的。我在兩片嘴唇間放了一個十分細長的玻璃管。我輕輕一口一口吹氣，把我的氣流吹進水滴深處。液體不

---

[6] 土八該隱：基督教《聖經・創世紀》中的人物，銅匠和鐵匠的始祖。——譯注

起泡沫，這使我萬分驚訝。用水泉的純淨水做實驗，結果也是如此。

我得到的不是覆蓋泡沫葉蟬那樣的泡沫。泡沫葉蟬的泡沫十分豐沛，而且歷久不散。我得到的只是一圈細薄的氣泡，一出現就會破裂。用泡沫葉蟬在開始安家落戶時，在使風箱運轉以前，在腹部下面堆積的汁液來進行實驗，也同樣失敗了。還缺少什麼呢？這個問題的答案，將由泡沫產品和產生這種產品的汁液告訴我們。

泡沫產品摸起來滑膩，呈黏液狀，像稀薄的蛋白質溶液那樣黏稠；像純淨水一樣流動。因此，在牠的水井裡所吸取的汁液，並不會經由鼓風機吹鼓起泡。泡沫葉蟬正如小孩將肥皂加進他將用麥稈尖吹鼓出五顏六色泡泡球的水中一樣，牠在刺戳的傷口的滲出物之外添加了某種物質——一種能夠黏附、能夠產生泡沫的成分。

這種昆蟲的肥皂廠在哪裡？製造起泡成分的工廠在哪裡？顯然就在鼓氣小袋囊的底部，腸子的末端。或者由消化管提供的，或者由特殊腺體提供的蛋白質物質，以極其微小的含量流入那裡。就這樣，每次噴射都拌點黏合劑。黏合劑在水中擴散開來，使水具有黏性，適於把封藏的空氣保存成恆久的星狀

物。泡沫葉蟬身上所覆蓋的細薄柔軟的平紋織物中，由腸子提供其中一部分的材料。

這種方法再度將我們的注意力引向了百合花上的昆蟲居民的技藝。這是一種為自己縫製骯髒外套的拉屎蟲。但是，在這種昆蟲背上的污物和泡沫葉蟬的氣體墊子有著天壤之別。

另一個現象也十分惹人注目，解釋起來更加困難。很多低矮的草本植物適合多泡沫的昆蟲，而不分昆蟲所屬的種、屬、科。四月，植物汁液就在這些植物上產生、流動。我把我家附近非木本植物的名錄差不多全都抄錄下來，同時又把或多或少可能有小蟲子的泡沫的植物進行分類編目。接下來幾次的實驗將會告訴我，泡沫葉蟬對被牠選擇為居所的植物的性質和特性漠不關心，毫不在乎。

我用畫筆尖蘸取浸在自己泡沫中的泡沫葉蟬，把牠置放在任何一棵味道十分濃烈的牧草上。我用性質劇烈的替換和緩的，用味道辛辣的替換淡而無味的，用味道苦澀的替換甘甜的。這些新營地都被牠毫不猶豫地接受，並開始製造泡沫。

泡沫葉蟬來自味道中性的蠶豆，但是在充溢著具有灼傷性乳汁的大戟上，特別在齒狀大戟這個牠喜愛的居室裡，也繁衍

興旺。相反的，從氣味濃烈的大戟轉到淡而無味的蠶豆上，牠也同樣心滿意足。

當人們想到其他昆蟲對牠們寄宿的植物忠貞不二時，泡沫葉蟬漠不關心、毫不在乎的程度讓人感到驚訝不已。一些昆蟲當然有著特製的胃，能吸飲腐蝕劑和食用有毒物質。例如鬼臉天蛾的毛毛蟲吃馬鈴薯的葉子，將茄鹼⑦做為調味料。梣天蛾的幼蟲吃大戟，大戟的乳汁沾在舌頭上，好似通紅的鐵在灼燒。但是，這兩種毛毛蟲沒有一種從這些麻醉藥和腐蝕性物質轉到淡而無味的食物上。

泡沫葉蟬怎麼做到不挑食的呢？顯然的，牠在讓白沫冒泡的同時進食。我看見牠或者靠自己或者經由我的良策妙計，在草地上的黃花毛茛（除了紅辣椒外，沒有一種植物的味道能與之匹敵）、在海芋（一小片葉子就能灼燒嘴唇）、在籬笆上的鐵線蓮（俗稱窮人草，它使皮膚發紅並產生被聖跡區⑧利用的潰瘍）上繁衍興旺。

---

⑦ 茄鹼：茄科植物的有毒結晶生物鹼。——編注
⑧ 聖跡區：舊時巴黎的一地區。該區乞丐集中，他們裝成各種殘廢外出乞討，返回後即恢復正常，彷彿突然因「聖跡」而治癒一樣。該區因此得名。——譯注

泡沫葉蟬在接受卡宴⑨的這些充作辣味香料的植物之後，不經過過渡時期，又直接接受溫和的鱸食草、香風輪菜、苦蒲公英、甜刺芹。總而言之，牠接受所有我餵牠的有味的、或無味的東西。

這種水源多樣化的奇怪現象，可能只是表面的。當泡沫葉蟬在任何一種草中鑽孔時，只使一種幾乎中性的汁液噴湧出來，就像植物的根在地裡只吸取這種汁液一樣。牠不容許在牠的泉水裡有起泡沫的汁液。在這隻昆蟲的穿孔器操作下流出的、在泡沫堆下面準備形成泡泡的，是完全清澈的液體。

我在大戟、海芋、鐵線蓮、黃花毛莨上收集水滴。我預料這些水滴會像這些植物的汁液那樣是苛性水⑩。可是，情況並非如此。什麼味道也沒有。這是水，或者幾乎不再是水，而是從劣質燒酒儲藏罐中萃取出的淡而無味的東西。

我如果用細針尖刺傷大戟，從細小的傷口流出的是辛辣得令人厭惡的、白色的乳狀漿液。當泡沫葉蟬刺進牠的套管針

⑨ 卡宴：卡宴辣椒，做為烹調香料使用，味道辛辣，此處用來形容植物氣味之辛辣。——編注
⑩ 苛性水：指苛性鹼的溶液，苛性鹼是鹼金屬氫氧化物的總稱，對羊毛、皮膚、紙張具有強烈的腐蝕作用。——編注

時，滲出的卻是一種淡而無味的清澈汁液。這兩種汁液似乎來
自不同的泉源。

　　泡沫葉蟬如何從我用針戳出苛性乳汁的水桶裡，萃取出清
潔而無害的汁液呢。牠用牠的工具——無與倫比的蒸餾器，把
苛烈的汁液分為兩份，而且接納中性的一份，去掉有辣味的一
份嗎？牠用虹吸管吸乾某些導管嗎？在這些導管裡苛性汁液還
沒有製作完畢就已失去毒性。面對這隻小蟲的唧水動作，精明
的植物解剖學也無計可施。於是我放棄了這個問題。

　　當泡沫葉蟬利用大戟時（這是屢見不鮮的），有重大理由
不容許在牠的泉水裡有我用針刺戳湧出的任何物質。植物的乳
汁對牠會是致命的。

　　我收集從一根切下的細枝一滴一滴流下的樹汁，然後在樹
汁上面放置一隻泡沫葉蟬。這隻蟲子在那裡很不舒服。這從牠
為了擺脫這個處境而扭來扭去的動作中可以看出。我用筆刷把
逃跑的蟲子帶回乳汁中，這種物質富含樹膠，樹膠很快就凝固
成像白色乳酪碎屑似的結塊。這隻昆蟲的腳穿上了像是用酪蛋
白製作的護腳套，一種含樹膠的黏性分泌物堵塞住呼吸氣窗，
也許甚至非常細嫩的皮膚也會被乳汁的腐蝕性弄疼。這是一種
發癢藥。泡沫葉蟬被放置在這種環境中，過些時候就會死亡。

　　如果泡沫葉蟬的鑽頭像普通的針那樣，將大戟的乳汁吸引出來，牠就會死去。因此，牠進行了一次篩選過濾，讓幾乎百分之百純淨的水從泉源中湧出。起泡所必需的物質就在這個泉源中汲取。一次巧妙的過濾，一次聞所未聞的細緻的唧水運作，實現了這個淨化的奇蹟。但是，我們的好奇心卻把這一動作遺漏了。

　　不管來自發臭的池塘或者清澈的小河，來自有毒的溶液或者無害的浸劑，當水經由蒸餾去掉了不潔的物質以後，水總是水，具有相同的性質。同樣的，植物的汁液不管是由大戟提供，由鐵線蓮提供，由驢食草提供，由毛茛提供，或者由玻璃翠提供，當泡沫葉蟬的虹吸管透過連我們的蒸餾器也會羨嫉不已的篩選過濾過程，將它所蘊含的特殊產品（這種產品在各種植物之間千變萬化、各不相同）抽取出來後，就都具有相同的性質——水的性質。

　　因此，關於這種昆蟲為何無論遇到什麼草都能夠產生泡沫的這個問題就迎刃而解了。在牠看來，什麼都是最好的，因為牠的器械把一切汁液都復原成清純的水。這個無與倫比的昆蟲掘井工，善於使清水從渾水中濾出，使無害的水從有害的水中濾出。

嚴格說來，這隻昆蟲的水井並不供給純淨水。將這些從泡沫堆裡滲出的清潔水滴蒸發，會產生一種稀薄的白色殘渣。這種殘渣在硝酸中溶解會出現沸騰現象，因此很可能是碳酸鉀，我猜測裡面也有微量的蛋白質。

顯然地，泡沫葉蟬在刺戳的小孔底部找到了牠的食物。但是，牠吃什麼呢？從表面現象看來，是些富含蛋白質的東西。這隻瘦弱的蟲看起來也不過是一粒小蛋白質丸子。在所有植物裡的蛋白質含量都很豐富，看來泡沫葉蟬會廣泛利用它，以滿足製造泡沫時不可或缺的黏稠成分的耗費。某種蛋白質產品在消化管道中製成後，隨著小氣袋排放出氣泡，被腸子噴出。這可能是將液體鼓脹成能夠長期保存的泡沫的重要配方。

如果人們尋思泡沫葉蟬從牠那堆泡沫裡得到什麼好處，馬上就會出現答案。這個答案說得過去，可以接受。這隻蟲子在泡沫的掩護下保持身體涼爽，且避開了迫害者的視線。牠在泡沫裡不怕太陽的照射和寄生蟲的侵擾。

百合花金花蟲在牠用污物製作的外套的遮護下就是如此。可是後來金花蟲扔掉了牠的金色外套，光著身子從植物上下降到地面，這樣做對牠自身損害很大。牠在地上不得不找地方隱藏起來，無可避免地弄髒了牠的身子。在這個危急時刻，

雙翅目昆蟲伺機將卵下在牠身上。這些卵將孵出啃咬牠身體的害蟲。

　　泡沫葉蟬深思熟慮，免除這種遷移的危險。牠將泡沫團粗略修整之後，就在牠的堡壘內，在一個能夠擊退任何來犯者的黏性防禦工事的掩護下，蛻變爲成蟲形態。在那裡，當牠脫離舊皮換上新皮的危險時刻來臨時，牠安全無恙。在那裡，皮膚不會擦傷，展露出來的成年服飾不會磨損。

　　泡沫葉蟬從小巧的身體間雜著褐色的形態蛻變爲成蟲後，才從牠那新鮮而又細薄柔軟的平紋細布中露出。那時牠就能夠靈活自由地鼓足勁頭活蹦活跳。牠這樣一蹦，就可遠離侵犯者。之後，牠就會過著愉快的生活，少受敵人侵擾。

　　以泡沫城堡主塔做爲防禦體系，這的確是個偉大的發明創造，比起百合花金花蟲那卑微的製作物來得高級多了。奇怪的是，這種防禦體系在與牠關係最親密的種族中，卻沒有任何模仿者。

　　蘆筍金花蟲在幼蟲形態時，因爲沒有像百合花金花蟲幼蟲的糞便外套，而飽受雙翅目昆蟲侵襲、蹂躪。同樣的，在牧草上，在露出嫩葉的樹梢，有各種各樣的葉蟬。牠們同樣也暴露

在為雛鳥覓食的黃鶯的威脅之下。牠們雖然為數眾多，卻沒有一隻想到利用被口器刺戳的小傷口滲出的汁液製造泡沫，保護自己。

這些葉蟬有著水壓起重幫浦，在所有葉蟬身上以同樣的方式運轉。但牠們卻不懂得將腸子末端變成鼓氣機。為什麼呢？因為本能是不能從他處獲取的。本能是一種初始的才能。這些才能只在這裡被給予，在那裡卻不被給予。時間無法在昆蟲緩慢的孵化期過程中啓發牠們。類似的生理結構組織也不能將這些本能強加於他人。

第十七章

鋸角金花蟲

百合花金花蟲穿著用自己的糞便製作成的莫列頓呢外衣。這衣服很不雅觀,卻能有效地抵抗寄生蟲的侵擾和太陽的照射,然而這個織造糞便埃爾伯夫呢①的昆蟲工匠沒有模仿者。寄居蟹根據自己身體的尺寸大小,在軟體動物的舊衣服中選擇一個被波浪弄得有缺口的空殼。牠沒有讓腹部變硬的本領,於是便將牠那可憐的腹部鑽進這個空殼裡。牠將兩個粗大、大小不勻的拳頭留置外面,這是穿戴石頭護甲進行拳擊時所使用的武器。這又是一種很少被模仿的動物。

除了幾個由於稀少因而更加惹人注目的例外,昆蟲已經擺脫了穿衣的需求。動物不花力氣就具有對牠來說必不可少的東

---

① 埃爾伯夫呢:法國埃爾伯夫產的花呢,是一種粗毛織品。——編注

西，因此牠不知道如何將防禦性的補充物添加到牠的天然外套上的技藝。

　　鳥不必關心牠的羽毛。有皮毛的野獸不必關心牠的皮毛。爬蟲類不必關心牠的鱗甲。蝸牛不必關心牠的甲殼。螃蟹不必關心牠的齊膝緊身外衣。在保護自身不受酷烈的氣候侵害方面，牠們沒有創新性。毛絲碎屑、絨毛、鱗甲、螺鈿質和其他野獸衣帽間裡的衣物，所有這些都在一台自動運轉的織機上生產出來。

　　至於人是赤身裸體的，嚴酷的氣候使他不得不有張保護自身的人造皮。人類就是從這種苦難中誕生了我們最卓越的技藝之一。因為冷得渾身發抖，而先想到剝下熊皮並用這張獸皮蓋住自己肩膀的人，就是衣服的發明者。經過很長一段時日以後，布料──我們的手工藝，逐漸替代了原始的外套。但是，天氣溫暖時，慣用的無花果樹葉這種遮羞布便足夠人們長期使用。這種樹葉衣雖然遠離了文明的人，但直到今天，它和它的裝飾品還是可以讓人們使用，例如：橫穿鼻子軟骨的魚骨、插在頭髮裡的紅色羽毛、環繞腰部的細繩等。讓我們別忘記黃色的、腐酸味的油，它保護人們不受蚊蟲襲擾，並且把我們重新引向蠕蟲用來提防彌寄生蠅襲擾的膏劑這個問題上。

在沒有使用某種技藝，就能受到保護避免氣候危害的動物中，位居首位的是不花任何費用就穿著毛皮的動物。在這些天然的外套中，有一些的品質相當優良，比我們最柔軟的呢絨還柔軟。

人們儘管在紡織技術方面取得了進步，卻仍然十分嫉妒動物。人們和過去在岩石下面穴居時一樣，在寒冷的冬天裡特別珍愛毛皮。每個季節，人們都高度重視毛皮，把毛皮看成是極高級的裝飾物，並以用從某隻可憐的動物身上剝下的小片皮縫製衣服為榮。國王和司法官的白鼬皮、大學教師在莊嚴的日子用來裝飾左肩的白兔子尾巴，這些種種都使人回想起人類的穴居時代。

毛茸茸的動物以更加簡便的形式繼續讓我們穿戴。我們的呢絨是由一堆毛紡織出來的。人們從來就不期待找到比這更好的，於是就不惜傷害有毛的動物來穿衣戴帽。

鳥類隨身帶著效率高、維修保養費力的暖氣設備。牠用整齊層疊的羽毛包裹自己，在身體周圍為自己製作一塊用絨毛和鴨絨蓋腳被支撐著的空氣墊子。牠在臀部則有個髮蠟罐子似的器官、盥洗用的細頸瓶、以及油脂腺，鳥喙就從這個油脂腺汲取脂肪，將羽毛一片片弄得光溜，防止受潮。鳥飛行需要耗費

大量體能，所以牠特別畏寒怕冷，因此，保存熱量的能力比起其他能力更強。

對動作緩慢的爬蟲類來說，只要鱗甲就足夠了。鱗甲能夠防止碰觸造成的創傷。但在抵禦氣溫變化上，鱗甲的作用幾乎等於零。

魚在水中生活，水比空氣更穩定，因此，牠不需要更多的東西。這種游泳者游泳時不必費太大的勁，沒有過多的動力消耗，只要憑藉水壓保持身體平衡。一場恆溫的浸浴使牠不知道什麼是寒冷，什麼是炎熱的季節。

同樣的，軟體動物——牠們大部分是海洋的主人，在牠們的殼裡過著優哉遊哉的恬靜生活。牠們的外殼主要作用是堡壘，而不是衣服。總而言之，甲殼動物只會把牠們礦化了的皮製成甲冑。

在動物中，從身上長著毛到覆蓋著硬皮的，真正的衣服、用一種特別技藝製作的衣服還不存在。毛、羽毛、鱗甲、皮殼、石質護胸甲等，都不需要穿戴者參與製作。這些都是天然產物，不是昆蟲自己動手縫製的。要找到真正的、擅長於將生物本身拒絕給予牠們的東西穿在自己身上的裁縫，還得人屈尊

去某些昆蟲中尋找。

　　我們為源於毛毛蟲的涎沫或一頭傻綿羊的毛的衣服感到驕傲。這是多大的嘲諷啊！昆蟲服裝發明者首推穿著糞便外套的金花蟲。牠的穿衣技藝超越愛斯基摩人。愛斯基摩人刮取海豹的腸衣，來為自己剪裁衣服。此外，金花蟲也超越我們的祖先──穴居人。穴居人從與他們同時代的洞穴裡的熊那裡獲得皮襖。當人類還處於穿無花果樹葉的階段，金花蟲已經既是原料的收集者，也是原料的提供者，已經在製作莫列頓呢的技藝方面出類拔萃了。

　　由於節約和易於獲得，金花蟲簡陋的方法經過雅致的修改，便適用於鋸角金花蟲和隱頭蟲族類。牠們是一群體態優雅

的鞘翅目昆蟲，色澤漂亮極了。牠們的幼蟲赤身裸體，為自己製作一個長罈子，並躲在裡面生活，就像蝸牛生活在殼裡一樣。這隻怯生生的幼蟲將這個罈子當成衣服和住宅。更妙的是，牠使用一個漂亮的雙耳尖底甕。這是牠的工藝製品。

四點鋸角金花蟲
（放大2倍）

　　牠們的幼蟲永遠不會離開罈子出來。如果發生什麼令牠感到忐忑不安的事，牠就突然後退，把整個身子縮回罈子裡，用

扁平腦袋將罈口封閉。恢復平靜後，牠讓頭和長著腳的三個體節在外面冒風險，但卻竭力避免伸出身體的其餘部分。這些部分更加嬌弱，依附在罈子底部。

這隻幼蟲邁著小步行走。身體的負擔，使牠邁起步來十分沈重。牠行走時，身體後部斜抬著牠的陶器。牠這樣行動，讓人想起狄奧簡內[2]。這位哲人走到哪裡就把他的住宅——一隻大陶桶拖到那裡。由於陶桶很重，這隻幼蟲行走時拖帶它十分辛苦吃力。這東西重心太高，很容易翻倒。但牠仍然一邊前進，一邊擺來擺去，就像戴了一頂優雅斜戴著的帽子。牛頭螺，一種陸生軟體動物，身上的甲殼變長成小塔狀，差不多也是這樣一再栽著跟斗閒逛散步。

鋸角金花蟲的罈子形狀優美，為昆蟲的陶瓷製品增添了光彩。罈子經得住手指按壓，外表呈土灰色，內部像磨光面那樣光滑。它那細膩、傾斜、對稱的脈絡，是罈子連續增長的痕跡。鋸角金花蟲幼蟲的身體後部略微膨脹，於是罈子底部變圓，飾有細小的雙重凸紋。雙重凸紋、中央溝槽、左右對稱的脈絡等，顯示罈子是一種二合一的製作物。在這個製作物中，建造者遵循著對稱規律——美的首要條件。

② 狄奧簡內：西元前3—前4世紀希臘犬儒學派哲學家。——譯注

　　鋸角金花蟲身體前部變細，像被斜著砍削過一樣，這使牠的罈子得以抬高、支撐在移動的昆蟲的背上。罈口呈圓形，邊緣有點磨損。

　　第一次在碎石堆中，在橡樹下找到一只這樣的罈子並尋思其來源的人，會感到非常困惑。這是一顆不爲人知的果核嗎？這個果核被田鼠耐著性子用牙齒掏空了果仁。這是一顆種子掉落了的植物果殼嗎？這東西具有植物產品整齊、準確和優美的性質。

　　這個人如果知道了這個罈子的來源，就會對材料的性質，或者說得更確切些，對它們的水泥材料的性質，仍然同樣會困惑不解。水不會使罈子變軟和解體。本來就應該這樣嘛，否則一遇傾盆大雨，鋸角金花蟲幼蟲的衣服就會像糊狀物那樣掉落。火對罈子也起不了什麼作用。這個罈子受到燭火燒烤，毫不變形，但會失去褐色，轉而呈焙燒的含鐵的泥土的色澤。因此，製成這個罈子的材料是礦物性的。剩下需要了解的是：使土質成分變爲褐色，使它黏合，使它堅固的黏著劑是什麼？

　　鋸角金花蟲幼蟲生性多疑，一有風吹草動就把身子縮回罈子裡，長時間一動也不動。讓我們和牠同樣耐下性子來，總有一天我們會突然看見牠在工作。我也的確突然遇見過牠工作。

當時牠忽然縮回罈子裡，整個身子都消失在裡面。過了一會，牠再度露出身子，大顎上負載著一個褐色線球。牠揉捏這個線球，並摻進在家門口收集到的一點土塊。牠把線球和土塊揉勻後，熟練地在罈口的邊緣上把它壓平成薄片。

牠的腳爪不參與工作，只靠大顎和觸鬚。它們既是小桶，又是抹刀，又是揉合器，又是輾薄片機。

接著，這隻幼蟲再次後退，帶著第二個土塊再次返回。再次攪勻土塊和線球。反覆五、六次後，直到整個出口周圍有了一個增大的卷邊為止。

看得出來，土塊和線球合成的東西具有雙重成分。一種是在工作坊的門檻上收集的、隨手取得的泥土，很可能是黏土。另一種是在罈子底部取來的，因為每當幼蟲再次上升時，我都看見牠的牙齒上有褐色線球。在後面的儲藏庫裡有什麼呢？如果說直接觀察無法了解到，但至少可以猜測到。

讓我們指出這一點：陶器的後部緊密關著，連一個哪怕是最小的幼蟲可以在那裡一洩千里的閥門都沒有。這個關在罈子裡足不出戶的蟲子，牠的排泄物會變成什麼呢？好啦，排泄物疏散到了罈子底部。這些東西經由臀部的輕揉動作塗抹在罈子

內壁上，加固了幼蟲的堡壘，並爲牠鋪上天鵝絨襯裏。

　　還有比襯裏更好的呢。這裡也是寶貴的黏膠倉庫。當鋸角金花蟲幼蟲想修復罈子，並根據牠日漸長大的身軀擴大外套時，牠便將窩巢清掃乾淨。牠轉過身，用大顎尖在罈子底部將褐色線球一個個收集起來。要把這些東西製作成優質陶瓷黏土，只需在裡面拌合一點泥土就行了。

　　讓我們進一步指出，鋸角金花蟲幼蟲的工藝品類似我們的陀螺，後部圓凸，中間的直徑比開口的直徑大。中間寬闊的好處是明顯的。當需要把垃圾場的廢物製成襯裏時，這裡可以讓這隻小傢伙能夠蜷曲翻轉身體。

　　衣服既不應該太短，也不應該過窄。在衣服上補丁，讓衣服隨著身體增長而延展，這樣做是不夠的，還必須注意衣服寬度。寬度不應當妨礙穿衣者，而應讓穿衣者能夠自由活動。

　　蝸牛和所有具有螺旋外殼的軟體動物都逐漸增加螺旋斜面的直徑，以使螺塔始終能適合牠們逐漸長大的身體。沒錯，最下面的幾個螺圈（幼年時代的幾圈）變得過於狹窄，但並沒有因此被拋棄。它們變成了雜物間。那些對活躍的生命來說屬於次要的附屬器官，則在雜物間裡受到庇護。這隻蟲子將身體的

主要部分安置在空間日益擴大的上層。

　　粗胖的、身體被截段的牛頭螺，一個危牆和陽光下的石灰岩的朋友，為了實用而捨棄外表的整齊優雅。當牠下面的螺圈不夠寬時，就選擇完全拋棄它。牠在前面重新添加一個寬闊的螺圈，並用堅固的隔膜關閉現正居住的部分，然後以碎石子撞擊，將多餘無用的爛房子砸碎。被截除的螺殼不再整齊美觀，卻因此變得輕巧靈便。

　　鋸角金花蟲瞧不起牛頭螺的方法，對我們的女裁縫的方法也嗤之以鼻。女裁縫把過於狹窄的衣服剪開，然後插入一塊寬度合適的布。砸碎不夠寬敞的罈子，是對物質的野蠻的浪費。縱向劈開罈子，插入一根寬帶子，又是冒失魯莽之舉；而且，當修理工作拖拖拉拉、慢慢吞吞時，這種辦法還會引發危險。罈子裡的隱居者鋸角金花蟲幼蟲有更好的辦法。牠善於加大牠的長袍，同時又讓這件衣服除了寬度以外仍和以前一樣。

　　鋸角金花蟲幼蟲的方法有悖常理：把襯裡當作材料，把裡面的東西移到外面。當這隻幼蟲覺得有需要時，便一步步搔刮內壁，除掉內壁的表層。幼蟲用腸子產生的少量黏膠將這些炭渣調和為有彈性的稀糊，然後敷塗在外殼表面，直至末端。這隻幼蟲的背部靈活柔軟，不必花費太多力氣，不必遷移，就

可以到達外殼的末端。

　　住所的修復工作是有計畫地進行的，並且為裝飾性滾邊對稱地預留了位置。透過將材料從內往外逐步搬移，罈子的容積增加了。這種擴大居室的辦法非常周密審慎，沒有任何東西報廢，也沒有任何東西因而變得無用，甚至連幼蟲的破衣服也是如此。這些衣服總被當成拱心石嵌進大廈的穹頂。

　　如果不提供新材料，很顯然的，擴大的罈子就會減損厚度。為了擴大空間，罈子經常翻新，於是變得過分單薄，遲早會喪失應有的牢固。鋸角金花蟲幼蟲對此很清楚。牠的面前有足夠的泥土，後倉庫裡則備有黏膠。製作黏膠的工廠永不停工，沒有什麼可以妨礙牠隨心所欲加厚罈子的工作，或是將適當的材料添加到從內壁刮下的碎屑中。

　　鋸角金花蟲幼蟲的衣服始終很合身，不太寬鬆，也不太緊窄。當嚴寒來臨時，幼蟲用同樣的材料即泥土和含糞的稀糊製成蓋子，關閉陶器的開口。身體變態的時刻即將來臨，這時牠翻轉身子，頭在罈子底部，尾部朝著入口。之後罈口不再打開。四、五月，當牠蛻變為成蟲後，當聖櫟樹長滿柔嫩的細枝杈時，牠打破罈子後端出來。接下來便是在樹葉上，在早晨和煦的陽光下度過狂歡的大喜日子。

　　鋸角金花蟲的罈子製作得相當精巧細緻，關於幼蟲如何加長和擴大罈子，我瞭如指掌。但是我想像不出牠用什麼方式開始。如果沒有塑模和粗坯，牠如何才能把最初的稀糊捏塑成整齊的杯盤呢？

　　我們的昆蟲陶瓷工有切割器、支撐轉動工作物的轆轤和塑造外形的工具。但是牠，特殊的昆蟲陶瓷工，將在沒有塑模，沒有指導的情況下工作嗎？在我看來，這有著無法克服的困難。我知道昆蟲的技藝很了不起。然而，在認定罈子是以微不足道的東西為基礎製成的之前，觀察剛出生的匠人工作的情形是適宜的。或許牠有母親遺傳給牠的本領。也許卵裡就有謎底。讓我飼育這隻昆蟲，收集牠的卵。當牠開始製作陶瓷製品時，將告訴我們牠的秘密。

　　我在一些金屬鐘形網罩下飼養了三種鋸角金花蟲：長腳鋸角金花蟲、四點鋸角金花蟲、塔克西科內鋸角金花蟲。這幾種鋸角金花蟲都在綠色的橡樹上頻繁出現。鐘形網罩下有沙土層和盛滿水的小瓶，瓶子裡浸泡著聖櫟的嫩枝，這些嫩枝一枯萎就馬上更換。

　　我用酷似鋸角金花蟲的隱頭蟲建立第二個昆蟲園，園裡收養的實驗對象是聖櫟隱頭蟲、兩點隱頭蟲，還有衣著華麗的金色隱頭蟲。前兩種我用聖櫟的細枝杈餵養，後一種我用矢車菊

的頭狀花序餵養。矢車菊是這種活首飾似的蟲子喜愛的植物。

　　我的這些囚犯的生活習性沒有什麼特別之處。牠們早上十分安靜。除了金色隱頭蟲吃矢車菊花外，其他五種都以橡樹葉為食。陽光轉烈後，牠們從樹叢下到金屬網上，再從金屬網飛到樹叢上。牠們非常躁動不安，在鐘形網罩的高處遊逛。牠們時時刻刻成雙成對。彼此撩逗調情，但不打算交歡做愛，然後分開，毫無依依不捨之情。分開後便到別處再重新開始。生活是甜蜜的。一些雄蟲堅持留下來沒有離開。牠們爬上求愛對象的背上，後者低下頭，似乎對這種情慾的爆發無動於衷。求愛者猛烈地用粗暴的、斷斷續續的動作搖撼意中人。牠就這樣點燃了熱戀者的慾火，得到了愛人的芳心。

　　一對鋸角金花蟲的姿勢，能夠讓我們了解關於鋸角金花蟲

長腳鋸角金花蟲
（放大2倍）

所特有的器官的用途。很多種鋸角金花蟲（不是全部）雄蟲的前腳長得異乎尋常。這些稀奇古怪的臂膀、這些與身體不相稱的怪鉤，有什麼用處呢？蟈蟈兒和蝗蟲延長牠們的後腳，將後腳當成利於跳躍的槓桿。可是鋸角金花蟲卻不是這樣，牠增長的是前腳。這些過長的前腳在身體移動時沒有任何助益，甚至在休息或行進時，顯得阻礙。牠笨

拙地將這些前腳彎成肘形，折攏，一付無所適從的模樣。

但是，讓我們等待牠們交尾吧。荒謬怪誕將變得合情合理。一對鋸角金花蟲將彼此擺成橫放的 T 字形。雄蟲垂直地或者幾乎垂直地立著，像根筆直的樹枝；雌蟲像這個橫放的字母的軸。為了讓這個姿勢穩定（這個姿勢與一般交配者的靜止狀態相反），雄蟲向前伸出牠的長鉤。這是抓住雌蟲肩膀、前胸，甚至頭部的支撐錨。

在這個時刻，鋸角金花蟲成蟲一生中唯一具有重要性的時刻，擁有這對長臂、長手的確是愉快的（正如專業詞彙所命名的長手鋸角金花蟲、長腳鋸角金花蟲），雖然塔克西科內鋸角金花蟲、六斑鋸角金花蟲等很多昆蟲的名稱沒有洩漏這秘密，但基本上牠們都使用同樣的平衡方法：牠們讓前腳增長。橫向交尾姿勢的困難是將長鉤伸到一段距離之外的原因嗎？讓我們別過分肯定，因為四點鋸角金花蟲向我們正式否認這一點。這種鋸角金花蟲的雄蟲的前腳不大，不像其他同類加長的尺寸。但是牠和牠們一樣將自己斜擺，而且仍然同樣毫無困難地就能達到交尾的目的。牠只需變換一下摟抱動作就行了。對不同的隱頭蟲（牠們全都腳爪短小）也是如此。任何事情都會出現特殊的解決辦法。這些辦法為一些昆蟲所熟知，其他昆蟲則毫不知情。

第十八章

鋸角金花蟲（卵）

　　就讓長著長的或短的臂膀的鋸角金花蟲濃情密意、盡情地打情罵俏吧。讓我們觀察一下這種昆蟲的卵。這是我們飼育工作的主要目標。塔克西科內鋸角金花蟲最早成熟。我看見牠在五月最後幾天工作的情形。啊，奇怪的卵，這真會把人難住。這是一堆卵嗎？這難道不是一束隱花植物的胚芽嗎？在我還沒親眼看見塔克西科內鋸角金花蟲母親借助後腳，將奇奇怪怪的卵從產卵管取出之前，我對此左思右想，猶豫不決。這種奇怪的卵生長速度緩慢，也許還很辛苦。

　　這就是塔克西科內鋸角金花蟲的卵。這些卵一群一群（每群少則有一打，多則有三打）地聚集一起。每枚卵都用一根長度略微超過自身的細絲固定，形成一個翻轉的繖形花序。這朵繖形花時而在鐘形網罩的金屬網紗上晃動，時而在富含營養的

小枝杈的樹葉上搖擺。稍有風吹，有蟲卵的枝束就微微顫抖。

褐草蛉屬昆蟲的產卵情況已爲人所知。這種昆蟲在沒有受過專業訓練的人的眼裡引起很多誤解。這種有著金眼的小型脈翅目昆蟲在一張樹葉上立起一套長長的小柱子。柱子纖細靈巧得像蛛絲一樣，每根柱子都有一枚卵做爲柱頭，一切都像極了一個帶著長柄的、發黴的帶子。讓我們回想一下在阿美德黑胡蜂的窩裡擺動的卵。這枚卵在一條細繩的繩頭搖擺，而這條細繩則是幼蟲在危險的獵物堆裡，吃最初幾口食物時的安全救生繩。塔克西科內鋸角金花蟲向我們提供了第三個有懸吊繩的卵的例子。然而，到目前爲止，還沒有能夠讓我猜測到這根細繩的作用和用途的線索。我雖然不了解產卵蟲的意圖，但我至少能夠相當詳細地描述牠的製作物。①

牠的卵呈咖啡色、光滑、形狀像縫衣用的頂針②。由於卵透明，可以看見在卵殼的深層有五個顏色更深，差不多呈小桶箍狀的環形帶。卵在懸吊繩上，一端略呈錐形；另一端被突然截去一段，截面凹陷成環形開口。用性能良好的放大鏡觀看，

---

① 黑胡蜂的卵相關文章見《法布爾昆蟲全集2——樹莓樁中的居民》第五章。——編注
② 頂針：縫紉時套在手指上的金屬環，環上滿布小凹點，用來推針穿過布面，避免針扎到手。——編注

可以在略遠於開口處看見一張白色薄膜，這張薄膜像鼓皮那樣繃緊。

此外，開口邊緣聳立著一個寬大的白色頂針，十分精巧。它會被當成是可以略微抬起的卵蓋。然而，產卵後卵蓋並沒有略微抬起。我看見卵從產卵管裡出來時和後來的狀態一樣，只不過色澤淺淡一些。這並不要緊。我真無法相信，一個這樣複雜的帆船能夠揚起全部船帆，在母親的海峽──骨盆中前進。我想像這個充作蓋子的附屬器官一直處於這種狀態，並且關閉著，直到幼蟲破殼而出的那刻才略微抬升起來。

其他鋸角金花蟲和隱頭蟲的卵，結構比較簡單。我想摘除一枚奇怪的卵，我好歹總算達到了目的。在一個有五道桶箍的咖啡色盒子裡有個白色薄膜。從開口處可以看見這層薄膜。我把它比擬為鼓皮。我在那裡看見了正規的膜──所有的昆蟲慣有的卵膜。褐色筒狀物的一端陷下，有個略微抬起的蓋子，因此它可能是附屬的外皮──一種特殊的殼。我還沒有關於這種殼的其他範例。

長腳鋸角金花蟲和四點鋸角金花蟲沒有花梗束般集結起來的卵群。六月，牠們從進食的枝葉上漫不經心地讓牠們的卵相隔很久地、盲目地四處掉落，落在這裡或者那裡。牠們毫不關

心這些卵落到何處，似乎這是些不值得關心、可以隨便亂扔的小糞粒。卵的工作坊就像糞便工作坊一樣，漠不關心地、毫不在乎地拋灑它們的產品。

讓我們將放大鏡移到這備受歧視的小東西身上吧！這是一個雅致的奇蹟。這兩種鋸角金花蟲的卵呈被截斷的橢圓球形，將近一公釐長。長腳鋸角金花蟲的卵呈很深的褐色，使人想起頂針。這些卵上密布四角形的小孔，非常精確地交叉排列成螺旋形，把它比作頂針十分貼切。

四點鋸角金花蟲的卵顏色蒼白，表面覆蓋著凸狀鱗片。鱗片呈疊瓦狀，傾斜排列著。卵的下端尖形，中空，或多或少分叉著。鱗片層疊出略呈啤酒花狀的錐體。這的確是枚奇怪的卵，不大適合在卵囊的狹道裡輕輕滑動。當它們從產卵管產出時，肯定沒有這樣布滿尖椿。它們是在產卵管末端被覆蓋上鱗片的。

我的鳥籠裡飼養的三種隱頭蟲產卵更遲，約在六月和七月。和鋸角金花蟲一樣，這些卵也缺乏母親的關懷，這些卵的分布隨矢車菊頭狀花序和聖櫟枝杈的高度而定。這些卵通常呈被截斷的橢圓形，有著多樣的裝飾品，各不相同，但基本構件則是層疊的八根凸紋。對金色隱頭蟲和聖櫟隱頭蟲的卵來說，

這八根凸紋轉變爲螺絲起子；對兩點隱頭蟲來說，這八根凸紋轉變爲有小孔的螺絲。

這個漂亮雅致、惹人注目的卵膜會是什麼呢？卵膜上有呈螺旋形的薄片，有頂針的小孔，有啤酒花狀的錐形鱗片。幾個偶然發現的細微現象指點了我。首先，我堅信卵從卵囊產出時的模樣和我在地上收集到的模樣不同。它的著裝打扮和它在卵囊裡輕柔的滑行並不相稱，這就是證明。我現在掌握了明確無誤的證據。

我找到了另一些卵，形態與一般昆蟲的卵毫無區別。這些卵非常光滑，卵膜柔軟，呈淡黃色。它們或者和隱頭蟲的卵或長腳鋸角金花蟲的卵混雜一起。除了被考察研究的鋸角金花蟲或不在同一個鐘形網罩下的隱頭蟲之外，沒有別的昆蟲，因此，對發現物的來源我不會弄錯。

此外，即使有疑點，這些資料也會使它們煙消雲散。除了黃色的和裸露的卵之外，還有一些卵。這些卵嵌在有小窩的褐色盒子中。在鐘形網罩裡，這只盒子顯然或者是兩點隱頭蟲的，或者是長腳隱頭蟲的產品，但是，是個還沒有完成的產品。它覆蓋住一半的卵（卵就是它來自卵囊時的那個樣子）。之後，由於包裝材料缺乏，或者由於工具運轉不佳，它讓卵像

固定在殼裡的橡栗那樣產出。

　　沒有什麼像這枚被藝術的蛋杯支撐的卵那樣雅致的了，而如果我們想要了解這件首飾的加工過程，也沒有什麼比這枚卵更能提供其中的細節了。它告訴我們，是在泄殖腔——產卵管和腸子交會的十字路口，鳥用石灰殼包裹牠的卵，而且還往往用絢麗的色彩渲染。夜鶯用橄欖綠，即鳥用天藍，伊波拉伊斯鳥用嫩玫瑰色。也是在這個泄殖腔裡，鋸角金花蟲和隱頭蟲爲卵製作了漂亮的甲冑。

　　剩下的問題是關於材料的來源。根據角狀外貌，可以認定塔克西科內鋸角金花蟲的小桶和四點鋸角金花蟲的鱗片源出於一種特殊的分泌物。我忽略了在泄殖腔周圍仔細尋找分泌這種物質的器官。現在爲時已晚，我感到非常遺憾。至於長腳鋸角金花蟲和隱頭蟲那個非常漂亮的加工品，讓我們承認而不要難爲情：這是糞便。

　　一些卵爲此提供了證明。這些卵在金色隱頭蟲那裡並不十分罕見。這種昆蟲的卵慣有的褐色被代表植物果肉的純綠色代替，隨著時間的推移，這些綠色的卵轉變爲褐色，而且形狀變得與其他的卵一樣。毫無疑問，這變化是來自讓消化物的性質產生變化的氧化作用。卵到達泄殖腔時，柔軟、裸露。在

那裡，在腸子的糟粕廢渣裡梳妝打扮，正如雞蛋用石灰質滲出物形成的殼將自己覆蓋一樣。奧維德[3]在描繪太陽宮殿的詩中這樣寫道：

> 巧奪天工之技藝更勝金銀珠寶的價值，
> 因為火與鍛冶之神在此鏤刻環繞凡間的海洋。

這位詩人擁有鑄造想像的神奇貴金屬，然而，鋸角金花蟲擁有什麼來鑄造這個完美的首飾呢？牠擁有這種其名稱被排除在體面語言之外的不光彩的材料。但誰是火和鍛冶之神呢？誰是伍爾坎[4]這個在蛋殼上雅致造形的藝術家呢？是鋸角金花蟲身體末端的陰溝。泄殖腔壓延、軋制凹凸花紋，擰絞成螺旋，雕刻有小窩的網眼，裝配成有鱗片的甲冑。大自然對我們的卑俗評價大加嘲諷。它善於化髒為雅。

對鳥來說，蛋殼是暫時的防禦性巢室。這間巢室在孵化時破碎，被拋棄，從此成為廢物。相反的，鋸角金花蟲或隱頭蟲的卵殼是用角質材料或含糞的糊狀物製成的，是永久性的掩蔽所。只要昆蟲還處於幼蟲階段，就決不離開。鋸角金花蟲幼蟲

---

③ 奧維德：西元前43年～西元17年，古羅馬詩人，代表作為長詩《變形記》。
　　──編注
④ 伍爾坎：羅馬神話中的火與鍛冶之神。──譯注

誕生時，穿著已經縫製好的衣服。衣服異常漂亮，十分合身。牠只需根據老方法將這件衣服一點一滴地加大就行了。卵殼的前部製成小桶形或頂針形，敞開著。因此，嚴格說來若不是鳥的卵殼，孵化時就沒有什麼要砸碎、要拋棄的。這層薄膜一旦破裂，小昆蟲就出生了，身穿精心製作的漂亮外套。這是來自母親的遺產。

讓我們來做一個荒誕的想像。讓我們想像一些小鳥，牠們讓蛋殼保持原封不動（除了鳥頭通過的洞口外），牠終生穿著這外衣，只要按照自身發育成長的比例將衣服加大。鋸角金花蟲幼蟲實現了這個荒誕的夢想。牠身上穿著牠的卵殼。這只卵殼隨著幼蟲長大而逐漸加大。

七月，我收集的卵全都孵化了。每枚都隔離在一只大杯子裡，杯子上蓋著一塊玻璃，讓水分適度地蒸發。我有個多麼有趣的家庭啊。寄居在我家的蟲子在我用來布置房間的各種植物殘屑中亂鑽亂動。這些像伙小步行走，拖曳著斜著抬起的卵殼，從殼裡伸出一半身子，突然又縮回。牠們只要一攀爬上有泡沫的樹葉，就全都跌倒，然後再站起來，重新上路，盲目地遊蕩。

毫無疑問的，飢餓是牠們煩躁激動的原因。我為這些飢腸

轆轆的蟲子準備什麼食物呢？牠們是素食主義者，對此不容許有半點猶豫不決。但安排菜單也並非因此容易些。在自然條件下會發生什麼事呢？鳥籠裡的飼育，讓我看到了胡亂撒在地上的卵。鋸角金花蟲母親漫不經心，讓這些卵從小枝杈上掉落地上，這裡一些，那裡一些。這個母親就在這些小枝杈上節制地將細嫩的樹葉咬成凹形，經由進食恢復元氣。塔克西科內鋸角金花蟲將牠的卵產在一枝花梗上，並成束地固定在樹葉上。我沒有直接觀察，不能斷定是新生幼蟲弄斷了懸吊繩，還是這根繩子只是因為乾燥而斷裂。或早或遲這些卵都會像其他的卵一樣掉到地上。

在鐘形網罩外面，也必然出現相同的情況。鋸角金花蟲和隱頭蟲的卵落在地上，散布在樹下或在餵養成蟲的植物下。

然而，人們在橡樹的綠蔭下找到了什麼呢？細草，或多或少被腐爛物質浸泡著的枯葉，包裹著地衣的乾燥細枝，有苔蘚小墊子的石塊，最後還有含有機物的腐殖土——歷經時日而變質的植物殘渣。在金色隱頭蟲進食的矢車菊簇叢下，也有著各式各樣的植物殘渣形成的黑色床墊。

我什麼都試，但都不符合要求。然而，蟲子不屑吃的食物隨處可見，足以讓我了解到鋸角金花蟲幼蟲添補嬰兒盒的情

況。除了塔克西科內鋸角金花蟲（這種鋸角金花蟲的卵懸吊梗
節上，似乎表明具有某些特殊的習性）之外，我的這些寄宿者
開始用一種褐色稀糊來加長牠們的蝸居。這種褐色稀糊看上去
好似我們已經知道其製造和使用方式的糊狀物。一種不合胃口
的食物讓我那些小昆蟲陶瓷工十分嫌惡掃興。也許極度乾燥的
季節也使牠們痛苦不堪，於是牠們很快放棄手邊的工作。牠們
在自己的罈子上裝了一個薄薄的邊飾。

只有長腳鋸角金花蟲繁衍興旺，大大補償了我這位餵養者
的憂慮煩惱。我用老樹皮的鱗片餵養牠，一些鱗片採自隨意遇
到的樹──橡樹、橄欖樹、無花果樹。我還用另外一些鱗片餵
養牠。我把這些鱗片放在水裡泡軟。然而，木栓質小麵包皮並
不是蟲子耗用的東西，真正的食物──麵包片的奶油浮在水面
上了。

有些差不多一法分高的玫瑰花結形苔蘚，在無情的烈日照
射下，半睡半醒，非常乾燥，但是它們一旦在玻璃杯裡接受沐
浴就立即甦醒。現在它們展開了閃光的綠色小葉形成的圓圈，
這些小葉在幾小時內恢復了勃勃生機。一些白色或黃色麵粉似
的風化物，一些細小的地衣，像灰色的細長帶子那樣向四面散
開，覆蓋著有白色環圈的青綠色盾片。這些盾片從樹葉的背面
看來，好似大大圓圓的眼睛。在這些葉片裡，死亡的物質復活

了。有些膠質衣屬植物，在一陣驟雨後就鼓脹浮腫，變得深暗，像明膠那樣微微顫抖。一些蘑菇的膿瘡鼓凸成烏木乳突，包藏著數不勝數的小袋子，每個袋子裡都有八粒漂亮的種子。用顯微鏡觀察這些乳突——正好能夠感知到的部位，它們包藏的東西向我們展示出一個令人驚訝的世界：一粒原子裡無限的生殖財富。啊，生命多麼美麗啊！即使在一片不及指甲大的爛樹皮碎片上也是如此。這是多麼富饒的地區啊！多麼豐富的寶藏啊！

我選擇其中一個牧場做實驗。當某處被發現牧草更加豐茂時，鋸角金花蟲就聚集成群到那裡進食。這堆蟲子會被當成是幾撮有雕刻痕跡的褐色種子，正如在金魚草上那樣。但是，這些種子會震動和搖擺。只要其中一粒稍微搖動一下，種子殼就互相碰撞起來。其他種子則到處漫遊，尋找好地方。牠們在外套的重壓下搖搖晃晃，時常跌倒。牠們在我的杯子底部這個如此之大、如此廣闊的世界上，無目的地飄泊。

兩個星期還沒過去，就有一個滾邊豎在罈口邊緣上，將長腳鋸角金花蟲的外殼增加了一倍，陶罐的容量因而可以容納幼蟲日漸長大的身體。添補的部分——幼蟲的作品，和原先的罈子——卵蟲的產品迥然不同。添補的部分整個都很光滑，不像原先的部分裝飾著螺旋排列的小孔。

　　罈子內部因過於狹窄而受到刮擦，現在罈子加大、增長了。刮出的粉塵再次被揉和成漿狀混合物帶到外面，滿地都是，形成粗塗灰泥層。在泥層下面原有的優雅裝飾久而久之就消失了，一個滿布小窩的傑作就這樣淹沒在一層石灰漿裡。如果用放大鏡仔細在底部的兩條凸紋之間來回察看，常常可以看見卵殼的殘餘嵌在土堆上。這是鋸角金花蟲母親作品的遺跡。螺旋狀的薄片布置、小孔的數目和形式等，讓人差不多可以在那裡看見製作者的名字──鋸角金花蟲或隱頭蟲。

　　我剛開始無法想像陶土漿糊的使用者──鋸角金花蟲是如何建立自己的陶器廠，並且將陶土漿糊精巧地塑成產品的雛型的。我懷疑得很對。鋸角金花蟲和隱頭蟲幼蟲的母親留給這些幼蟲一個殼以及一件加大就可再穿的衣服。這些幼蟲天生就有豐足的新生兒衣著用品。母親留下的衣裝太窄小，牠們將它加大，不過僅此而已。牠們沒有遺傳到母親雅致的藝術氣息。牠們年長後，便捨棄了母親為新生兒精心繡製的花邊。

第十九章

水塘

　　水塘是我童年最早的歡樂泉源。現在，在我年老的歲月裡，對它的景色仍然絲毫不感到厭倦。在這個綠油油的剛毛藻世界裡，多麼生氣蓬勃啊。癩蛤蟆的小蝌蚪成群結隊，黑壓壓一片，在水塘邊的泥沙上休憩或跳躍。腹部橙黃色的北螈，用牠那柔軟的尾巴寬槳從容不迫地划船航遊。燈心草叢中則停泊著石蠶蛾的小船隊。這些石蠶蛾身體一半伸出牠們的盒匣，時而顯現出小巧玲瓏的木柴綑，時而顯現出貝殼小塔。

　　龍蝨攜帶著儲備的空氣，下潛到水塘深處。在牠的鞘翅末端有個氣泡，在牠的胸部下面則是像銀鎧甲那樣閃光的氣層。黃足豉䗛——閃光的珍珠，在水面上旋轉身子，跳著芭蕾舞。聚集成群的尺椿象滑著水，牠們像鞋匠飛針縫鞋似地揮動手臂橫向劃水，在水面上滑行。

仰泳蟲仰泳著，雙槳展開成十字形。身體扁平的灰紅娘華
體形像隻蠍子。最大的蜻蜓的幼蟲身體覆蓋著污泥，骯髒不
堪。牠的前進方式非常奇怪，牠讓身體後部那巨大的漏斗充滿
水後，再將水排出，透過水力器官的倒退向前推進。

軟體動物是溫和的族類，種類繁多。
在水底，大腹便便的田螺小心翼翼，稍稍
掀起牠們的殼蓋，微微打開住宅的遮板。

瓶螺、椎實螺和扁卷螺在水上花園的
林中空地裡，在與水面平齊的地方吸氣。
黑螞蟻在牠的獵獲物——一截蚯蚓的身上扭

仰泳蟲（放大2倍）

曲肢體。成千上萬隻淡紅色小蟲旋轉著，像漂亮的海豚般彎曲
著身體。這些小蟲之後將蛻變為蚊子。

是的，一泓幾步寬的平靜死水，在太陽熱情的注視和關切
下，是個大千世界。對勤奮鑽研的人來說，這是個取之不盡、
用之不竭的觀察寶地。對自己的紙船感到厭膩的孩子來說，這
也是個迷人的景象。讓我來談談我的第一個水塘給我留下的回
憶吧。那時想像正開始在我這個七歲孩子的腦袋裡萌生。

在我那氣候酷烈、土地貧瘠的故鄉，村民們怎樣因餬口謀

生呢？擁有幾阿爾邦草地的地主飼養綿羊。他在他最好的土地上用犁耕扒，把土地整平成由石牆攔護著的梯田。驢子將牲畜棚裡的糞肥一籃一籃運去，於是種在那裡的馬鈴薯生機旺盛，賣相討喜。馬鈴薯煮熟了，熱騰騰地盛在用麥稈編成的小籃裡端上來。這是冬天的主食。

如果收穫的莊稼對一家人來說供過於求，便用多餘的莊稼養一頭豬。豬是提供豬油和火腿的寶庫，這可是珍貴的牲口呀。牛群則提供了奶油和煉乳。園子裡種著甘藍和蘿蔔。在樹林隱蔽的角落甚至還有幾個蜂箱。有了這樣一筆財富，就可以任憑世界變化，安安心心過日子了。

但是，我們除了一棟小房屋（母親得到的遺產）和小花園以外，什麼都沒有。家庭微薄的生活來源枯竭了。現在是關注這件事的時候了，而且要盡快著手處理。可以該如何做呢？這可是個讓父母親晚上焦慮不安的難題呀！

童話中的小普塞①躲藏在樵夫的矮凳子下面，側耳傾聽他

① 小普塞：法國作家佩侯的著名童話中的主角。他身材矮小，打敗了吃人妖魔的一切陰謀。——譯注。（佩侯是法國作家，1628～1703年，他的童話故事集於1697年首度出版，內容收錄〈藍鬍子〉、〈灰姑娘〉、〈侏儒〉、〈小紅帽〉及〈睡美人〉。——編注）

那被苦難壓垮的父母親講話。我也在傾聽呢。看起來我在睡覺，兩肘支在桌子上。不，這時我正在傾聽呢，不是在傾聽什麼令人傷心的事，而是傾聽一個令人心花怒放的美好計畫。事情是這樣的：

在村子的低處，在教堂附近，在一大股泉水從地下湧出與山谷的小溪匯合的地方，一個作戰歸來的巧匠新近建了一個小油脂廠。他賤價出售有蠟燭臭味的殘渣。他說他的貨物催肥鴨子的效果好極了。

母親說：「我們養鴨子如何？這東西在城裡銷路可好呢。讓亨利看鴨子，趕鴨子去小溪。」

父親回答說：「行啦，就養鴨子吧。養起來會有困難的。但我們還是試試看吧。」

那天晚上，我做了上天堂的美夢。我和我的小鴨在一起。小鴨穿著黃色的絲絨袍子。我把牠們帶到水塘裡，看著牠們在塘裡洗澡。我領牠們回家時，把幾隻疲累不堪的小鴨放在籃子裡。兩個月後，我夢寐以求的鳥──雛鴨，也成了事實。我一共有二十四隻雛鴨，是由兩隻母雞孵出來的。其中一隻母雞黑而肥大，是家裡的主人；另一隻是鄰居大娘借給我們的。

　　撫養這些雛鳥，只要有一隻母雞就夠了。牠對養子的關懷十分細心周到。起初，事事如願以償。一隻兩指寬的小木桶就是小鴨的水塘。風和日麗、陽光朗照的日子，小鴨在母雞慈愛關切的目光注視下，在小桶裡沐浴。

　　又過了半個月，木桶不夠大了。桶裡既沒有住滿小貝殼的水田芥，也沒有蠕蟲和蝌蚪。這些東西可是小鴨的美味佳肴呀。跳水和在水草亂堆中搜尋的時刻來到了。對我們來說，困難重重的時刻也來到了。

　　磨坊主人——小溪的鄰居，當然也有些漂亮的鴨子。這些家禽容易飼養，價格也不貴。吹噓他的殘渣的油脂工廠主人也有些漂亮的鴨子。他居住在村子下面，受惠於泉水溪流。而我家位置很高，在村子上面。該如何讓我們的這群鴨子去水裡嬉戲玩要呢？要知道，夏天我們還幾乎沒有水喝呢。

　　在房屋附近，在一塊大石頭的凹進處，在挖鑿於岩石裡的小坑底部，滲出一股潺潺細流。我們有四、五戶人家用銅桶在那裡汲水。學校老師的母驢在那裡飲過水，鄰居也儲備了水後，水坑就乾涸了，要等上一天一夜才會重新盛滿。不，鴨子不是在這個水坑裡找到戲水樂趣的。這裡無法容忍鴨子的。

能去的只有那條小溪了，可是要帶小鴨下到溪中很危險，因爲途中穿過村子時會遇到貓。貓是膽大妄爲的家禽劫持者。此外，一條小惡犬也會驚散鴨群。若是想把驚散的鴨子再全部集合，這可是件很難辦的麻煩事呀。讓我們避免把事情搞得亂糟糟的，讓我們在寧靜而偏僻的地方躲藏起來吧。

在山崗上，一條通過城堡後方的小路在不遠處拐了個急彎，那裡有塊小小的平原，鋪滿了小草。小路沿著一條滿布岩石的小山蜿蜒。從小山裡淌出一股涓涓流水，匯流成一個寬闊的水塘。那裡鎮日靜寂無聲。小鴨在那裡其樂融融，十分愜意。牠們走在人跡罕至的羊腸小道上，可以毫無阻攔地到達水塘去。

小孩，該由你來把鴨子帶去這個洞天福地、極樂世界了。啊！我做爲牧鴨人，開始的那段時日是多麼美好啊！爲什麼這樣喜悅歡樂的寧靜要蒙上陰影呢？我細嫩的皮膚和粗糙的土地不斷接觸，腳後跟長出了一個大水泡，十分疼痛。即使我想穿上藏在衣櫥裡的那雙節日和禮拜天穿的鞋子，我也無法穿上。我光著腳丫在石子堆上行走，就必須拖著腿，抬起受了傷的腳後跟。

讓我拿著竹竿，一瘸一拐地跟在鴨子後面吧。這些可憐的

鴨子也穿著靈敏的涼鞋。牠們跛著行走，吱吱喳喳地唱著。如果不每隔一段距離就在一棵梣樹的樹蔭下停歇一會，牠們就會拒絕繼續前進。

這個地方對我的鴨子來說實在美妙。水淺而暖，塘中一塊蓋滿泥漿的土塊，好似碧綠的小島。沐浴的嬉戲很快開始。小鴨嘴裡發出咯咯聲，到處翻尋。牠們篩濾一口口食物，吐出清亮的水泡，留住佳肴美味。在深水窪裡，牠們將尾巴高高地翹在空中，身體下部在水裡移動。牠們多麼開心歡快啊！看見牠們幹活可是有福分啊。隨牠們去吧。現在輪到我來享受一下這個水塘了。

這是什麼？在污泥上軟綿綿地擱著一些有節的炭黑色細帶子。它們會被當成是從一隻破襪子上抽出的線。編織黑色短筒襪的牧羊女發現織得不好時，想再從頭織起，她用不耐煩的手將捲曲的線扔掉嗎？老實說，會這樣的。

我在手掌心裡收集了一段細帶子。這些帶子有黏性，很軟，在指頭間滑動，沒法抓住。它的幾個結節破裂了，從裡面倒出了一個黑色小球，有大頭釘的頭那麼大，後面跟隨一根壓扁的尾巴。我認出這是個我熟悉的東西——一隻很小很小的蝌蚪。牠屬於癩蛤蟆族。我感到厭膩了。讓這些有結的細帶子安

寧吧。

接下來的這些帶子比較令我喜歡。它們在水面上轉圈，黑色脊樑在太陽下閃光。我如果舉起手來抓這些帶子，它們就立刻消失得無影無蹤，不知道到哪裡去了。多可惜啊。我很想逼近看看它們，並且讓它們在我為它們準備的小盆子裡旋轉。

讓我們撇開這些綠色的、麻的韌皮纖維盒子，瞧瞧水底吧。從這些盒子裡升起串串氣泡。那下面什麼都有。我看見美麗的貝殼，牠有密密的螺圈，壓得高高的，好似扁豆。我看見一些戴著羽毛飾和纓子的小蟲，其中有些背上有不斷活動的鰭。這些小傢伙在那裡做什麼呢？牠們叫什麼？我不知道。我注視良久，水中無法理解的秘密讓我感到震撼。

水塘的水漫溢在附近的草原上。水漫處長著一些赤楊。我在這些樹上找到了絕妙的東西。這是一隻不很粗大的金龜子。啊，牠甚至比櫻桃核還小呢。但卻藍得無法形容。天使在天堂裡大概就穿著這種顏色的袍子吧？！我把這隻明麗的小昆蟲放在一隻死蝸牛殼裡。我用一片樹葉揩拭蝸牛。在家裡，我空閒時便欣賞這個活生生的精巧飾物。這裡還有其他娛樂消遣在呼喚著我。

供給水塘的泉水從岩石縫裡流淌出來，純淨、冰涼。泉水積存在像雙手手心那樣大的石盆裡，然後泄出，成為涓涓細流。這股下落的泉水正在尋求等待運轉的水磨。

兩截麥稈精巧地交叉在一根軸上，就構成了一部機械。邊上豎著兩塊扁平的石頭，水磨便有了支撐。這是一個非常成功的設計。水磨轉動得好極了。我如果能夠與人共享這份成功，該是多麼圓滿啊！我沒有其他同伴，就邀請小鴨。

在這個可憐貧瘠的世界裡，時間一久後就什麼都令人感到厭倦，甚至有兩截麥稈的水磨也令人心生厭倦。讓我們尋求其他東西吧。讓我們來修築一個阻攔水流和形成水池的水壩。要搞磚石工程，石頭倒是不缺的。我選擇最合適的石塊，砸碎過分粗大的石頭。在收集礫石時，修建水壩的事一下子就被拋到了腦後。

在一大塊砸碎的石頭上，在我的拳頭可以放進去的一個洞穴的底部，有個東西像玻璃那樣閃閃發光。洞穴被六個六個聚在一起的複眼蓋滿。這些複眼放射著光輝，在陽光下閃爍著。節慶日子裡，當教堂的枝形吊燈照亮了它上面的星星時，在寶石墜子裡，在大蠟燭的光照下，我看見過類似的東西。

夏天，在打穀場的麥稈上。孩子們在一起談論龍保存在地下的珍寶。這些珍寶從我的腦袋中浮現出來。寶石這個名稱在我的記憶裡響起來。這個名字的意義含糊不清，但卻十分輝煌。我想到國王的王冠。我想到公主的項鍊。我砸碎卵石時發現過在我母親的戒指上微微發光但貴重得多的東西嗎？我需要的是其他的東西。

保存地下珍寶的龍對我十分慷慨大度。牠向我提供的金剛石的數量之大，使我成了一大堆寶石的擁有者。寶石堆閃爍著華美的光芒。這條龍還把金子交給了我。

從岩石縫裏流出的涓涓細流落在細沙床上，在沙裡沖積成小漩渦。我如果俯下身子，就會看見落水點像一粒金子銼屑那樣旋轉。這就是用來鑄造金路易[2]的貴重金屬嗎？是我家非常稀罕的貴重金屬嗎？它似乎太光亮了。

我將一撮沙放在掌心裡。沙裡有大量閃閃發光的小粒，它們細小得必須用被唾沫弄濕的麥稈尖去蘸集。讓我們擱下這些吧。它們太細小，蘸集起來太令人厭煩。粗大的、有價值的東

---

[2] 金路易：louis，有路易十二等人頭像的法國舊金幣；第一次世界大戰前法國使用的20法郎金幣。——編注

西大概還在前面，在岩石深處。我們以後還會談到這個問題的。我們還將爆破山嶽呢。

我又砸碎一些石頭。啊，剛好一塊完整的東西被砸開。這個東西多麼奇怪啊。它像雨天從舊牆縫裡鑽出來的扁平的蝸牛般呈螺旋形。它多節瘤的邊緣很像公羊的小角。不過，它像貝殼也好，像綿羊角也好，都顯得奇怪。石頭裡怎麼會有這些東西呢？

收藏的興趣、豐足的收藏資源使我的口袋裝滿卵石，鼓脹起來。夜幕下垂，暮色蒼茫，時間已晚。小鴨子已經吃飽肚子。我的小東西，我們走吧，回家去吧。我在歡樂中忘掉了腳後跟的水泡。

回家是件樂事。一個聲音安慰著我。它無法形容，比話語更甜蜜，像幻夢那樣模糊。它第一次對我談到水塘的秘密。它讚揚天堂的昆蟲。我聽見這隻昆蟲在死蝸牛——牠臨時的籠子裡，亂鑽亂動。這個聲音還低聲講述著岩石的秘密、黃金的銼屑、多面的珠寶和變成石頭的公羊角。

啊，可憐而單純的人，壓抑住你的歡樂吧。我到家了。別人看見我的口袋裡石頭塞得太多，鼓脹起來。在這個負荷的重

壓和粗糙尖利的寶貝下面，口袋破裂了。

父親看見我的口袋破了，對我說：「壞小子！我叫你去看鴨，你卻去撿石頭玩，就好像我家房子周圍沒有石頭似的。快，把你撿來的那些石頭扔遠些。」

我很傷心，但還是服從了。鑽石、金粉、變成石頭的羊角、天堂裡的金龜子，全都被扔到了門前的垃圾堆裡。

母親很難過。她說：「撫養孩子到頭來卻看見他們變得這樣糟糕。你會讓我難過死的。拔拔草，這還說得過去。這對兔子有好處嘛。可是，撿石頭呢，這會弄破口袋的。蟲子會用牠的毒素弄痛你的手啊。無辜的孩子，你拿這些東西做什麼呢？真沒有辦法。有人向你施展魔法，讓你走霉運啊。」

可憐的母親，您是那樣單純。您說得對。我被施了魔法。我今天知道這個魔法啦。當人們千辛萬苦掙錢餬口的時候，精煉自己的智慧難道不是讓自己更吃苦受罪嗎？對生命航船上的遇難者來說，折磨自己去學習又有什麼好處呢？

在這個為時已晚的時刻，我卻超前行進：前方有苦難在窺伺著我。現在我知道在小鴨游泳的水塘裡的鑽石是岩石水晶，

金粉是雲母，石羊角是菊石，蔚藍色的金龜子是麗金龜。我們這些可憐人，讓我們提防知識帶來的歡樂吧。讓我們在平凡庸俗的田野裡挖掘出牛的走犁溝。讓我們避開水塘的誘惑。讓我們看管好我們的鴨子。讓我們把解釋世界這部機器的煩惱留給別的受到命運青睞的人吧，如果他們願意去解決的話。

唉，不！在生物中只有人有求知的慾望；只有人去探察事物的奧秘。從我們當中最微不足道的腦子裡湧出「為什麼」來，這是蟲子所不了解的崇高的痛苦。如果這些「為什麼」在我們的思想上以更加強調的口氣、更加獨斷的權威講述，如果這些「為什麼」使我們從利潤（在大多數人的眼裡，利潤是生命的唯一目的）上轉移開，怨天尤人是適當的嗎？讓我們別這樣做，這樣做會摒棄我們最好的天賦。

相反的，讓我們在才能和天賦所能及的範圍內，努力使巨大的未知事物放射出光輝來。讓我們四處進行探索，尋找真理的蛛絲馬跡。我們可能無法忍受辛苦勞累，在一個協調得這樣糟糕的社會裡，或許我們會一病不起。然而，還是讓我們勇往直前。令我們感到欣慰的事，將是用一粒原子來增加未知事物的總量。這個總量可是人類無與倫比的寶藏啊。

既然這微薄的一份屬於我，我就回到水塘那裡，儘管它從

前曾經讓我受到合情合理的訓斥，讓我流出苦澀辛酸的眼淚。
我回到了水塘那裡，但這不是那個盛開幻想之花的水塘。這樣
的水塘人的一生不會遇見兩次。要有這樣的好運，必須穿上一
生中的第一條套褲③，必須有一生中的第一個想法。

自古以來，很多水塘都曾經被人拜訪過。它們蘊藏著更多
的財富，而且被因經驗豐富而相當成熟的目光探測過。我熱切
地用網子搜索它們。我攪動淤泥。我把帶有根毛的藻類弄得亂
七八糟。在我的記憶裡，沒有一個水塘比得上第一個水塘。這
個水塘在歡樂和失望時，都受到歲月最美妙的前景的頌揚。

也沒有一個水塘適合我今天的計畫。這些計畫的天地過於
廣闊，我將迷失在它們的廣闊無垠中。在這廣闊無垠中，生物
在陽光下自由地大量繁殖。然後，既然必須在這個世界的公路
上探索，所有毫不懈怠的、不受路人干擾的觀察都會變得難以
實施。我需要的是個小小的水塘，它可以按照我的意願讓動物
居住，它可以在我的工作臺上經常得到維護。

一枚面值二十法郎的錢幣遺忘在抽屜的角落裡。我能夠花
掉這枚錢幣，而不會過分破壞家庭收支的平衡。讓我們對科學

③ 套褲：套在褲子外面的無腰褲，用來防水。——編注

慷慨大方些吧。我非常擔心科學會很少受到我的恩澤。奢侈的器械適合實驗室裡的操作。在實驗室裡，考察死者的細胞和纖維要花費鉅資。但在研究生命的活動時，奢侈昂貴的器械，其用途是可疑的。生命的祕密適合用簡單、低廉、臨時製作的器械去探索。

我對本能的研究獲得的最佳成果，使我付出什麼代價呢？除了時間，特別除了耐心之外，什麼都沒有付出。對我而言，二十法郎可是一筆鉅款啊！如果我為了獲得一台研究用的器械而花掉它，就是拿這筆錢去冒險。這二十法郎不會為我帶來任何新穎的觀點。我有這種預感。然而，還是來試試吧。

鐵匠為我收集了幾個鐵三角做為器械的框架。木匠（有時也是玻璃匠，因為在我的村子裡要使一年的收支平衡、入能敷出，什麼工作都得做一些）為這個框架裝了一個木底座，用一塊活動板做了個蓋子，再在架子的四個側面鑲上厚玻璃。這樣，當這個器械有了個塗上柏油的鐵皮底和排水的水龍頭後，就差不多大功告成了。

製作者對他們的作品顯得非常滿意。這可是他們的工作坊裡製作出來的奇妙的新鮮玩意。工作坊裡很多好奇的人尋思這個小玻璃槽能派上什麼用場。這東西引起議論紛紛。有人說它

用來儲存我的橄欖油，替換那個舊容器——挖在一塊石頭裡的
罐子。這些功利主義者如果知道我這個價值昂貴的器械，將只
供我用來觀察水裡可憐的蟲子，他們會對我的精神失常作何感
想呢？

　　鐵匠和玻璃工對他們的作品很滿意。我自己也很滿意。這
個器械不乏優雅之處。它安放在小桌子上，在大半天都有陽光
照射的窗戶前非常之好。它的容積有五十多升。我們將怎樣稱
呼它呢？養魚缸？不，這個叫法太矯揉造作了，會令人錯誤地
想到假山、小瀑布和金魚。讓我們把嚴肅性留給嚴肅的事物。
讓我們別把我做研究用的水槽當成沙龍裡毫無意義的東西。讓
我們給它「玻璃水塘」這個名稱吧。

　　我放了一大堆石灰質結殼在小水塘裡。結殼上黏著一些始
源物，裡面包裹著枯萎的燈心草。這個結殼堆很輕，中空如
管，看上去好似珊瑚礁。此外，牡蠣的綠色短足絲使結殼變得
十分光滑柔和。這種短足絲是種細小的剛毛，一叢叢，一簇
簇，彷彿綠色的草地，我不用更換水的辦法，而是依靠這種微
小的植物，讓水保持適當的衛生。頻繁地換水會擾亂這塊移民
地居民的工作。在這裡衛生和寧靜是成功的首要因素。

　　然而，居住著動物的水塘很快就會充滿不適於呼吸的氣

體、臭味和動物排泄物。水塘將會變成一個生命謀殺生命的罪惡淵藪。排泄物一旦形成，應該隨即被燒毀、淨化，然後消失。從被氧化的廢屑中重新產生使人充滿生氣活力的氣體，以便水中可呼吸的成分永恆不變，植物的綠色細胞工作坊實現了這種淨化的神話。

當陽光照射著這個玻璃水塘的時候，藻類工作的景象值得細細觀賞。鋪著綠色地毯的礁石，閃爍著無數發光的小點，好像美妙的天鵝絨球。球上插著成千上萬顆鑽石大頭釘。珠子不斷地從精美的絨球裡蹦出來，像發光的小球，緩緩升起，星光四射。這是在水裡連續不斷發射的焰火。

化學理論告訴我們，藻類利用它的綠色物質和陽光的刺激分解二氧化碳。水裡由於動物居民的呼吸和有機殘渣的腐爛充滿了二氧化碳。藻類保存了碳。碳被製作成新的生理組織。藻類將氧氣散發成細氣泡，這些氣泡部分在水中溶解，部分上升到水面，泡沫在水面上將極其豐富的、可以呼吸的氣體還給大氣。水塘裡的動物居民，用在水中溶解的那部分氣泡生存。不衛生的產物氧化後消失了。

我經常光顧這個水塘，對一包剛毛藻使死水永遠保持衛生這個普通而又奇怪的現象始終興趣盎然。我心醉神迷地密切注

視著無止境放射出來的球狀煙火。我彷彿依稀看到了古代的歲
月。那時，海藻——首度出現的植物，為生物初步製備了一種
可以呼吸的空氣，而陸上的污泥這時正開始浮現。在我眼前這
個玻璃水塘裡的東西，正向我訴說充滿著純淨空氣的行星悠久
的歷史。

第二十章

石蠶蛾

　　在借助海藻的作用永遠保持衛生的玻璃水塘裡，我將留宿誰呢？我將把善於梳妝打扮的石蠶蛾放到裡面。在穿衣著裝的昆蟲中，在巧妙梳妝、奇裝異服方面，超過石蠶蛾的眞是鳳毛麟角。我附近的大片水域向我提供了五、六種石蠶蛾，每種都有自己特別的技藝，但只有一種將獲得歷史榮譽。

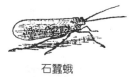

石蠶蛾

　　這種石蠶蛾來自一大片死水。水底全是污泥，壅塞著細小的蘆竹。僅僅根據這個住宅，專家們說，人們在力所能及的範圍內，可以判定這是沼中的石蠶蛾。這種昆蟲的作品爲牠的整個公會，贏得了「Phrygane」這個有意思的名稱，這個希臘詞原意爲木片、小木塊。普羅旺斯的農民也同樣生動地稱牠爲「搬運夫」、「背獵袋者」。這是一種在大片

死水中載負著細小的莖稈和蘆竹殘屑的小蟲。

　　牠的匣子，也就是牠流動的家，是座拼拼湊湊、亂七八糟、粗陋不堪的建築，是個大雜物堆。在這裡，建築藝術的精美巧妙讓步給了粗陋結實。建築材料五花八門、各種各樣，以致如果沒有告知人們眞實的情況，人們會迷惑於這些頻繁轉變的建築風貌，誤以爲擺在自己眼前的是不同建築師的作品呢。

　　在幼小的新手手上，這種建築工程以編製一種粗糙的藤柳深簍開始。這些藤柳幾乎總是相同的，並不是什麼特別的東西，只不過是些長期浸在水下、不能彎曲、去掉了皮的側根截段而已。石蠶蛾幼蟲發現這些線狀物，便用大顎將側根截段鋸成細小的直棍，再把這些棍子一根根固定在簍子的邊緣。這些棍子始終橫著擺放，與簍子的中心線垂直。

　　讓我們想像一個周圍豎著刀劍的圓圈，或者一個每個側邊都延伸的多角形。在這個多條直線的集合體上，讓我們多層疊起一些，而不去關注共同的方向。這樣，我們就將得到一個亂七八糟的柴綑。這個柴綑的藤柳將四處突出。這就是石蠶蛾在幼蟲時期的堡壘，是最佳的防禦系統。這個系統披覆著一張插滿矛戟的毛被，這對在雜亂纏結的水草中穿梭的幼蟲來說時，移動起來有相當程度的困難。

石蠶蛾幼蟲遲早會拋棄這個到處都有勾掛的陷阱。牠曾經是藤柳編製工，現在則成了木匠。牠用小樑和藤柳建屋，亦即用木質圓材修建工程。這些材料在水下浸染成褐色，往往像粗麥稈那樣粗，像指頭那樣長。其中有的長些，有的短些。這就要看機遇提供什麼了。

此外，在這堆破舊物中什麼都有：莖稈、碎片、燈心草管、枝杈碎屑、小枝截段、木頭碎片、小塊樹皮、大粒種子，特別是沼澤鳶尾的種子。這些種子從果實被膜裡落下時呈淡紅色，現在卻黑得像煤炭一樣。這些五花八門、雜七雜八的東西彙集成堆，胡亂疊放起來。一些東西直著放，一些橫著放，還有一些斜著放；一些角凹進，一些角凸出，起起伏伏，坑坑窪窪；粗大的和細小的混在一起；整齊的和難看的鄰接。這不是個建築，這是個荒誕的堆積物。有時，一種無秩序的美卻具有藝術的效果，但這裡卻非如此。石蠶蛾的作品是一堆莫名其妙的物體。

這堆瘋瘋傻傻、亂七八糟堆積起來的東西，不經過什麼過渡階段就接替了開始時井然有序、整齊勻稱的藤柳編織物。石蠶蛾幼蟲擁有整齊橫著堆放的柳條，牠的那個柴綑不乏某種優美雅致。現在，建築者已經成長壯大，經驗豐富，更加能幹靈巧；於是放棄協調的工程設計，另外採用不正規的、混亂的設

計方法。

　　在這兩種體系之間，沒有任何程度的過渡。在最初的藤柳深簍上突然立起一堆稀奇古怪的東西。如果不是因爲經常能找到這兩種作品疊放一起，人們肯定不敢認爲它們有共同的根源。不管它們之間是怎樣不協調，只要它們合起來，就能合爲一體。

　　然而，我的這個複製水塘並非無限期地存在。石蠶蛾幼蟲開始長大，隨心所欲，住在一個藤柳堆裡，放棄了幼年時代的藤柳深簍。這個簍子現在已經過分狹窄，成了拖累牠的沈重負擔。石蠶蛾幼蟲截去部分的簍子，牠拆開並拋棄簍子的後部。這是最初的建築物。牠在向更高、更寬的地方搬遷時，懂得用折裂的方式來減輕牠的活動房屋。現在只剩下最上一層。同樣一種雜亂無章的小樑建築技術，隨著需求而將這層延伸到飼養槽的槽口。

　　和這些簍子、討厭的柴綑在一起的，還有些其他東西。所有這些都經常出現，非常漂亮，全都由細小的貝殼組成。它們產自同一個工廠嗎？要使人相信這一點，必須得有確鑿的證據。這裡是秩序和美麗，那裡卻是混亂和醜陋；一方是精巧美觀的貝殼鑲嵌工藝品，另一方卻是一堆粗糙難看的園林。然

而，這一切的確都出自同一個石蠶蛾工人之手。

　　證據俯拾即是，舉不枚舉。在某個因木質構件混雜的難看匣子上，有時會發現一些整齊的、用貝殼製成的鑲面。同樣的，在某件貝殼傑作上連結了亂七八糟糾纏一起的藤柳的現象也不鮮見。人們看見一只美麗的匣子被野蠻地剝掉了飾物，不由得怒火中燒。

　　這些大雜燴告訴我們，這個土裡土氣的樑柱堆積者，在有機會時施展雅致的貝殼鋪砌技藝時，牠毫無區別同時製造出粗糙的屋架和精緻的鑲嵌工藝品。

　　這精緻的鑲嵌匣子首先以扁卷螺構成，這些扁卷螺選自最細小的和最扁平的。這件作品雖然並非勻稱整齊、一絲不苟，但卻是成功之作。優美的螺旋線圓圈、緊湊圍繞的裝飾物，在同一水平面上一個鑲貼一個，構成一個外觀極好的整體。從聖地牙哥–孔波斯特拉[1]歸來的朝聖客肩上的網眼面鎧，也從來沒有比這編織得更好的了。

　　然而，石蠶蛾毫不關心物體的勻稱協調，牠狂熱激情的創

① 聖地牙哥–孔波斯特拉：西班牙城市。——譯注

作慾望經常重現。龐大的和細小的結合一起。毫無分寸的物體突然豎起，大大損害井然有序的狀態。在微小的扁卷螺旁，固定著另外一些扁卷螺。這些扁卷螺中最大的像扁豆，有指甲那樣寬，不可能鑲嵌得整整齊齊。牠們漫越出整齊的部分，破壞了物體的完美。

更加亂七八糟的是，石蠶蛾不加區別，就將所有廢棄的貝殼都添進螺旋圈中，找到什麼就添進什麼，只要這類東西體積不過分龐大。在石蠶蛾收集的舊貨中，我記下有瓶螺、田螺、椎實螺、黃葵。

陸上的貝殼在居住者死後被雨水捲帶到溝渠中，這些貝殼也同樣被石蠶蛾滿意地接受。在用軟體動物的破舊衣服製作的作品裡，我發現了鑲飾著燈管螺的紡錘體、櫥窗半開的渦形飾物、牛頭螺的小塔（牛頭螺是草地的主人）。

總而言之，無論什麼材料石蠶蛾都取用一些做為建築之用。這些材料來自植物或死去的軟體動物。在水塘裡五花八門的殘渣中，石蠶蛾拒不採用的只有礫石。石頭和卵石被謹慎小心、極少錯漏地排除在建築材料之外。這是個與流體力學有關的問題。關於這個問題我們不久將會描述。目前，讓我們觀察一下匣子的建造情形吧。

　　我盡可能謹慎小心地將三、四隻石蠶蛾從牠們的匣子裡取出，放進一個容量不大、讓我能更容易、更準確進行觀察的杯子裡。多次嘗試後終於教會了我正確的方法。經過這些嘗試，我把兩種性質截然相反的材料交給這些石蠶蛾支配使用。這些材料有的容易彎曲，有的硬直不彎；有的柔軟，有的堅硬。其中一類材料為活生生的水生植物，例如水田芹、水母傘形體。這種水母傘形體在基座上有束濃密的白色植物側根，側根有馬鬃那樣粗。在這絡柔軟的頭髮裡，素食的石蠶蛾既能找到牠的建材，也能找到牠所需的食物。另一種材料則是一小捆十分乾燥、十分整齊、像一根粗大頭釘那樣粗的木質細枝。這兩種材料供應品並排放著。側根和細枝混雜在一起，大體上說，石蠶蛾可以根據牠們的方便自行選擇。

　　幾小時以後，遷居和暴露引起的慌亂騷動過去了，石蠶蛾著手為自己重新製作一個匣子。牠用腳亂七八糟地收集起一束植物側根，然後橫在上面定居下來。牠的臀部像波浪那樣起伏擺動，隱約間對這束側根進行調整。牠製成了一根不結實、不可靠的懸吊腰帶。此外，石蠶蛾並不會將構成這張吊床的細枝吃掉，這些細枝會逐漸和側根製成的懸吊腰帶一同延伸成一張具有多個拴繫點的狹窄吊床。就這樣，不用花費什麼力氣，支撐基礎就被天然纜繩適當固定起來。幾根絲線到處分布，將一堆組合起來搖搖晃晃的東西略微加固。

　　現在石蠶蛾開始進行修建工程。牠在懸吊腰帶的支撐維護下，將身子伸長，並且向前伸出中間的腳。中間的腳比其他腳長，是用於捕捉遠處的物體。石蠶蛾碰到一截植物側根，緊緊挽住，接著爬到比抓住的部位還高，好像在測量自己所需尺寸的截段。然後，牠用大顎——這把上等剪刀咬一下，將這根截段剪斷。

　　牠稍微後退回到原來吊床的高度。被剪開的截段擺在石蠶蛾胸部中央，被一對前腳支撐著。這對前腳反覆轉動、揮舞、放下、再舉起這個截段，似乎在測試安放它的最佳位置。石蠶蛾的這對前腳在三對腳中最短，是令人讚嘆、異常靈巧的手臂。這對腳最短，這使它們能夠與大顎和吐絲器（最重要的器官）迅速協調動作。它們的迅速敏捷對牠工作的進行有著重要功用。前腳精細的末端關節就像活動的鉤形指頭，就好像我們的手。

　　這是靈巧的腳。第二對腳很長，功能是抓取遠距離的材料。當這個工人測量截段並用剪刀把它剪斷時，這對腳便將工人緊緊固定。最後是後腳，它們的長度中等。當其他的腳工作時，則由它們支撐身體。

　　石蠶蛾把牠剛才剪斷的截段橫貼在胸上，在懸掛著的吊床

上略微後退，直到吐絲器和亂七八糟疊靠在一起的植物側根所
提供的支撐物平齊爲止。突然間，牠開始擺放那根截段，牠尋
找截段的中部，好讓這個截段的兩端等齊左右兩邊。牠選定地
點，吐絲器立即工作。這時前腳抓住截段保持在橫向位置，一
動也不動。

石蠶蛾在頭左右能夠彎曲的最大限度範圍內，進行截段的
黏結工作，牠用吐絲器吐出少許絲在截段中部某處。

其他截段也被用同樣的方式隔著一段距離抓住、丈量、
切剪、定位，毫不遲疑。隨著附近的樹木光禿起來，收集工作
便移到更遠的地方進行。石蠶蛾進一步將身子從支撐點外伸，
這時在這個支撐點上只剩最後幾個體節。這個懸掛搖動、柔軟
起伏的脊樑體操可眞奇特。這時石蠶蛾中間的腳正在探測周圍
地區，尋覓另一根截段。

千辛萬苦做成的製品是個用白色細短繩結成的匣子。這個
作品質地脆弱、一點也不勻稱整齊。然而根據建築者的工作情
況，我隱約看到，如果材料適合，這座建築倒也不乏優點。石
蠶蛾在剪切那些截段時，大小尺寸估算得相當好。牠讓所有截
段差不多等長，並使它們始終橫地朝向匣子的開口。

事情到此還沒有完結。工匠工作的方式常常有助於總體的協調。當泥水匠用磚頭修築工廠煙囱的狹窄通道時，他置身塔架中心，逐漸自轉搭建新的磚石層。石蠶蛾也如法炮製。

石蠶蛾在牠的匣子裡旋轉身體。牠毫無拘束阻礙，隨心所欲，採取任何姿勢，以便讓吐絲器正好面對牠要加固的部位安放。牠的頸部既不斜著朝左邊扭，也不歪著朝右邊彎。牠的頸部不會為了達到身體的後部而後仰。這隻蟲子總在牠的前面，在牠的工具所能及的準確距離之內，有個可能固定截段的合適場地。

這個截段黏結完畢後，石蠶蛾稍稍向旁邊轉身。轉身的長度與先前的黏結長度相等。牠在幾乎相同的面積上，將下一個截段固定，這個面積的大小，則取決於牠腦袋能夠擺動的最大限度。

在各種各樣的條件下，應該會搭建出了一座協調得十分精確的建築。這座建築的開口是個整齊勻稱的多邊形，但是，用小段植物側根構成的匣子為何卻是這樣雜亂無章呢？裝配得這樣笨拙呢？這個匣子就是這個模樣。

工人是能工巧匠，但材料卻不適合這項正規工程。植物側

根提供的截段外形和直徑千差萬別。有的粗，有的細；有的筆
直，有的彎曲；有的單一，有的分叉。想將這些錯落不齊的截
段整齊地裝配起來是不可能的，尤其當石蠶蛾似乎對牠的套罩
並不十分重視時，情況就更是這樣。對牠來說，這是一項臨時
工程，倉促製作以迅速遮蔽身體。事情萬分火急。柔軟的絲狀
物用大顎切斷，收集起來比藤柳更快，裝配起來也更容易，因
爲編藤柳的工作需要耐心用鋸子鋸斷才能開始。

這不規則的套子用無數根纜繩支撐維持著，最終成了基
礎。在它上面很快升起牢固的、永久性的建築物。最初的工程
建築在短時期內必然會陷塌崩潰，消失淨盡，取而代之的是新
的工程建築，一座耐久的宏偉建築物，將保持到牠的主人離去
爲止。

在杯子裡進行的飼養工作，向我顯示了另一種初始的定居
方式。這一次石蠶蛾以幾枝長滿線形葉子的眼子荣莖梗和一捆
乾燥的細枝杈做爲材料。牠暫時住在一片線形葉子上。牠那把
大顎剪刀把這片葉子橫向一剪爲二，沒有受到損壞的部分將成
爲用來拴繫的帶子，並且將爲初始階段的作業提供不可或缺的
穩定性。

在一張毗鄰的葉子上，整整一個截段被剪切掉，這個截段

多角且寬大。材料俯拾即是，節約大可不必。石蠶蛾用絲將截段黏結固定在沒有完全脫離的部分上。經由三、四次相同的操作，石蠶蛾就這樣被包裹在一個圓錐形囊袋裡。這個囊袋的袋口擴大成寬闊、有角、錯落不齊的垂花飾。大剪刀繼續工作。新剪下的截段逐漸固定在擴大的袋口內部，距離邊緣不遠，以致圓錐形囊袋延伸，收縮，最後終於用有個飄動下襬的輕帷幔將這隻昆蟲整個包起。

　　石蠶蛾在暫時或者穿上眼子菜的優質絲綢，或者穿上水田芹的側根呢絨之後，就考慮製作一個更加牢固的匣子。現有的匣子為將來的堅固建築奠定了基礎。但是，必不可少的材料在狹窄的鄰近地區短缺稀有，必須外出到處走動尋找。而到目前為止，牠還沒有這樣做過。為了外出，石蠶蛾弄斷牠的纜繩，也就是說，弄斷保持匣子穩定的植物側根，或者弄斷被切剪了一半的眼子菜葉子。圓錐形囊袋就立在這張葉子上。

　　石蠶蛾現在自由了。人工的水塘——一個水杯，十分狹小，這使牠很快便找到牠要尋找的東西。這是一小綑乾燥的細枝，我特地為牠選擇的細枝，十分整齊，而且直徑很小。這個木匠比牠利用側根時更加細心地在細枝上丈量了一個合適的長度。身體向即將截斷的部位伸展，而這伸展度向牠提供相當準確的度量資料。

　　石蠶蛾用大顎耐心地鋸開牠要的截段，用前腳抓住，把它橫放在頸部下面。牠退回原來的住所，後退的動作把這個截段帶到匣子邊緣。於是，牠用對植物側根截段進行加工的相同方式重新開始。就這樣，中央寬闊地黏結起來、兩端空著的等長小木塊疊搭起來了。

　　這個木匠用供牠使用的優質材料修建了相當漂亮的建築。細枝全部橫著排列，因為這樣的排列方向對運輸和安排布置最方便。當吐絲器工作時，兩隻控制圓材的臂膀同時抓握住截段，在細枝中部固定住。每次黏結的長度都穩定不變，因為當絲吐出時，這個長度等於頭可以彎曲的程度。建築總體呈多角形，接近五角形；這是因為從一個截段到另一個截段，轉身的弧形與每次黏結的範圍相等。工作方式的規律性使建築也勻稱整齊，很有規律。但是，在這之前所選用的材料也必須是整齊統一的。

　　石蠶蛾在天然的水塘裡並不常擁有我在水杯裡向牠提供的優質藤柳。牠什麼材料都用一點。牠依原樣使用牠身旁的材料——木頭片塊、粗大種子、空貝殼、莖稈段、任何形狀的碎片，不管好壞，是怎樣就怎樣使用。不進行鋸削修改，就用於建築。這樣一種大雜燴——偶然的果實，結出的就是一座七拼八湊的醜八怪建築。

石蠶蛾這個木匠工人沒有忘記自己的才能，只是獨缺優質
材料。如果牠發現一處合適的建築工地，就會立刻回到合乎規
範的建築上來。牠身上帶著這種建築工程的設計圖。牠用全都
同樣大小的死扁卷螺製作飾面華麗的匣子。牠用一束細根（由
於腐爛，這些細根已經減縮得只剩下僵硬豎直的木質中軸）製
作漂亮的柴綑。而我們的藤柳製品也可以在這些柴綑中找到樣
品的。

讓我們看看當石蠶蛾無法對藤柳——牠喜愛的截段進行加
工時，牠工作時的情況。如果提供牠粗糙的碎石，我們就會得
到一個土裏土氣的匣子。牠使用淹浸種子的這種癖好，例如鳶
尾種子，使我產生了測試種子的想法。我選擇了稻米。稻米由
於堅硬等同木材；由於美麗的白色、球形的外形，是個深具藝
術性的建築材料。

顯然的，我的那些赤身裸體的石蠶蛾不能用這些稻米做為
建築的基礎，牠們將最初的基礎固定在哪裡呢？一個迅速建成
的、耗費不大的基礎，對牠們來說是不可或缺的。水田芹的側
根構成的臨時匣子提供了基礎。接著水稻的籽粒被放置在這個
支撐物上。這些籽粒或直或斜地一些集結在另一些上面，最後
形成一座優美雅致的小象牙塔。繼細小的扁卷螺構成的匣子之
後，這是石蠶蛾的靈巧技藝向我提供的最漂亮的作品。一種美

觀整齊、井然有序的狀態恢復了，因爲材料的同質、整齊，有助於石蠶蛾工人實行正確規範的方法。

這兩項證明已經足夠了。稻米和細枝這兩種東西證實了，石蠶蛾並不是愚蠢荒謬的傢伙，並不像水塘裡那些怪裏怪氣、荒唐可笑的建築物所表現的那樣。這些從事大型建築工程者堆積起來的物品，這些用不同的材料拼湊而成的荒誕的藝術品，是隨處偶然發現的物品帶來的無法避免的結果。石蠶蛾湊合著使用這些物品，無法有所選擇。水棲木匠有自己的技藝和次序原則。好運來時，便能加工出一些漂亮的東西；運氣不佳時，就像別的動物那樣，會造出一些醜陋不堪的東西。窮困導致醜陋嘛。

石蠶蛾的另一個特點也值得人們注意。牠雖多次經歷艱難困苦的磨煉，卻仍然堅韌不拔。當我讓牠裸露的時候，牠又以這種堅韌不拔的精神爲自己製作另一個匣子。這與大多數昆蟲的習性恰好形成鮮明的對比。大多數昆蟲不重複做過的事，只根據習慣把做過的事繼續做下去，而不考慮受到破壞的或者已經消失的各個部分。石蠶蛾卻重新開始做起。這個例外給人十分強烈的印象。牠是從哪裡得到這種才能的呢？

我首先了解到，緊急警報一響，石蠶蛾很快便逃離牠的匣

子。在捕魚的地方，我把捕獲到的石蠶蛾放在幾個馬口鐵盒子裡。除了這些捕獲物身子浸濕外，盒子一點也不潮濕。我把這堆捕獲物略微壓實，以避免討厭的雜亂現象，並且方便我放置在有效利用的空間。在這方面，我不需要關心其他問題。在我用來捕魚和回家的兩三個小時內，可以讓石蠶蛾保持良好的狀態，這樣就足夠了。

我到家時，發現這些石蠶蛾中很多已經離開牠們的居所。牠們赤身裸體在空著的和那些沒有出走的留居者的匣子之間亂鑽亂動。眼見這些被撐出住所的小傢伙在豎著的小木板上，拖著裸露的肚子和易碎的、用來呼吸的毛皮，惻隱之心油然而生。不過，困難並不太大。我將牠們全都倒進了玻璃池塘裡。

沒有一隻石蠶蛾重新尋找未被占用的匣子。也許要找到一個正好適合自己身體大小的匣子，需要的時間太長。捨棄破舊衣服，為自己重新製作一個嶄新的匣子，或許更加可取。朝夕之間，這些一絲不掛的蟲子便用玻璃食槽裡的材料——細枝葉束和水田芥束，為自己修建了至少是暫時的、用植物側根修築的住所。

水塘裡缺水而且嘈雜騷亂，使得這些石蠶蛾囚徒極其驚惶不安。牠們在巨大的危險迫在眉睫的時刻，急急忙忙脫掉難於

攜帶的、礙手礙腳的豔麗綢上衣，逃之夭夭。牠們剝脫外衣以方便逃難。這種突如其來的驚惶失措並不是我引起的。那些對池塘裡的事物感興趣且頭腦簡單者，爲數並不多，石蠶蛾沒有提防這些人陰險奸詐的行爲。石蠶蛾突然放棄巢室，肯定有人的煩擾之外的其他原因。

這個原因，眞正的原因，我隱約知曉了。最初，玻璃水塘被一打龍蝨占住。這些潛水者的活動方式非常奇怪。某天由於缺少爲石蠶蛾準備的住所，我毫無惡意地把兩隻石蠶蛾借放在這些龍蝨的住所中。唉，我這個冒失鬼眞是做了件什麼樣的好事呀！這些海盜——龍蝨，一開始退到遍布石頭的坑窪中，之後立刻得知有了從天而降的豐足食物。

牠們奮力划槳，迅速地奔去，撲向木匠——石蠶蛾的隊伍。每個匪徒抓住一個匣子，從中央動手剖開，同時拔掉貝殼和小片木柴。當這場爲了取得匣內包藏的美味佳肴的活動正激烈進行時，石蠶蛾被緊緊夾住，在匣子口出現。牠滑到外面，在龍蝨眼前迅速逃走，而龍蝨似乎並沒有察覺。

我在這一冊的一開始已經說過：殺人者這個職業不需要智力。兇狠殘暴的匣子剖開者沒有看見從牠的爪子之間，在牠的獠牙之下溜掉並且狂亂逃走的小香腸，牠繼續抓拔屋頂，撕碎

絲質襯裏。缺口打開了，但牠期待的東西卻不見蹤影，真是尷尬萬分。

可憐的傻瓜！受迫害者從你的鼻子底下逃走了，而你卻沒有看見。牠沈下水底，在不可勝數的神秘岩石叢中避難藏身。如果事情發生在池塘的廣闊範圍內，很清楚的，大多數受迫者用這種迅速逃離的巧妙辦法就能擺脫困境。牠們逃往遠處，從極度驚慌失措的狀態中恢復過來後為自己重新製作匣子。直到新的進攻發動以前，一切都已結束，而新的進攻將被用同樣的計謀打敗。

但在我狹窄的水塘裡，事情卻變得更糟。當匣子遭到破壞後，逃得太慢的石蠶蛾被咬碎了，龍蝨回到遍布石頭的水底，那裡遲早會發生悲慘事件。一絲不掛的逃亡者會集一起，立刻被龍蝨撕得粉碎，成了吞下肚子的美味佳肴。一天一夜後，我的羊群——石蠶蛾中，一隻也沒活著。為了繼續我的研究，我不得不把龍蝨安頓到別處。

在天然環境中，石蠶蛾有牠的天敵，其中最可怕的似乎是龍蝨。如果說為了打敗強盜的進攻，石蠶蛾想到趕緊放棄牠的匣子，這個策略當然是適當的。但是，這時卻伴隨著一個特別的條件，這就是重新建造房屋的才能。石蠶蛾在這方面有很高

的天賦。我很自然地在龍蝨和其他海盜的迫害活動中看到了這種才能的根源。需要是技藝之母。

　　某些毛石蠶蛾屬和長角石蠶蛾屬的石蠶蛾身上蓋滿沙粒，從不離開小河底。牠們在被水流沖刷清掃得乾乾淨淨的河底東遊西逛，從一塊礁石遊到另一塊礁石，不想到水面上漂浮，不想在陽光下歡樂地航遊。而這些具有木柴和貝殼裝配工具的石蠶蛾卻有著較多的優勢。牠們能夠在除了自己的一葉扁舟，沒有其他支撐物的情況下，無限期地將自己維持在水面上，能夠集結成不沈的小船隊停在水面上休息，甚至能夠在水面上划槳移動。

　　牠們這種特長來自何處呢？小柴捆是一種密度比液體密度還小的木筏嗎？老是空著的、能夠在坡道裡包藏氣泡的貝殼是浮筒嗎？粗大的藤柳破壞了作品的整齊勻稱，是為了減輕過重的物體嗎？懂得平衡規律的石蠶蛾是根據具體情況時而選用較輕的材料，時而選用較重的材料，以便得到一個能夠漂浮的整體嗎？這裡的種種實際情況都否認，這個蟲子能夠做出這樣關於流體力學的精細計算。

　　我把一些石蠶蛾從牠們的匣子裡取出，並且讓這些匣子像原來那樣接受水的考驗。在這些匣子中，整個由木質碎片構成

的，或者由各種成分混合構成的，沒有一個能夠漂浮。貝殼構成的匣子像砂礫那樣迅速下沈，其他的則緩緩沈入水中。

我一件件實驗單個孤立的材料。即使在那些似乎被多圈螺塔減輕的扁卷螺中，也沒有一個貝殼能夠保持在水面上。木質碎片分爲兩部分。一些經久變爲褐色、浸飽水分後，便下沉到水底；這種碎片俯拾即是。其他較新、吸水較少，漂浮情況十分良好，但卻寥寥無幾。正如整個匣子所顯示的那樣，各種因素湊合在一起的結果是下沈。讓我們再加上這一點：從匣子裡取出來的昆蟲也沒有漂浮的能力。

石蠶蛾在沒有水草支撐，而牠本身和牠的匣子又比水重的情況下，該如何停留於水面上呢？牠的秘密很快就會被揭露。

我從水中取出幾隻石蠶蛾，把牠們放在吸水紙上。這張紙能吸收不利於觀察的過多液體。這隻蟲子離開了牠的天然居留地，頑強地慢慢前進，顯出焦慮不安的樣子。牠的身子一半脫離匣子（這次全是木質的）後，牠用腳緊緊抓住支撐物表面。這時，牠收縮身子，把匣子再拉向自己。匣子半立著，有時甚至垂直豎立。牛頭螺也是像這樣緩緩慢慢前進，每次爬行時都把甲殼稍稍抬起。

石蠶蛾在露天停留兩分鐘後，我重新把牠放到水中。現在牠漂浮起來了，但卻像個壓載物填裝較差的圓柱體般。匣子垂直豎著，後孔與水面平齊。一個氣泡很快從這個孔裡逸出。這艘小船沒有了空氣裝載物，就立刻下沈。

用有貝殼的石蠶蛾做實驗得到的結果相同。首先，牠們在水面上漂浮，垂直豎立，然後在從後天窗排出氣泡後浸入水中，比頭一批石蠶蛾下沈得更快。

秘密已經揭曉，這就夠了。石蠶蛾或者用木頭，或者用貝殼包裹身體，這些材料始終比水重，但牠能夠借助臨時氣球將自己保持在水面上，氣球能減輕總體的密度。這種器械的運轉非常簡易。

讓我們仔細察看一下石蠶蛾的匣子後部。這個部分被截去一段，大大張開，有個橫隔膜。橫隔膜是吐絲器的產物。一個圓形洞口占據這個帷幕的中心，匣子下沉的推力就來自那裡。匣子勻稱整齊，不管牠外部多麼粗糙難看，內壁卻十分光滑，裝填著緞子似的物質。這隻昆蟲在後部用兩個鑽入絲質裏層的鉤子武裝自己，因此可以隨心所欲地在管狀匣子內部前進或倒退，而將牠的掛鉤固定在牠願意固定的部位。這樣，當六隻腳和身體前部在外面操作時，牠就可以藉此控制掌握匣子。

石蠶蛾的身體靜止不動時，完全收縮，占據整個管狀的容納空間。但是，不管身體向前收縮多少，或者情況好一些，身體部分離開，緊接在這種幫浦活塞之後，形成了一個空隙。這個空隙利用後天窗，沒有活門的閥門，立刻充注了水。這樣，含有氣體的水在鰓（分布在背部和腹部柔軟的濃密纖毛）的周圍就能進行交換。

這一下活塞的推動只牽連呼吸活動，牠不能改變密度，幾乎絲毫不能改變這個比水更重的東西。要減輕，首先必須上升到水面。爲了達到這個目的，石蠶蛾越過草堆，從一個支撐物到另一個支撐物。儘管牠在亂糟糟的一堆柴綑中，行動起來困難重重，牠仍然堅毅不拔，頑強地實施自己的計畫。牠到達目的地後，稍稍讓身體後端露出水面，推動一下活塞。

活塞推動形成的空隙充滿了空氣。這就夠了。小船和船夫都有辦法漂浮了。草堆支撐物從此不再有什麼作用，於是被拋棄。這是在水面上，在陽光朗照之下，歡樂地展示各種動作的時刻。

石蠶蛾做爲航行者並不具有什麼顯著特長。打轉、掉頭、做後退動作移動，這就是牠能夠做到的一切，而且做起來相當笨拙。牠的身體前部離開匣子後，發揮船槳的功能。這個部位

突然升上水面三、四次，彎曲起來，再次落下攪水。這些重複的拍水動作把這個笨手笨腳的划船者帶到附近新的地區。光是渡越張開的大拇指和小指之間那樣長的距離，對這個船夫來說便是一趟長途旅行了。

此外，石蠶蛾沒有在水面上搶風航行的癖好。牠寧願在原地亂動亂扭，結成船隊在水面上停留。當返回安靜的水底，返回布滿泥沙的河床的時刻來臨時，這個小傢伙曬足了太陽，完全縮回牠的匣子裡，推動一下活塞，排掉後部住所的空氣。正常的密度恢復了，牠慢慢完成潛水動作。

我們看見，石蠶蛾在製作牠的匣子時，不需要關心流體力學。儘管牠的作品看起來不協調勻稱，但牠並不需要把輕的和重的按照正確比例組合起來。在牠這個作品中，體積龐大、密度較小的東西，似乎與濃縮的和沈重的東西互相抵銷，所以牠是使用其他妙法巧計浮上水面、漂浮、再潛入水中的。牠利用水草階梯做為支撐升上水面。只要拖帶的重量不超過這隻蟲子的力氣所及，匣子的平均密度就無關緊要了。而且，負載的物體在水中移動時往往重量會大大減輕。

被容納進入這隻昆蟲暫不使用的後室的氣泡，使石蠶蛾能夠不用做什麼就可以在水面上無限期地停留。石蠶蛾要再潛入

水中只需完全縮回匣子就行了。空氣已經排掉，這艘獨木舟恢復了大於水密度的平均密度，馬上沈浸，自動下沈。

因此，除了小石子以外，石蠶蛾建築者並不挑剔建材，也不計算平衡。粗大的也好，細小的也好；藤柳也好，貝殼也好；種子也好，圓材也好；對牠來說全都合適。這一切雖然全都是隨便拼湊起來的，卻構成了一個無法攻克的堡壘。只有以下這點是在搭建堡壘時被嚴格規定的：

總體重量必須略微超過排開的水的重量。否則在水塘底，如果沒有抵擋水的浮力的永久性錨地，就不可能穩定。同樣的，當心驚膽戰的石蠶蛾想逃離變得險象環生的水面時，即時下沈也是辦不到的。

要比水重的這個主要條件也不需要具有清晰的判斷力，因爲幾乎整個匣子都是在水塘底製作的。所有材料已經在水塘裡隨意聚集，並且沈降在那裡。在匣子裡，可以漂浮的物體很少。如果石蠶蛾想要排解無聊，而在水面上嬉戲玩耍時，牠們會將匣子固定在柴捆上，所以也不用考慮匣子特有的輕巧。

人類有自己的潛水艇。在潛水艇裡，精巧的水力學施展牠最高超的本領。石蠶蛾也有自己的潛水艇。這些潛水艇露出水

面，與水面平齊航行，再潛入水中，甚至用逐漸消耗空氣裝載物中的空氣的方式在水中停留。這種器械非常平衡，非常靈巧，不需要製作者有什麼知識學問。這是自然而然做成的，符合事物普遍和諧的設計原理。

第二十一章
避債蛾的產卵

　　春天，在古舊破敗的城牆和塵土飛揚的羊腸小道中，總讓善於觀察事物的人大吃一驚。一些小小的柴捆無緣無故地搖動，像受到驚嚇跳著前進。死氣沈沈的活躍起來；靜止不動的運動起來。這是怎麼回事呀！讓我們仔細瞧瞧吧！這個發動機似的東西馬上就露臉了。在移動的柴捆裡，有條相當粗壯的毛毛蟲，身上黑白兩色相間，非常好看。這條毛毛蟲或許是在尋找食物，或許是在尋找身體變態的地點，匆匆忙忙、惶恐不安，身體裹著細枝形成的奇裝異服。從這件衣服裡伸出的只有腦袋和半截身子。前半身有六隻腳。一有風吹草動，毛毛蟲就縮進整個身子，不再動彈。這就是這個遊動的、荊棘叢生的小柴捆的全部秘密。

　　背負著小柴捆的毛毛蟲屬於避債蛾。避債蛾這個名稱暗指

古代的普賽克①——靈魂的象徵。但願這個名字不要將它所蘊含的意義引領到不適當的解釋。昆蟲學專業詞彙分類者目光短

避債蛾

淺、眼界狹窄，在賦予 Psyché 這個名字時完全不關心「靈魂」這樣的意含。他們只希望為這種昆蟲取個優雅的名字，當然他們無法找到比這更合適的名字。

　　畏寒怕冷、皮膚裸露的避債蛾，為了遮護自己的身體，修建了一個攜帶方便的簡陋住宅。這是一座活動茅屋。茅屋的主人在還未蛻變為蛾之前，永遠也不會棄屋而去。這個茅屋勝過普通的茅屋，也比流浪者的麥稈頂篷馬車更好。這隻蟲子穿著隱士服裝，這套服裝是用罕用的棕色粗呢製作的。多瑙河農民穿著山羊毛寬袖外套，繫著海生燈心草腰帶。避債蛾的服裝更加質樸。這種昆蟲用小樹枝為自己織就一套衣服。沒錯，這堆七拼八湊的粗柴衣服，對牠那細嫩的皮膚來說，可真是件苦行僧衣。於是牠為柴衣添加了厚厚的絲綢襯裏。鋸角金花蟲穿著陶瓷，避債蛾則穿著柴綑。

　　四月，我沿著主要觀察地點的牆面，找到了會向我提供最

---

① 普賽克：避債蛾的法文為 Psyché，音譯為普賽克，亦譯為普緒客。在希臘神話和羅馬神話中，普賽克是人類靈魂的化身，以長著蝴蝶翅膀的少女形象出現，與愛神相戀。——譯注

詳盡情況的避債蛾。牠懸吊在那裡。我的觀察地點是少有的——幾阿爾邦卵石地，那裡蟲子滿谷滿坑。這時，避債蛾正處於變態前的昏沈狀態，我們暫時不能了解到別的情況，就來了解一下柴捆的結構和組成吧。

這是一座相當規則齊整的組合物，呈紡錘形，差不多四公分長，前部固定，後部寬鬆地散開，可以自由活動。如果避債蛾隱居者除了麥稈屋頂之外沒有其他防護物，這就形成了一個聊勝於無的避免日曬雨淋的隱蔽所。我粗略地察看了一下隱蔽所的外表，並受到啓發，於是採用了「麥稈」這個詞。其實，這個詞用在這裡並不準確。相反的，在這裡禾本科植物的莖稈很少。這對這種昆蟲未來的家庭卻有很大的好處。我們之後便會了解到，這種昆蟲未來的家庭在中空如管的小柵條內是找不到什麼適合牠的東西的。在這個隱蔽所的外表主要是些富含髓質的殘渣，細小，輕薄，軟嫩，正如各種不同的菊苣那樣。此外，那裡還有山柳菊和尼姆的有翅蒴果的花莖。隨後我還認出了禾本科植物的葉子、柏樹有鱗片的細枝、小塊木柴。後者是避債蛾隱居者退而求其次而採用的粗糙材料。然而，如果偏愛的材料一概短缺，這個隱蔽所的外牆有時就用有著荷葉邊的寬大物體，換句話說，用隨便取材的乾枯樹葉將外表補全。

上面關於建材的統計清單不管多麼不完整，還是讓我們看

到避債蛾毛毛蟲除了對富於髓質的食物特別喜愛以外，並不會
強烈排斥使用其他材料。這種毛毛蟲不加區分地利用牠周遭的
任何東西。只要是輕的、乾燥的、因在空氣中長期停留而受到
浸漬的、面積符合工程預算的就可以。找到的東西只要差不多
適合，就被原封不動地加以利用，不做任何改動，不用鋸子鋸
成標準的長度。避債蛾不切削房頂上的板條，牠所要做的只限
於將這些板條的前端固定好，按疊瓦狀將一根排列在另一根的
後面。

　　為了方便避債蛾毛毛蟲行進，特別是在置放新材料時要注
意讓腳可以易於活動，所以這件外衣的前部需要特殊的結構。
那裡不許有小樑形成的覆蓋層。這個覆蓋層長而堅硬，會妨礙
避債蛾毛毛蟲工人行進，甚至使牠不能繼續工作。於是，十分
靈活、有利於向四面八方彎曲的圓筒就成了必需品。

　　的確，小柴綑在離外衣前端不遠處突然消失，被一個頸狀
物取而代之。這個頸狀物呈絲質網狀結構，上面布滿了極其細
小的木塊。這些木塊可以有效地加固結構而無損於它的韌性。
這個頸狀物主宰著活動的自由，非常具有重要性，以致所有的
避債蛾都利用它。不管外衣的其他部分有多麼不同，所有避債
蛾在小柴綑的前部都有一個易於彎曲、觸摸起來十分柔軟的細
瓶頸。瓶頸的內部由純絲構成，外部則由纖細、帶有絨毛的殘

渣構成。避債蛾毛毛蟲是用大顎磨碎這些十分乾燥的麥稈的。

絲絨顯然因為陳舊、褪色，而失去了光澤。這件外衣的尾部是個附屬物，相當長，裸露，頂端半開。

現在讓我們將這個熱帶茅屋隱蔽所慢慢拆開。這裡的柵條數量各不相同，甚至有八十根以上。拆除了柵條的隱蔽所是個空心圓柱，從一端到另一端，結構都相同。圓柱的前後兩個部分是自然裸露的部分，由一種很牢固的絲質組織構成，很結實，用手指拉也拉不斷。絲質組織很光滑，內部很白，外部灰暗粗糙，鑲嵌著小木片。

探查避債蛾毛毛蟲如何製作這件織工精細的外衣的時機即將來臨。這件外衣的裏層直接和皮膚接觸，因此井然有序地疊放著非常柔軟的綢緞和混合材料。混合材料是一種覆蓋著一層灰粉的木質棕色粗呢，它能節省絲質的使用，並使衣服更加堅實牢固。最後，襯裏中還可發現按疊瓦狀排列的板條所形成的瓷器。

不同的避債蛾毛毛蟲在保持外衣的共同結構的同時，在衣服的細節上卻呈現了明顯的多樣性。例如第二種避債蛾。這是我最近好運發現的三種避債蛾中生長最慢、成熟最晚的一種。

我是在六月末匆忙穿過住宅附近一條滿是塵土的小路時，與這種蟲子相遇的。牠的外衣在尺寸和整齊上都超越了前面那種。外衣上厚密的覆蓋層鑲著許多小片。在這個覆蓋層上，我有時找到一些不同性質的、中空的小截段；有時找到一些纖細的麥稈片；有時還找到一些來自禾本科植物葉子的長帶子。牠身體前部沒有枯葉所形成的頭巾。這東西十分笨重，雖然變成通用物品，卻是第一種避債蛾的服裝上相當常見的飾物。牠身體後部沒有裸露的門廳，除了必不可少的細頸外，身體的其餘部分均被小柵條覆蓋。這套外衣沒什麼變化，但總的來說，在嚴肅、正規、整齊之中也不乏優雅。

身體最小、衣著最簡樸的是第三種避債蛾。從冬末起這種小避債蛾就滿谷滿坑。牠們靠在牆上，藏在橄欖樹、聖櫟、榆樹和其他樹木坑坑窪窪、凹凸不平的枯樹皮裡。這種避債蛾身上穿戴的外衣是個不大的簡陋盒子，長度不超過一公分。隨手拾起的一打腐爛的麥稈，平行疊放，連同絲質襯裡，就成了這種避債蛾製作服裝的主要材料。想穿得比這更經濟節省，真是談何容易。

第三種避債蛾，這種吝嗇的蟲子雖然外表並不惹人注目，卻將向我們提供有關避債蛾奇特的、最原始的歷史資料。我在四月天大量獲得這種蟲子，並將牠們安頓在金屬鐘形網罩裡。

我不知道牠們吃些什麼。在其他情況下一無所知是件憾事，但現在卻讓我不必費力關心糧食的問題。我的大部分小避債蛾為了變態，原本懸掛在牆上和樹皮上，現在牠們被拔下後，處於蛹的狀態。其中有幾隻仍然十分活躍，匆匆忙忙攀爬到金屬網罩頂部，用小絲墊垂直地將自己固定。然後一切回歸平靜。

六月將近尾聲。第三種避債蛾的雄蛾孵出了，留下的繭殼一半插在外衣裡。外衣固定在黏附點上，一直留在那裡，直到惡劣的氣候將它摧毀。小避債蛾只能從小木柴捆後端的門廳出入，因為小避債蛾毛毛蟲把前部開口──居所真正的門，固定在支撐物上後，便三百六十度翻轉身體，以顛倒的姿態進行身體變態。如此一來，就讓小避債蛾一旦蛻變為成蟲後，就可以從後端的門口到外面去。這時只有這個出口是暢通無阻的。

這也是各種避債蛾所採用的方法。住宅有兩扇門。前門比較整齊、結構更加細緻，在避債蛾幼蟲時期提供服務。蛹期來到時，便關閉起來並且牢牢地固定在懸掛點上。後門顯得不大整齊，甚至被下陷的內壁遮蓋起來，這是專為蛾服務的。它在避債蛾的蛹或成蟲的推動下半開。

我們的小避債蛾穿著簡樸的灰白色衣服，翼很小，展開幾乎不超過普通的蒼蠅大，但仍不乏優雅。牠們的觸角是漂亮的

羽毛飾。牠們的翅膀邊緣有著絲狀流蘇穗子。牠們在鐘形罩下旋轉飛舞，忙得不亦樂乎。牠們拍著翅膀，掠過地面。牠們興致勃勃，忙著圍繞居所飛來飛去。這些屋子沒有什麼與眾不同之處。小避債蛾穩穩地立在茅屋上，用羽毛飾探測著。

從這股狂熱的激情中，可以辨認出尋求雌小避債蛾的熱戀者。牠們之中有些從這裡，有些從那裡，每隻都能配對成功。但是，膽小的雌小避債蛾卻足不出戶。就這樣，在茅屋後端的窺視孔中，婚禮悄然無聲地進行。雄蛾在這個後天窗上停留一段時間，事情辦好了，婚禮結束了。關於這次婚禮不必談得更多。參與者互不相識，互不相見。

我趕緊把剛才發生了神秘事件的幾個柴綑放在玻璃試管裡。幾天之後，小避債蛾隱居者走出茅屋，樣子十分淒慘。這隻小避債蛾，這個小小的醜八怪！人們很難想到牠這樣寒酸。初生的毛毛蟲也不比這更加陋俗卑賤。這隻小避債蛾沒有，絕對沒有翅膀，也沒有絲質皮毛。在牠的腹尖有個厚實的環形軟墊，還有個骯髒的白色天鵝絨環圈。在每個體節上，在背部中央，有個黑色長方形大斑點。牠的裝飾就只有這些。這個小避債蛾母親拋棄了名字所賦予牠的優雅。

在這隻小避債蛾母親身上毛茸茸的環圈中央，豎著一根長

產卵管。產卵管由兩個構件構成。一個構件僵硬，構成這個器官的基礎。另一個構件柔軟、易彎，像插入刀鞘那樣插入第一個構件，就如同望遠鏡裝回到鏡盒一樣。孵卵的小避債蛾蜷曲成鉤狀，用六隻腳緊緊抓住柴屋下端，並且將牠的探測器伸進後天窗。這扇天窗有多種功能。牠使秘密婚禮得以進行，使受孕者能夠外出，使卵能夠安置，最後並使年幼的子女能夠成群遷移。

小避債蛾母親停留很久，始終動也不動，蹲在柴屋的後端，像個鉤子。然而，牠這樣斂神屏氣是在做什麼呢？牠把卵安放在牠剛剛離開的住所裡。牠將自己的柴屋當作遺產傳給了子女。三十幾個小時過去了，產卵管終於抽出，卵產下了。

小避債蛾母親用尾部的環圈提供的一些毛絲碎屑將門閉鎖，預防敵人入侵。溫柔的小避債蛾母親用牠極端貧困時所剩下的唯一服飾，為牠的一窩孩子築起一道路障。更妙的是，最後牠用自己的身體修建了一座堡壘。牠一陣痙攣後，便將身體固定在門檻上。牠就在那裡死去，變乾，到死還對家庭忠心耿耿，除非意外發生，刮起一陣大風，才能使牠跌下崗位。

讓我們打開這間柴屋看看。裡面有蛹殼。蛹殼除了前端有裂口外，完整無缺。小避債蛾從這個裂口外出。雄小避債蛾由

於身上的翅膀和羽毛飾會阻礙牠穿越狹窄的通道，於是在蟲蛹狀態時便向住所的大門前進，走出半個身子。如此一來，一旦這隻幼嫩的蛾弄破牠琥珀色的衣衫，便可以立刻為自己找到自由的空間。在那裡騰飛是可能的。然而小避債蛾母親因為沒有翅膀和羽毛飾，也就不必這樣小心翼翼。牠身體裸露，呈圓柱形，酷似小避債蛾毛毛蟲；因此，牠能夠爬行，能夠進入狹窄的通道，能夠毫無阻礙地外出。牠的蛹殼留在屋子底部，妥善地藏在屋頂下面。

這是細心且溫情的審慎。卵的確被擠塞在蛹殼這個小桶裡，擠塞在這個脫落的皮殼形成的羊皮紙袋裡。小避債蛾母親把牠那望遠鏡般的產卵管插到這個接收器的底部，按部就班地、有條不紊地用牠的卵一層層將這個接收器填滿。牠不滿足於只是把牠的住所、牠的天鵝絨環圈傳給牠的子女，而且還做出最大的犧牲，把牠的蛹殼也傳給牠的子女。

我試圖讓自己可以簡便輕易地跟蹤觀察即將發生的事，於是將一個盛滿卵的蛹殼從柴綑裡抽出，把它單獨放在一支玻璃試管裡，放在柴屋旁邊。等待的時間不長，在七月的第一個星期，我突然擁有了一個小避債蛾大家庭。迅雷不及掩耳的孵化速度，讓我的觀察遭受到了挫折。小避債蛾幼蟲有將近四十來隻，牠們都已穿戴好衣服。

　　牠們戴著波斯人的帽子。帽子是用上等白色棉絮製作的，就像祆教僧侶的圓錐形冠冕。讓我們有分寸些，就說牠們戴的是一種沒有帽頂細繩的棉帽吧。只不過這頂帽子不是戴在頭上，而是將幼蟲的後半身遮住。試管裡熱鬧非凡。對寄宿在我這裡的蟲子來說，這支試管是個寬敞的逗留處。牠們東遊西逛，將帽子翻起，幾乎與支撐面垂直。擁有這頂圓錐形帽子和糧食，生活想必是甜美的。

　　但是，牠們的糧食是什麼呢？長在裸石上和老樹皮上的東西我全都試過。小避債蛾一概不接受。比起吃來，這些蟲子更急於穿，根本不理睬我為牠們端來的美食。但是只要我能夠親眼見到帽子的框架是用什麼材料和用什麼方式製作的，我這位無知的飼養者，在以後的飼養工作就不會有什麼不便了。

　　我可以懷抱這個願望，因為蛹殼裡的卵許多都未孵化。我在那裡找到了剩餘的家庭成員，數量像孵出的蜜蜂一樣多。牠們在弄皺的卵膜裡亂鑽亂動。小避債蛾一次產卵的總數是五、六打。我將已經穿上衣服的小避債蛾早熟蟲群移到別處，只把完全裸露的晚生幼蟲留在試管裡。牠們頭部呈淡紅色，身體約一公釐長。

　　我的耐性沒有受到長時間的考驗。第二天這些晚生的小避

債蛾幼蟲就逐漸單獨地或成群地離開了蛹殼。牠們從小避債蛾母親破殼而出的前部裂口出來，沒有破壞這個脆弱的袋子。這個袋子雖像蔥皮那樣纖細，有著龍涎香香味，但卻沒有被當作衣服的材料，而蛹殼裡被拿來鋪設產卵用的鬆軟小床的細棉絮，也沒有被當作材料。即使這種棉絮絨毛似乎對畏寒怕冷、急於覆蓋自己身體的蟲子來說，非常之好。那麼，製作衣服的材料到底來自何處，我們很快就可以找到答案。絨毛沒被運用。對整整一窩蟲子來說，這些絨毛顯然不夠。

　　所有的小避債蛾都直接前往粗糙的柴捆堆放處。我將柴捆放在繭旁邊。事情十分急迫，在進入外面世界和前往牧場之前，首先必須穿上衣服。因此，所有的小避債蛾都同樣幹勁十足，攻奪舊的柴屋，匆匆忙忙穿上母親的舊衣。一些小避債蛾把偶然開闢為構槽的柴屋內那鬆軟的白色內層刮得乾乾淨淨。一些小避債蛾勇往直前，深入一根中空的小樹枝隧道，在黑暗中收集棉布。材料都是優選的，編織出來的外套都白得耀眼。其他一些小避債蛾則啃咬柴綑，為自己製作五顏六色的衣服；在這件衣服上，褐色的細粒讓衣服不那麼的雪白。

　　小避債蛾的大顎是收集材料的工具。大顎這把大剪刀，每邊都有五顆強而有力的牙齒。切削器的齒輪接合起來，適於抓拔任何不管多細的纖維。用顯微鏡觀察，這個機械的精確度和

力度都著實令人讚嘆不已。綿羊如果依照身體比例這樣配備工具的話，牠就不用貼著地面剪草來吃，而是從樹根處開始啃咬樹葉了。

　　幹勁十足爲自己製作棉帽的小避債蛾幼蟲的工作坊，眞是令人大開眼界。從產品的完美無缺中，從使用方法的奇妙精巧中，可以觀察到多少事物啊。爲了避免重複，我們就別再囉嗦，言歸正傳，簡述第二種避債蛾的才能吧。這種避債蛾體型更大，觀察也更容易。牠和第三種避債蛾整經工所運用的方法相同。

　　讓我們還是看看蛋杯的底部吧。這是總工地。因爲我是在柴綑中取得矮小的蟲子——第二種避債蛾的幼蟲，所以我就在這個工地上安置牠們。這些矮小的蟲子有好幾百隻，工地裡還有牠們出生的卵膜以及各種胚莖截段。這些胚莖選自最乾燥的和髓質最多的胚莖。多麼熱鬧的場面啊！多麼震耳欲聾的喧鬧景象啊！

　　米克羅墨加斯爲了察看人，用頸圈上的鑽石爲自己磨削一隻透鏡。他屏住呼吸，擔心把弱不禁風的東西捲帶到鼻孔的風暴中。輪到我自己了。我是來自天狼星的巨人。我把放大鏡放在肉眼下面。我暫時停止呼吸，讓我那些穿著棉布衣服的避債

蛾幼蟲工人不至於跌倒，不至於被秋風掃到。如果我需要將其中一隻放在更高倍的放大鏡下，我就用一根塗膠的小樹枝去黏取，或者用嘴唇舔過的細針尖去抓捕。這隻小昆蟲被我從工地移開後，在針尖上竭力掙扎、收縮、變小（牠本來便已經很小）。牠盡可能縮回牠那套還不齊全的衣服，那套簡單的法蘭絨背心裡。在這個背心上，狹窄的肩帶甚至只覆蓋著肩膀上部。我們讓牠把衣服縫製完吧。我一呼吸，蟲子就落在蛋杯的火山口裡。

這隻小斑點似的蟲子生氣勃勃，充滿活力。牠勤勞、靈巧。牠精通莫列頓呢的製作技藝。牠出生時孤孤單單。牠善於在亡故的母親的舊衣物中為自己剪裁出一身衣服。牠很快就成了木塊、小柵條的收集者，以便掩蔽自己脆嫩的身體。那麼，本能是什麼？牠竟然能夠在這樣一顆微粒中引發如此的一些技藝來。

也是將近六月末，我得到了第二種避債蛾的成蟲。牠的柴屋由裸露的長門廳往下面延伸。大部分的外衣用絲質小墊子固定在鐘形罩的金屬網紗上，垂直地懸吊著，就像鐘乳石一樣。有幾隻蟲子沒有離開土地。牠們半截身子紮進沙土，垂直豎立著，身體後部露在空中，前部埋在地裡，利用變稠的絲質物牢牢地紮下深根，倚靠著瓦缽內壁。

這種倒立姿勢將第二種避債蛾毛毛蟲在成年禮的準備工作中做為導向的重力作用加以排除。牠能在住所裡翻轉身體，所以在蛹殼裡靜止不動之前，這隻毛毛蟲隨時注意將頭時而向上轉，時而向下轉，使頭能朝向出口，以便讓活動不如牠自由的成蟲能夠毫無阻礙地到達外面。

此外，第二種避債蛾靠著蛹本身，將雄蛾運送到柴屋的門檻處。雖然這時蛹顯得十分僵硬，無法翻轉身子，只能將整個身子向前移動，頑強地爬行。蛹在絲質的門廳口沒有遮蔽，暴露出來。它在那裡將蛻下的皮折斷塞住孔口。第二種避債蛾的雄蛾在柴屋停留一些時間，在屋頂上等待身上的濕氣蒸發，讓翅膀展開、堅硬。最後，牠振翅高飛，尋找雌蛾。這時獻媚的雄蛾已為吸引雌蛾而把自己打扮得漂漂亮亮了。

第二種避債蛾的雄蛾穿著深黑色衣服。這件衣服除了翅膀邊緣以外，沒有鱗片，整個呈半透明狀。雄蛾的觸角也呈黑色，是個寬大而優雅的羽毛飾。這些觸角如果放大來看，就會使禿鸛和鴕鳥漂亮的羽毛相形見絀、黯然失色、屈居第二。這隻頭插羽毛飾的美麗蟲子，迂迴曲折地飛翔，從一個柴屋飛向另一個柴屋，探查幽會地點的秘密。如果事情使牠稱心如意，牠就迅速輕抖翅膀，停在裸露的前廳口，接下來就是舉行婚禮了。婚禮和小避債蛾的婚禮一樣不惹人注目。還有一隻沒有看

見，或者最多隱約看見雌蛾的雄蛾，牠為了這隻雌蛾戴上禿鶴般的羽毛飾，穿上黑色天鵝絨外套。

雌蛾隱居者也同樣心急如焚。避債蛾情夫的生命短促，三、四天內就死在鐘形罩下面了，以致間隔了很長一段時間，直到晚生的避債蛾孵化以前，這隻雌蛾都沒有意中人前來娶親。那時，當早晨灼熱的陽光照射鐘形罩時，在我眼前多次出現最為奇特的景象。

前廳的門口不知不覺膨脹敞開，湧出一大堆極其纖細的絮團。就連蜘蛛網經過梳理變成絮團之後，也無法產生這樣纖細的東西。這是一種雲狀水汽。此外，在這個無可比擬的鴨絨蓋腳被的外面，露出了毛毛蟲的腦袋和半截身子，這與最初的麥稈收集者截然不同。

這是柴屋的女主人。這是年屆婚齡的蟲子。牠感覺到結婚時刻來臨，卻沒有期待中的求愛者來訪，於是自己採取主動，盡力向前迎接用羽毛裝飾的異性。後者沒有主動趕來造訪求愛，事出有因。這時住所裡不再有求愛的來客了，可憐的被遺棄者在天窗上俯著身子，動也不動。最後，牠等得厭煩，緩緩後退，回到自己的住處，回到巢室。

　　第二天、第三天、以及更晚些時候，這隻雌蛾在力氣允許時再度出現在陽臺上，時間總在上午，在溫暖柔和的陽光下，地點總是在這張鋪著無可比擬的鴨絨蓋腳被的小床上。我稍微用手一搧，這床被子就消散了，霧化了。這裡不見誰再來。這隻沮喪失望的雌蛾回到牠的小客廳，之後便再也沒出來。牠在那裡死去，乾枯，成了廢物。我認為我的鐘形罩是害死這個等愛者的罪魁禍首。毫無疑問的，在自由的田野中，來自四面八方的求婚者或早或遲總會到來的。

　　那些鐘形罩還應該對另一個更加悲慘的結局負責。雌蛾在窗子上深深俯下身子，對露出的身體前部和藏在屋裡的身體後部之間的平衡估算錯誤，因此有時會掉落地面。這隻猛然掉落的蟲子完蛋了。牠的子孫也完蛋了。然而，塞翁失馬，焉知非福。意外事故讓我們在沒有損壞居所圍牆的情形下，親眼看見了這個無遮無蓋的避債蛾母親。

　　這隻昆蟲多麼可悲啊。牠比避債蛾毛毛蟲更加難看、粗陋。變態就是變醜；前進就是倒退。在人的眼光下，這是個起皺的口袋，是個土黃色的小香腸。這個醜陋無比的東西比充作釣餌的蛆更醜，但是牠卻是隻正值妙齡的成蛾，是隻真正的蟲蛾成蟲，也是用禿鸛般的羽毛裝飾打扮的、優雅的黑色避債蛾的未婚妻。對牠們來說，這是美的最高表現。一句諺語說：

「美的東西並不美，受到喜愛的東西才是眞正的美。」避債蛾
爲我們明白無誤地證實了這個值得深思的說法。

　　讓我們來描述一下這隻小香腸似的蟲子，這個醜姑娘吧。
牠的頭很小，是個相當平常的小球，幾乎消隱在第一個體節
裡。對一個裝著卵的袋子來說，要頭和腦做什麼呢？因此，這
隻小蟲幾乎省去了頭和腦，將它們縮減成最簡單的形式。然
而，牠卻有兩個黑色的眼點。這些殘存的眼睛看得見東西嗎？
肯定看不清。光線帶來的歡樂對這隻足不出戶的蟲子來說，肯
定少之又少。當雄蛾翹首期盼情人的時候，牠才在窗子上難得
露幾次面。

　　這隻蟲子的腳形狀很好，但卻短小、軟弱得一點也不能用
來移動身體。牠整個身體呈淡黃色，前半部半透明，後半部不
透明，被卵塡塞。在前幾個體節下面有個黑斑，極像是教士身
穿長袍時所佩帶的領巾。這個斑點因身體透明而看出是嗉囊中
的殘餘物。裝著卵的身體後部，就像個短短的環形軟墊。而那
些殘餘物是些濃密毛髮、纖細絲絨的殘餘物，這隻蟲子在牠那
狹窄的住宅裡前進和後退時，便脫去這層纖細絲絨，形成了一
堆絮團。舉行婚禮時，這個絮團將等候的天窗弄成白色。就這
樣，柴屋內部也用鴨絨蓋腳被裝飾。簡而言之，這隻昆蟲的身
體大部分只不過是用卵鼓脹起來的袋囊而已。我不知道有什麼

比這個卑微的東西更加低下。

　　盛裝著卵的袋囊當然不是靠腳移動。這些腳太短小、太軟弱，無法支撐蟲體。事實上，這個袋囊是靠仰著、俯著、側著的方式移動。一個條痕在袋囊後端形成。這是一個將蟲子分割為二，扼住蟲子的深條痕。它向前擴張，像波浪那樣擴散開來，緩慢地到達頭部。這一波動就是邁出的一步。當波動結束時，這隻昆蟲前進了大約一公釐。

　　從一個長五公分、裝著細沙的盒子的一端移到另一端，這條活小香腸似的蟲子就得花上一個小時。牠到門廳口會見求愛者和返回時，用同樣的方式在柴屋裡移動。

　　第二種避債蛾的雌蛾掉落在荒野裡三、四天都毫無遮蓋，過著悲慘的生活。牠盲目爬行，經常在途中停下。沒有一隻雄避債蛾注意到牠。含情脈脈的愛戀者經過時無動於衷、十分冷漠。這隻不幸的雌避債蛾一旦離開家門就沒有誘惑力了。這種冷漠有它自身的邏輯。如果家庭必然會被拋棄，而且還要在外飽受冷酷無情的折磨，那為什麼還要做母親呢？漂泊流浪的雌避債蛾因為意外事故從屋裡落下（這個柴屋可能是幼蟲未來的搖籃），在短短幾天之內就會體力衰竭，無法生育而死去。

生殖能力最強的第二種避債蛾的雌蛾謹慎小心，有節制
地出現在柴屋的天窗上，因而能夠預防跌落，安全回到家裡。
一旦雄避債蛾在家門口的求愛探訪結束，這些雌避債蛾就不再
露面。讓我們再等個半個月吧。讓我們用剪刀縱向剪開柴屋。
在柴屋的底部，在最寬的部位，在門廳對面，是蛾蛹蛻下的
皮。這是一個長長的袋子，琥珀色，易脆，頭部尖端大大敞
開，面對出口通道。現在避債蛾母親躲在這個袋子裡，像灌腸
一樣將這個袋子填得滿滿的。這時牠像個塞滿卵的小香腸，不
再有生命的跡象。

第二種避債蛾的成蛾以醜陋的、未成形的蛾的容貌，以粗
蛆的形態走出這個琥珀色的蛹殼。從這個殼我們可以清楚了解
蛹的特點。現在，這隻蛾縮回蛹殼中，讓蛹殼把自己緊緊裹
住，以致我們要把包裹和包裹物分離開來十分困難。看上去，
它們好像是不可分割的整體。

很可能當第二種避債蛾的成蛾倦於在門廳口等待，而回到
底部的房間時，這張蛻下的皮占據著居所最好的位置，成了這
隻昆蟲的避難所。這隻昆蟲多次外出然後返回。牠這樣來來回
回，一再和狹窄的、寬度剛剛夠通行的通道內壁摩擦，而讓牠
脫掉了毛。牠原本整身布滿濃密的毛，穿著蛾的花衣服。慢慢
地，絨毛開始變得稀稀疏疏，最後只剩下光禿禿的衣服。牠失

去了絨毛──開始時的毛，牠用這種絨毛製造出什麼呢？

鴨子脫去身上的鴨絨，為自己一窩的雛鴨製造了一張柔軟的床鋪。新生的兔崽躺在母親用自己最柔軟的毛為牠們梳理的床墊上。這些毛是從腹部和頸子上，從門牙剪刀搆得著的地方剪下來的。第二種避債蛾也有這種柔情。我們來實地瞧瞧吧。

在蛹殼的前部有一大堆異常纖細的絮團，很像少量滲出的絮狀物。這些絮狀物滲出時，隱居的第二種避債蛾的雌蛾正走到窗前。這是絲嗎？這是紗廠細薄柔軟的平紋織物嗎？不是。它是某種無比纖細的東西。用顯微鏡可以從中辨識出鱗片狀粉末。這是所有蝶蛾身上穿的難以覺察細小絨毛。為了替那些很快就會在蛹殼裡亂鑽亂動的避債蛾小毛毛蟲布置一個溫暖的掩蔽所，為了替這些小毛毛蟲建造一個能夠在那裡玩樂，能夠在進入廣闊世界之前使身體長得更加壯實的避難所，避債蛾母親像兔子母親那樣脫去身上的絨毛。

沒有任何證據顯示這種動作僅是簡單的機械作用產生的結果，或者僅是成蛾和低矮的內壁不斷摩擦產生的結果。母性，直至最卑微的母性，都有它的預見。因此，我設想有個毛茸茸的袋子，牠自身扭曲，在狹窄的地道裡來去往返，以便讓牠滿身濃密的絨毛脫落，以便為牠的子孫準備衣物。或許牠甚至從

嘴唇上也連根拔除了那不易脫落的絨毛。

剪剃方法並不重要。一堆鱗片和毛髮填滿了蛹殼的前部。目前這是一道阻止進入這個居所的路障。居所後端敞開。蛹殼前部很快就成了柔軟的歇息場所。避債蛾小毛毛蟲從卵孵出後將在這裡停留一段時間，將在這裡，在非常暖和的地方，在極其柔軟的莫列頓呢中休息，爲著出走和緊接著要進行的工作做好充分的準備。

絲並不短缺，相反的，還十分豐裕。第二種避債蛾的毛毛蟲在做爲紡紗女工和茅草收集者時，用起絲來十分大方。所有柴屋的內壁都填塞著一層厚厚的白色綢緞。但是，美妙的鴨絨蓋腳被——幼蟲的用品，比起這種過於密實的毯子，更受幼蟲喜愛。

我們了解了第二種避債蛾母親爲家庭所做的準備工作。現在牠的卵在哪裡呢？安放在什麼地點呢？第三種避債蛾中是其中最小的一種，比另外兩種更不像蛾，行動更加自由，牠完全走出了柴屋。牠有一根長長的產卵管。牠讓這根管子從出口處一直鑽入蛹殼底部。這張蛻下的皮以袋子的形式遺留在適當的地方。它是一個接收器，接納避債蛾母親一次所產下的卵。完成了，袋子內盛滿了蟲卵。第三種避債蛾母親也鉤掛在牠的茅

屋上，死在外面。

另外兩種避債蛾母親並沒有這樣的長產卵管，只能茫然無知地爬行、移動身軀。而我們正是從這裡了解到第三種避債蛾更加奇特的習性。關於牠們，可以套用人們描述古羅馬婦人——模範家庭母親的話：讓她待在家裡紡羊毛吧。沒錯，紡羊毛。雌避債蛾雖然不紡帶絨毛的莖稈，但至少使它轉變為絮狀物傳給子女。沒錯，讓牠待在家裡。牠從來足不出戶，甚至為了婚禮和產卵也不離開。

人們看到雄避債蛾求愛造訪受到接待後，雌蛾——其貌不揚的小香腸如何後退到柴屋底部，縮回蛻去的皮中。牠把這張皮填塞得滿滿的，彷彿牠從來沒有從那裡外出似的。

卵從那時起就已經就定位，並占據著合乎規格的袋子。這種袋子，各種各樣的避債蛾都喜愛。產卵還有什麼好處呢？嚴格說來，並沒有產卵這回事。這就是說，卵並沒有離開避債蛾母親的肚腹，這隻產卵的活袋囊將卵保存在自己身上。

由於蒸發很快，這隻活袋囊的體液很快乾涸。牠乾涸時始終連結著蛻下的蛹殼——堅硬的支撐物。讓我們打開這個活袋囊。放大鏡讓我們看到了什麼呢？幾根氣管的細線、一些瘦肌

肉束、一些神經小支，最後是一些減縮到最簡單形式的生命力的紀念物。總而言之，幾乎什麼都沒有了。裡面剩下的是一堆卵、將近三百枚卵形成的煤磚。換句話說，這隻昆蟲自己本身就是個巨大的卵囊。

第二十二章
避債蛾的保護層

　　避債蛾的卵在六月上旬孵化。剛孵出的小蟲身長兩公釐多，有頭和體節。第一個體節黑得發亮，之後的兩個體節呈灰色，其餘則呈淡琥珀色。牠們精神抖擻，靈活敏捷，在海綿狀的絨毛中小步快走，亂鑽亂動。這些絨毛來自於蛻去的卵膜。

　　書本告訴我們，避債蛾初生時吞食自己的母親。我認為書本應該對這種令人髮指的說法負責，我從未見過任何類似的情況，我甚至不了解這種說法是從何而來的。避債蛾母親將牠的柴屋傳給了子女，從柴屋的莖稈中抽取出來的絮狀物，是其子女製作第一件衣服的原料。避債蛾母親用自己的蛹殼和外皮為子女修建了孵化時具雙重保護的隱藏處。此外，牠還用牠的絨毛為子女修建了防禦性路障和外出之前的臨時棲息所。為了子女的前途牠什麼都奉獻了，什麼都耗用了。牠全身剩下的是一

塊連放大鏡都難以辨識的纖細而乾燥的破布，沒有其他任何東西可以爲這個人丁興旺的大家庭擺上同類相殘的筵席。

不，小避債蛾，你們不吞食自己的母親。我監視著你們，但卻白費力氣。沒有任何一隻幼蟲爲了吃或穿，將牙齒擱在死去的母親的遺物上。母親的皮完整無缺，毫無破損，纖細的廢殘物——肌肉層和氣管網也是如此。留下的蛹殼也同樣地完整無缺。

幼蟲放棄出生的襁褓的時刻來臨了。出口在很早以前就已經開鑿，這讓牠們不必使用蠻力來對抗這個曾經是牠們的母親的襁褓。牠們並不需要用剪刀藝濟地剪開一個缺口，門就自然而然地打開。當母親還活著時，牠的前幾個體節呈半透明，與身體的其他部分形成鮮明的對比。這些半透明的部分很可能是密度較小、抵抗力較弱的指標。

這個指標顯示的情況是眞實的。避債蛾母親的身體現在在蛹殼裡乾縮。乾燥的頸部是一些半透明的環節，變得極不牢固，非常容易損壞。這個頸部自己會脫落嗎？它在迫不及待要離開的小蟲子的推動下會脫落嗎？這些我並不知曉。然而，我看到了，要使它脫落，只需吹一口氣就行了。

　　爲了讓孩子能走出襁褓，避債蛾母親生前就已經準備了一次最容易的、甚至也許是最自發的斷頭手術。牠爲自己製作了一個纖細的脖子，以便在適當的時機輕而易舉地切去腦袋，讓幼蟲有條暢通無阻的通道，這是多麼崇高的一種獻身精神啊！在這種獻身行爲中，不自覺的母性溫情徹底地、崇高地顯露了出來。這隻可憐的像蛆一樣的蟲子、這隻小香腸似的蛾，現在還幾乎不會爬行，然而卻對未來高瞻遠矚，遠勝於善於深思熟慮的人。

　　避債蛾母親的頭脫落，天窗因而打開。一窩幼蟲從這扇剛剛打開的窗戶走出牠們出生的襁褓。蛹殼裡，即第二層保護，也沒有任何阻礙。自從避債蛾成蟲從那裡破殼而出後就一直大大敞開。第三層保護是件鴨絨被，牠是避債蛾母親身上脫落的絨毛聚積而成的。避債蛾小毛毛蟲在那裡停下。那裡比出生的襁褓寬敞，於是牠們舒舒服服、柔柔和和地暫住下來。一些靜靜休息；另一些亂鑽亂動，練習行走。個個都鼓足了勁，準備在大白天流散遷居。

　　在莫大的樂趣中停歇的時間並不長，這些蟲子隨著體力逐漸充沛，一小群一小群鑽出來了，在柴屋的表面上散開。牠們馬上開始幹活。這是十分緊迫的工作──縫製衣服。衣服一旦穿好，牠們便開始吃頭幾口食物。

蒙田在穿上父親穿過的衣服時，出現一種十分動人的表情。他說：「我穿著我的父親。」避債蛾幼蟲同樣也穿著牠們的母親。牠們用死者的舊衣服覆蓋自己的身體。牠們在這些衣服中仔細搜尋縫製棉衣的布料。選用的材料是胚莖的髓，特別是那些縱向劈開、容易採集的碎塊。避債蛾幼蟲首先選擇一個合適的部位，然後就動手收集。牠們用大顎刨削，從柵條裡抽出一種很白的棉絮。

衣服最初的樣式很值得注意。這隻小小的昆蟲有牠自己的方法。我們的工業技術也還沒比這更加正確的方法。絮狀物一小團一小團地收集起來。大顎剪刀剪裁好這些小絮團後，如何將它們縫製起來呢？對製作者來說，必須有個支撐物，必須有個基礎。支撐物不在避債蛾毛毛蟲身上，因爲任何緊貼的東西都非常礙事，妨礙活動的自由。然而，幼蟲用了一種很靈巧的方式克服了這個困難。

絨毛碎屑被收集在一起，隨後又用絲線將這些絨毛一片片連接，形成一個筆直的花飾。在花飾上，絨毛碎屑在同一根繩索上懸空晃動。當小傢伙認爲準備工作已經就緒時，就將這個花飾纏在腰部靠近胸部的第三個體節處，方便讓六隻腳能夠自由活動。然後牠用一些絲將花飾兩端繫在一起，形成一條腰帶。這根帶子一般說來並不完整，但小蟲很快就會再將一些絨

毛碎屑固定在腰帶上。腰帶就成了整體的支撐物。

這條腰帶就是衣服的基礎。以後要做的就是加長這件衣服，把它擴大，直到完成為止。避債蛾幼蟲只需使用牠的吐絲器在身體前部的邊緣，時而在上面，時而在下面，或者在側面，把大顎不斷切削出的髓質碎屑固定起來就行了。沒有什麼比這個腰帶般圍繞腰部的環形花飾設計得更好的了。

基礎打好後，紡織機就開始運轉。首先織造出來的是圍繞腰部的一根細繩。然後，在身體前部邊緣添加新線團，製作出肩帶、背心、短上衣，最後還製出袋子。這個袋子不是自己變長向後延伸的，而是由避債蛾紡織工逐步編織向後擴大的。這個紡織工在已經製好的外套部分向前鑽動。衣服在幾個小時內縫製完畢。這真像頂圓錐形風帽、一頂完美的白色風帽。

情況我們已經了解清楚了。小避債蛾走出母親的柴屋時，不到處尋找，不進行對這個年齡來說十分危險的遠征，牠就在房頂柔軟的小柵條中尋找縫衣所必需的材料。對牠來說，赤身裸體到處漂泊的危險就這樣得以避免了。由於母親的關愛，之後當牠離家外出時，牠將有一套暖和的服裝。母親審慎地將家庭安置在柴屋裡，讓家庭成員可以對選擇的材料進行加工。

如果避債蛾小蟲掉在破房子裡，如果一股風吹來把牠刮到距離較遠的地方，這個可憐的東西往往就完蛋了。木質的麥稈髓質豐富、乾燥、浸漬充分，但並不是唾手可得。這隻小蟲不再有衣服穿。在這種苦難中，死亡很快就會臨頭。但是，如果遇到適宜的材料——與母親遺留的材料相同，這隻流亡的避債蛾幼蟲是否會加以利用呢？讓我們來考察一下吧。

我把幾隻避債蛾幼蟲隔離在玻璃試管裡，讓牠們自由運用剖開的細枝。這些細枝是從一種類似蒲公英的植物莖梗中截選出來的。這些小蟲失去了母親的莊園，對我提供的細枝似乎非常滿意。牠們毫不猶豫，在細枝中仔細搜尋品質最好的白色髓質，用來製作牠們的風帽。這頂風帽比牠那用出生的破柴屋製作的風帽更加漂亮。牠們出生的柴屋或多或少被發黃的材料弄髒，而且因長時間留置空氣中而變質。尼姆的蒲公英（去年春天的遺留物）的中央部分被我剝光後，呈現一種毫無瑕疵的白色。用它製作的棉帽白得完美無缺。

我選用高粱的髓質小圓稈，收穫更大。這些圓稈是從廚房的掃帚上取來的。這次的製成品帶著水晶般的閃光，像一座用糖塊搭成的建築。這是我的避債蛾工人的傑作。這兩次的成功讓我有進一步將紡織原料多樣化的理由。我缺乏的是避債蛾幼蟲（牠們不隨時供我支配），於是使用被揭去覆蓋物的避債蛾

幼蟲，即被我摘掉帽子的避債蛾幼蟲。我給這些赤身裸體的蟲子一條沒有塗膠的紙帶，做為牠們唯一可用的物質。最後，我還給牠們一根吸墨紙條。

蟲子沒有任何遲疑不決。避債蛾幼蟲幹勁十足，歡天喜地的仔細搜索這個對牠們來說新奇的東西，為自己縫製了一件紙衣服。死後留下名聲的小盧塞爾[1]，也有一件用紙縫製的衣服，但在纖細和發絲光的程度上卻比避債蛾幼蟲的紙衣服差多了。我的那些穿著紙衣的蟲子對牠們的紡織原料十分滿意，以至於牠們鄙視出生的柴屋，選擇繼續在這件工業產品上刮擦舊布紗團。

另外一些避債蛾幼蟲在試管裡沒有接收什麼，但卻和關閉玻璃隔間的軟木塞有了關聯。這就足夠了。這些被脫掉衣服的蟲子急急忙忙仔細搜查軟木塞，把它鋸成細片，用它為自己製作細粒狀的風帽。這頂帽子戴起來合適、雅觀、漂亮，就好像這個昆蟲亞種原本便慣用這樣的材料。這種材料或許是第一次被裁剪使用，但材料的新穎性絲毫沒有改變衣服的裁剪。

總而言之，所有植物性的、乾燥的、輕的和易於處理的材

---

① 小盧塞爾：，法國大革命時期的民歌所嘲笑的典型傻瓜。──譯注

料，避債蛾幼蟲一概接收。動物性材料特別是礦物性材料，如果具有適當的纖細程度，情況也會相同嗎？我在大天蠶蛾的翅膀（這是我在實驗蛾的婚禮電報通訊技術時留下的珍貴紀念品）上剪下一根細帶子。我在一根試管底部，在這根帶子上，放置兩條赤身裸體的避債蛾小毛毛蟲。沒有任何其他材料供這兩隻監禁的蟲子使用，這個鱗片材料對牠們來說，是獨一無二的呢絨來源。

在這片奇特的草坪前面，牠們花了很長的一段時間左思右想，猶豫不決。二十分鐘後，其中一條避債蛾毛毛蟲不打算開始工作，似乎下定決心光著身子死去。另一條膽大一些，或者因為在突然被剝光身子時受到的驚嚇小些，牠將這條帶子探查了一下，終於決定加以利用。這一天還沒有結束，牠就用大天蠶蛾的鱗片為自己穿上了一身灰色的天鵝絨。由於材料精緻纖細，這件衣服真是精巧極了。

讓我們在困難中再向前邁進吧。讓我們用粗硬的石頭代替在植物上收集到的絮狀物和在蛾翅膀上得到的柔軟絨毛吧。我知道這些外套最終成型時常摻雜著沙粒和泥塊，但這些只是不小心摻入的碎屑，它們被吐絲器不小心沾到，無意中摻進了避債蛾的小柴屋。挑剔的蟲子對小石子的缺點瞭若指掌，牠並不尋求石頭的支撐。牠們厭惡礦物。但是，現在要像使用呢絨那

樣加以加工的，正是這種礦物。

沒錯，我從收集來的石塊中選擇和小蟲的弱小程度最相稱的小石子。我有塊鱗狀結晶赤鐵礦的樣品，只需用刷子一刷，它就風化成幾乎和留在指頭上的蛾蝶鱗片粉塵一樣纖細的碎屑。在一層像鋼銼屑般閃亮的物質上，我安放了四條從柴屋裡取出的避債蛾小毛毛蟲。我預期到了失敗，因此，我增加受試者的數量。

我的假設是正確的。這一天過去了，四條避債蛾小毛毛蟲始終赤身裸體。然而，第二天，其中一條而且是唯一的一條決定穿上衣服。牠製作的是一頂像有多個金屬小平面的教皇三重冠，彩虹的光澤在帽子上閃耀。這很富麗堂皇、很豪華奢侈，但也很呆笨沈重，很礙手礙腳。負載著這堆金屬行走，真是步履維艱。當拜占庭皇帝披上那件飾有金片的華麗長袍出席莊嚴盛大的儀式時，肯定也是這樣的。

可憐的蟲子，你比人更加明白事理。你按照自己的意願放棄這些可笑的財寶，是我將這些東西強加給你的。這裡有個細薄的髓質小圓片做為對你的補償。你向後壓退吧，扔掉你那頂漂亮的教皇三重冠吧，製作一頂更加合乎衛生的棉帽吧。大後天的情況真的變成了這樣。

　　避債蛾在開始施展技藝時，有自己偏愛的材料——從露天浸漬過的木質殘屑中收集的植物性碎片。這些碎片通常由避債蛾母親的柴屋舊屋頂提供。當缺乏一般的紡織原料時，避債蛾善用動物的絨毛，特別是用蛾有鱗片的毛絲碎屑。但是必要時，牠什麼怪誕的辦法都不惜採用。因此，牠紡織礦物性材料，因為穿衣的需求對牠來說非常迫切。

　　這種需求壓倒了對食物的需求。我將一條避債蛾小毛毛蟲從牠的牧場——山柳菊毛茸茸的葉子上取走。經過多次測試，我了解到這種植物的綠葉由於可做為食物，它的白色絨毛又可做為呢絨，所以很合避債蛾的心意。我將這條毛毛蟲從牠的飯廳裡取走，讓牠餓兩天肚子，讓牠光著身子。然後把牠再放到那片葉子上。現在牠儘管長時間肚子空空如也，卻仍然不關心進食，而是盡力收集山柳菊的絨毛，為自己製作衣服。口腹之樂往往被擺在這之後。

　　這條毛毛蟲畏寒怕冷嗎？現在可正值酷暑時分啊。烈日的火焰傾盆大雨似地降到大地，將蟬的合唱激發到發狂的地步。在我觀察研究昆蟲的這個悶熱的工作室裡，我不得不摘掉帽子和領帶，脫去外衣。在這座大火爐裡，避債蛾首先索要的竟是暖和的被蓋。唉，怕冷的傢伙，我來滿足你吧。

　　我把這條毛毛蟲放在窗子邊，讓牠在陽光的直接照射下曝曬。這次做得太過分，超過了限度。受到太陽照射的蟲子身體扭歪，晃動肚腹。這是感到難過的跡象。但是，縫製山柳菊毛外套的工作並沒有因此擱置。相反的，牠繼續工作，比平時更加緊迫。這是因為光線太強嗎？棉帽難道不是避債蛾毛毛蟲的隱蔽所嗎？牠可以在那裡與世隔離，不受白天亮光的襲擾，慢慢消化食物和打瞌睡。我一邊保持這裡的高溫，一邊排開強烈的光線。

　　幼小的避債蛾毛毛蟲先被脫去衣服，現在住在一個硬紙盒裡。我將這個盒子安放在窗子的角落，那裡的溫度接近攝氏四十度。不要緊。在幾個小時內，一個莫列頓呢帽子製作完畢了。酷熱、黑暗和寧靜都沒有絲毫改變避債蛾毛毛蟲的習性。

　　熱度和照明度都無法解釋避債蛾毛毛蟲為何有緊迫的穿衣需求。應該到哪裡去尋找這隻蟲子急急忙忙穿衣的原因呢？除了對未來的預感之外，我看不出有什麼其他的原因。

　　避債蛾毛毛蟲必須度過冬天。牠對絲囊裡的掩蔽所、樹葉間的小屋、地下的巢室、老樹皮下的退隱地、有毛的屋頂、繭等其他毛毛蟲用來保護自己不受惡劣天氣侵襲的設施和方法，全都一無所知。牠不得不在飽受風吹雨打、冰霜肆虐下，艱難

地度過寒冬。這種危險造就了牠的才能。

　　牠為自己修築了一個屋頂。之後，當茅屋垂直固定和懸吊起來時，屋頂上按疊瓦狀排列和呈輻射狀的莖稈，就將冷涼的露水和融化的雪水隔離在一段距離之外滴淌。牠在這樣的掩護下，編織厚厚的絲質夾裏。這個夾裏將成為柔軟的床墊和防禦嚴寒侵襲的堡壘。採取了這些預防措施後，冬季來臨，朔風勁吹，避債蛾待在牠的茅屋裡，睡得安安穩穩的。

　　但這座茅屋不能在寒冬即將來臨之際，臨時倉促修建。它是個精巧細緻的建築，需要慢工細作不斷完善、增厚、加固。避債蛾為了將更高超、靈巧的技藝學到手，一旦孵出就開始像學徒那樣學習技藝。牠還穿著輕薄的棉外套時，就開始為身強力壯的中年時代做準備。同樣的，松樹上成串爬行的毛毛蟲一旦孵出，就先編織精巧細緻的帳篷，然後編織薄紗圓形屋頂。這個屋頂是牢固的袋囊的雛型。松毛蟲團體將關閉在這個袋囊裡。其中一條毛毛蟲在出生的當天就預知未來的煩惱，於是牠以學習有朝一日用來保護自身的技藝，做為一生的開始。②

　　不，避債蛾幼蟲並不怕冷畏寒。牠與很多長著短毛的毛毛

---

① 松毛蟲相關文章見《法布爾昆蟲全集6──昆蟲的著色》第十九章。──編注

蟲相當不同。牠是高瞻遠矚、目光遠大的蟲子。冬天時牠沒有老天給予其他昆蟲的一些隱藏所。牠一呱呱落地，就開始準備修建住所——牠的拯救者。牠在與牠弱小的身軀相稱的廉價絮狀飾物中學習蓋房子。在炎夏酷暑的烈日下，牠已經預感到了冬天的嚴寒。

現在我的避債蛾幼蟲差不多有一千條，全都穿戴整齊。牠們在寬敞的、用玻璃封閉的容器裡東遊西逛，焦慮不安。啊，我的小傢伙，你們一邊走，一邊擺動你們雅致的雪白風帽，是在尋找什麼呢？不用說，是在尋找食物。拚死拚活、勞累不堪之後，必須休息以便恢復體力。你們儘管為數眾多，對我來說卻並不是個過分沈重的家庭負擔。你們靠著少量的進食維持體力，但是，你們要求什麼呢？當然，你們並不指望我。在自由的田野裡，你們會找到比我細心提供的飯菜更加合你們口味的食物。我既然出於學習的願望養育你們，對我來說，餵養你們的責任就義不容辭了。你們還需要什麼呢？

昆蟲保護者的角色，是個十分困難的角色。做為這些蟲子食物的供應者，必須考慮到明天的需求。這些準備工作總讓大木箱幾乎都裝得滿滿的，履行著最值得稱讚但也最困難的職責。這些小蟲子滿懷信心地等待，深信最終都會水到渠成，非常順利。但是供應者卻憂心忡忡，殫精竭慮，尋思想要的碎屑

是否能得到。啊，這之中的酸甜苦辣我多麼熟悉，這個任重負遠的角色我已扮演多久了。

今天，我是進行研究必不可少的一千條避債蛾幼蟲的保護者。我什麼都試試。榆樹的嫩葉看來不錯。第一天晚上我就用它來餵養這些蟲子。第二天我發現葉面一小片一小片地被吃掉了。到處散布的黑色粉末顆粒細得連摸都摸不出來，這說明了毛毛蟲的腸子發揮功能。這讓我一時之間感到心滿意足。飼育一個進食習慣還不為人所了解的蟲群的人，肯定都會理解這種滿意的心情。成功的希望露出了曙光。我現在知道如何飼育這些蟲子了。我會馬到成功嗎？我不敢確信。

我繼續讓我提供的菜色多樣化。但事與願違。母綿羊似的蟲子拒絕食用我備辦的各式各樣的綠色拼盤，最後甚至對榆樹葉也厭膩起來。正當我以為統統完蛋的時候，我幸運地得到了啟示。我在茅屋的細枝中，認出了幾個山柳菊碎片。可見，避債蛾經常光顧這種植物。但為何避債蛾幼蟲卻可能不吃這種植物呢？讓我們來試試。

山柳菊在遍布石子的田野裡，在我的寓所旁，甚至在我經常找到懸吊的茅屋的牆腳下，繁花滿樹，露出一個個花結。我採摘了一大把，分配給我圈養在不同地方的蟲子。糧食問題解

決了。避債蛾幼蟲立即聚集成群，待在毛茸茸的葉叢中，貪婪地、小片小片地吃著樹葉。但葉背仍完好無缺。

讓這些蟲子留在這片草場上吧。看來牠們對這片草場十分滿意。讓我們向自己提出清潔的問題。小避債蛾如何清除牠消化的食物殘渣呢？牠可是封閉在一個袋囊裡呀。人們不敢想像垃圾被扔投、堆積在耀眼的白色長毛絨帽底部。污物不應該留藏在這樣漂亮的東西裡。

袋囊的尾部儘管呈圓錐尖頭形（放大鏡沒有發現任何斷裂），卻在後端沒有完全封閉。這點從袋囊的製作方式便可充分了解。這個風帽似的袋囊是利用一條腰帶為基礎，腰帶前端的邊緣隨著後端的邊緣向後推壓而逐漸增大。腰帶後端因帶子的收縮而變成尖形，這條腰帶在不讓這隻昆蟲變細的身體過度伸長的地方自動收縮起來。這樣在袋囊尖端就有個其唇瓣保持關閉狀態的永久性孔洞。如果避債蛾毛毛蟲後退一點，繃緊的帶子就鬆弛了，孔洞就微微打開，通路就會暢通無阻，污物就會掉到地上。反之，如果避債蛾毛毛蟲在牠的茅屋裡前進一步，排難解憂的方便之門就自動關閉。這真是一部十分簡單、十分精巧的機器。我們的女裝裁縫在彌補第一條套褲的缺陷時，也沒想出比這更好的點子。

　　這時，避債蛾幼蟲繼續發育成長，牠的衣服始終合身。這是怎樣回事呢？根據書本，我預期會看見避債蛾幼蟲將縱向把牠那已經變得過分狹窄的外套劈開，然後用在半圓形缺口的唇瓣之間縫織一塊補丁把它擴大。我們的裁縫就是這樣做的。然而，這壓根就不是避債蛾使用的方法。牠們的方法比這更好。牠們連續不斷縫製著衣服。這件衣服後面舊，前面新，永遠適合牠那長而粗的身體。

　　再也沒比跟蹤觀察避債蛾毛毛蟲身體逐日長大那樣輕而易舉的事了。幾條避債蛾毛毛蟲最近用高粱莖稈的髓質為自己製作了風帽。製成品棒極了，很像用雪白的水晶編織出來的。我將那些衣著雅致的避債蛾毛毛蟲隔離開，給牠們一些褐色鱗片做為編織材料。這些材料選自老樹皮最柔軟的部分。朝夕之間風帽就面目一新。錐體尖仍潔白無瑕，但整個前部卻都是粗呢，色澤與最初的長毛絨迥然不同。第二天高粱毯子全都消失，整個錐體換上了樹皮織成的棕色粗呢。

　　我於是收回褐色材料，代之以高粱莖稈的髓質。這次暗色的粗糙材料逐漸退向風帽頂，而白色髓質材料則從孔口起開始寬大起來。一天還沒有結束，雅致的主教帽子就已經全部重新製作完畢。

這替換材料的工作人可以隨心所欲地重複著。若想縮短開發材料的時限，甚至可以同時採用兩種材料以獲得明暗相間的帶狀製品。

人們發現，避債蛾不用我們這種在半圓形缺口插入補丁塊的裁縫方法來加大衣服。牠為了有件永遠合身的衣服，不停地幹活。收集到的材料總是好好地縫製到袋囊邊上，以至於新的衣褶隨著蟲子的身體發育而逐漸加大。與此同時，舊腰帶被推向圓錐頂。這條帶子利用自身的彈性縮小體積，關閉茅屋。剩餘的部分分散解體，像破布片那樣掉下，並且在漂泊流浪的雌避債蛾的碰撞下，被一堆亂七八糟的東西逐漸碰掉。茅屋前面新，後面舊，永遠不會過於狹窄，因為它總是不斷自我更新。

當炎夏酷暑結束時，遮眼寬邊女帽也變得不合時宜。秋雨綿綿，威脅著避債蛾。隨之而來的是多天的霜凍。用莖稈排列成多層防水斗篷，為自己製作粗厚的寬袖長外套的時節到了。開始時，採用的方式很不合乎習慣、很沒有規範。長短不一的麥稈、乾枯的碎葉片雜亂無章地固定在衣領後面。衣領始終保持彈性，以便讓毛毛蟲朝各個方向自由彎曲。

茅屋屋頂的第一批小柵條還很少、相當短，亂七八糟地橫著或豎著排列，胡亂堆在一起，但卻不會破壞建築物最後的勻

稱和諧。柵條被向後推去，最後會因茅屋的加大而被排除。

　　最後，經過更加精心挑選的、更長的小塊全都嚴謹地縱向排列著。莖稈被以驚人的速度和靈巧的手法安放在合適的地方。如果遇到的柵條適合，毛毛蟲就用腳收集、轉動、再轉動。牠們突然用大顎咬住柵條的一端，並在這個部位採下一些小塊來，然後立即將它固定在袋囊的頸部。避債蛾毛毛蟲剝光柵條新鮮、粗糙、黏得牢固的表面，這可能是爲了得到更加牢固的繩帶。鉛管工也是這樣用銼刀將焊接的部位銼開裸露。

　　避債蛾毛毛蟲用大顎的力量撬起樑架，在空中揮舞，並用臀部突然一動把它擱在背上，吐絲器立即對抓住的頂端加工。成功了。這個構件在需要的方向沒有經過反覆摸索，沒有經過修正就繼別的構件之後固定起來。在類似的工作中，當嗉囊裝滿時，秋天晴美的日子就這樣被從容不迫地或者斷斷續續地消磨了。當嚴寒降臨時，避債蛾的住所已經準備妥當。當酷暑再來時，避債蛾恢復活動。牠在小路邊遊蕩，在對牠有利的草坪上做長途旅行，吃幾口食物，然後，時候一到，便懸吊在牆上準備變態。

　　茅屋製作完畢很久之後，這些在春天漂泊流浪的毛毛蟲激起了我想了解避債蛾毛毛蟲是否能夠重新開始製作袋囊和屋頂

的願望。我將牠從茅屋裡取出，安放在一張細而乾燥的沙床上，讓牠一絲不掛。我給牠一些尼姆的蒲公英的莖稈做為原料。這些莖稈鋸成與茅屋上的柵條等長的截段。

這隻被剝光的蟲子在一大堆木質麥稈下面消失了。牠在那下面急急忙忙紡織，用嘴唇在下面的沙床和上面的小枝叢庇護所裡抓取碰到的一切東西，以做為細繩的拴繫點。這樣，吐絲器將隨便碰到的東西，長的或短的、輕的或重的，亂七八糟地捆紮起來，在這個極端錯綜複雜的鷹架的中心，進行一項與修建夏日茅屋截然不同的工程。這些避債蛾毛毛蟲現在只從事編織，別的事情都不做，甚至也不試著將牠擁有的材料裝修成整齊的屋頂。

避債蛾一旦擁有完美的茅屋，即使當牠的活動力隨著晴美的季節到來而恢復時，牠也不屑於過去那個小柵條收集者的工作。去年夏天牠曾經拼命苦幹。但是此時牠的胃一旦得到滿足，絲管一旦膨脹鼓凸，牠就只把閒暇用於精益求精地為牠的茅屋加厚床墊。內部的絲質毯子很合牠的意，不很厚，也不很軟。牠為了身體變態，家庭為了安全無虞，都會對加厚床墊這件事感到滿意。

然而現在，我剛剛用狡計掠奪了牠的財富。牠覺察到了這

個災難嗎？如果可以運用的絲和小柵條等資源允許，牠會想到重新製作對牠那怕冷而嬌弱的背部，以及對牠的家庭來說都不可或缺的避難所嗎？絕對不會。牠鑽到我為牠安排的細枝堆下面，像平常一樣動手工作起來。

這個不成形的、難看的屋頂和上面亂七八糟放著小樑的沙土，現在對避債蛾來說都同樣可以是住所的隔牆。避債蛾毛毛蟲可能用牠在消失了的莫列頓呢上編織新的層次時的那股熱勁，繼續編織加厚牠構得著的表面，牠根本不因物體的高低不平而改變工作的需求。現在紡出的布料沒有重疊在原有的茅屋上，而是重疊在粗糙的沙土和亂七八糟糾結在一起的麥稈上。這些改變都不在這個昆蟲紗紡女工的考慮之列。

居室的狀況比坍塌還更糟，它已經不復存在。這倒也無關緊要。避債蛾毛毛蟲繼續按部就班地編織著。牠把現實忘得乾乾淨淨，一心編織想像的東西。然而，最終這一切都將提醒牠屋頂已經不見了。牠原本用來覆蓋身體的靈巧茅屋變得又鬆軟、又蹩腳。臀部一動，這東西就下陷，就弄皺。此外，這東西因為摻有沙土，變得沈重起來，並且逆向滿布矛戟，這些矛戟鑽進路上的灰土裡，阻礙前進。避債蛾毛毛蟲將身子固定後，再把身子挪動來、挪動去，弄得筋疲力盡。牠需要一些時間來滑行，才能將牠那礙手礙腳的住所移動幾法分。

　　避債蛾毛毛蟲像往常一樣帶著牠的茅屋靈巧地前進。這個茅屋的小柵條從前面到後面都像屋瓦般排列精確。這隻毛毛蟲收集的小塊前面固定，後面鬆動，像個船形雪撬。這東西穿越障礙，鑽進、滑行毫無困難。但是，前進雖然容易，後退卻不可能，因為構架的每個構件由於後端鬆動導致了煞車的效果。

　　好啦，受試者的茅屋就在吐絲器和小柵條相遇的地方布滿了朝著各個方向的矛戟。吐絲器將絲線胡亂地在這裡或那裡連接起來，前面的尖條好似鑽入沙土的馬刺，這讓所有前進的努力都白費了，而旁側的邊刺又是無法拔除的耕耙。在這樣的條件下，毛毛蟲必然會失敗，就地死亡。

　　我會勸告避債蛾毛毛蟲：「重操你精通的技藝吧。放下你的柴捆，把妨礙你的小塊井井有條地直著擺好。在你的茅屋上塗一點膠水，它太鬆了。用幾根裙撐支柱使它具有需要的硬度。現在，你很不幸，你受苦受難。你就重操舊業，做你從前駕輕就熟的事吧。喚醒你木工的本能吧，你將會得救。」

　　我白費口舌了。木工時期已經結束。編織的時刻到來，避債蛾毛毛蟲鍥而不捨地編織，填滿不復存在的茅屋。直到被螞蟻開膛剖腹，這個悲慘的結局將是這種本能堅韌不拔的後果。

　　這一點，很多其他例子曾經告訴過我們。昆蟲可被比擬爲不可攀爬的斜坡、不可回溯到源頭的河流。牠不改變自己當下的行爲。過去的就已經過去，不可能重新開始。這個不久以前還很能幹靈巧的木工——活的避債蛾即將死亡，不會再安放牠的小柵條了。

第二十三章

大天蠶蛾

　　這是個令人難以忘懷的晚會。我要稱它為大天蠶蛾晚會。有誰不認識這種歐洲最大的蛾呢？牠十分美麗，穿著栗色天鵝絨外衣，繫著白色皮毛領帶。翅膀上布滿了灰色和褐色斑點，中間橫穿著一條淺白色之字形曲線，邊緣呈煙燻白色，中央有個圓圓的斑點，好像一隻黑亮的大眼睛；大眼睛裡閃耀著虹色光環，白色、栗色、雞冠花紅，色彩千變萬化。

　　體色模糊發黃的大天蠶蛾毛毛蟲，同樣惹人注目。這條毛毛蟲在牠那稀疏地環繞著黑色纖毛的體節末端，鑲嵌著綠藍色的珍珠。牠粗大的褐色蟲繭好似漁夫的捕魚簍，形狀稀奇古怪，常緊貼在老杏樹根部的樹皮上。這棵樹的樹葉則成了這種毛毛蟲的美味佳肴。

　　五月六日上午，一隻雌大天蠶蛾當著我的面，就在我的昆蟲實驗室的桌子上從繭裡孵出。我立刻把牠關到金屬鐘形網罩下。這時牠因爲孵化時的潮濕，渾身濕透。由於其他情況，我沒有處置牠的特殊計畫。我出於觀察者的簡單習慣，把牠監禁起來，時時刻刻聚精會神，密切注意可能發生的情況。

　　將近晚上九點，全家正在睡覺，隔壁房間響起了一陣亂哄哄的聲響，好似在挪動東西。保爾半裸著身子來來去去，蹦蹦跳跳，連連頓腳，像發了瘋似地推翻椅子。我聽見他叫我。他大聲喊道：「快來呀，來看這些像鳥一樣大的蛾呀。房間都裝滿啦。」

　　我連忙跑去。孩子興奮激動、誇張叫喊是有道理的。一隻大蛾這樣侵入我的居室過去還沒有發生過呢。其中有四隻已被抓住，關在麻雀籠子裡。其餘的數不勝數，向著天花板飛去。

　　我目睹這個景象，便想起早上被監禁的那隻蛾。我對兒子說：「孩子，把衣服脫掉，把你的鳥籠留在那裡。我們一道去看看發生了什麼稀奇事。」

　　我們再往下走，走到我的工作室。這個房間在我的臥室的右側。在廚房裡我遇見了保姆。正在發生的事也把她弄得目瞪

口呆。她用圍裙驅趕大蛾。她起初還把這些蛾當成蝙蝠呢。

看來，這些大天蠶蛾已經差不多將我的寓所整個占領了。正是那隻囚犯蛾招引來這一大群蛾。在牠附近，在那上面，會是什麼呀？！幸好有扇窗一直開著。道路暢通無阻。

我們拿著蠟燭走進早上那隻大天蠶蛾被囚禁的房間，看見的景象真是令人難以忘懷。飛來的大天蠶蛾圍繞著鐘形罩飛翔、停下、離去、返回、飛上天花板、降落，發出輕柔的劈劈啪啪的聲響。牠們撲向蠟燭，用翅膀拍打，把它弄滅。牠們還撲打我們的肩膀，鉤住我們的衣服，碰擦我們的臉。這個房間真是召魂卜卦者的危險洞穴。洞裡的蝙蝠正在盤旋飛舞。這時小保爾比平時更用力緊緊握住我的手，為自己壯膽。

這些蛾一共多少隻呢？將近二十隻，再加上迷失在廚房裡的和陸陸續續飛來的，總共將近四十隻。我要說，大天蠶蛾的這個晚會真是個令人難以忘懷的晚會。四十隻含情脈脈的大天蠶蛾不知道如何得到資訊，急急忙忙飛來，殷勤地向早上出生的那個正值婚齡的雌大天蠶蛾表達牠們的情意。

今天，我們別再打擾這一大群求愛者了。蠟燭的火焰燒壞了這些來客。牠們冒冒失失向火焰撲去，弄得身子有些焦黃。

明天，我們再用預先擬好的實驗問卷繼續這項實驗吧。

現在讓我們先來清掃場地。讓我們談談在我觀察的八天內，在所有場次重複上演了些什麼。每次都是在沈沈黑夜，在晚上八點到十點之間，大天蠶蛾一隻隻飛來。這是個即將有風暴雷雨天氣，烏雲蔽天，一片漆黑。在露天，在花園裡，遠離樹木的掩蔽，幾乎伸手不見五指。

對到達這裡的大天蠶蛾來說，除了黑暗之外，還要加上進入屋內要遇到的重重困難。房屋隱沒在高大挺拔的法國梧桐叢中。一條路邊長滿茂密的丁香和薔薇的路，好像是這座房屋的前廳。這座房屋受到松樹群和杉柏幕帷的保護，不受法國南部乾寒強烈的西北風侵襲。一些小灌木叢在離家門幾步遠的地方形成一道壁壘。大天蠶蛾通過這些雜亂的樹枝和一片沈沈的黑暗，迂迴前進，到達朝聖的目的地。

在這樣的黑夜，貓頭鷹也不敢貿然離開牠在橄欖樹上的洞穴。然而大天蠶蛾卻用一種具有很多小面的光學儀器，一種比起長著大眼睛的夜禽更加精良的裝備。牠毫不遲疑，勇往直前，在飛行途中沒有碰撞到東西。牠蜿蜒曲折地飛翔，準確掌握方向，以致飛越重重障礙後到達時仍然精神抖擻、生氣勃勃，翅膀完好無損，沒有一丁點的擦傷痕跡。對牠來說，黑暗

就是足夠的光亮。不過即使大天蠶蛾有種異乎尋常的視覺，能夠感受到普通視網膜無法感受到的光線，這種視覺也不可能可以在一段距離以外告知大天蠶蛾，引導牠飛來。距離和中間放置的擋板不容置疑地讓這種視覺無用武之地。

此外，除非有具有迷惑性的光的折射（這與這裡的情況無關），否則大天蠶蛾應該會直接前往牠要尋找的東西那裡，因為光線的指引總是非常準確。然而，大天蠶蛾有時卻會弄錯。弄錯的不是方向，而是發生引誘牠的事件的確切地點。我剛剛說過，孩子的房間在我的工作室對面。這間工作室這時成了這些大天蠶蛾來客的真正目的地。我們拿著燈進去以前，它已經被大天蠶蛾占領。這些蛾肯定資訊不靈，因為廚房裡同樣有一大群遲疑不決的大天蠶蛾，但是，一盞燈的光亮，對夜間昆蟲來說，是一種無法抗拒的誘惑，可能使趕來的大天蠶蛾迷失了方向。

讓我們只考慮黑暗的地方吧。迷路的大天蠶蛾不是稀稀落落幾隻。我在目的地的附近，到處都看到一些。那麼，當被囚禁的那隻雌蛾在工作室裡時，到來的大天蠶蛾並不都是從開著的窗戶飛進來的。這扇窗戶是條直接的、可靠的通道，離關在鐘形罩下的囚徒只有三、四步遠。然而，許多大天蠶蛾從下面進入，在前廳裡遊蕩，最多到達樓梯，而樓梯是條死路，被上

面一扇關得密實的門擋住。

這些情況告訴我們，應邀前來參加婚慶的大天蠶蛾客人，並不像由普通的光輻射向牠們提供訊息（這些輻射能是我們的身體能感覺到的或者感覺不到的）那樣，直接奔向目的地，而是有另外一個東西從遠處向牠們發出訊息，將牠們引導到確切地點的附近，然後讓待發現物處於有待探索的模糊狀態中。聽覺和嗅覺的作用差不多就是這樣。當需要準確地決定聲音或氣味的始源地時，聽覺和嗅覺的引導就顯得很不準確。

發情的大天蠶蛾在夜裡出發朝聖，牠們接收情報的器官是什麼呢？人們猜測是觸角。雄大天蠶蛾身上有著寬寬的觸角，它似乎具有探測器的作用。這些華美的羽毛飾僅僅是簡單的服飾，或者既是服飾又能在感受引導熱戀者的氣味上發揮作用呢？一項能獲得結論的實驗看來是容易進行的。讓我們開始試試看吧。

在大批大天蠶蛾侵入我的寓所的第二天，我在我的工作室裡找到了前個夜晚的八個來客。牠們在第二扇窗戶的橫框上紮營，一動不動。這扇窗戶關著。當其他大天蠶蛾的芭蕾舞表演在晚上將近十點結束後，牠們從進入的道路，即第一扇窗戶離去。這扇窗戶白天和黑夜都大大敞開。這幾個堅持不離去的正

是我的實驗計畫需要的。

　　我用小剪刀連根剪去這些大天蠶蛾的觸角，但不碰觸牠們身體的其他部分。被剪去觸角的大天蠶蛾對這次手術並不怎麼不安，幾乎誰也沒有拍打一下翅膀。情況非常之好。傷口似乎一點也不嚴重，這些被剪去觸角的大天蠶蛾沒有因爲痛苦而發狂，雖然後者比較符合我的想像。這一天結束了，窗子的橫框上整天靜悄悄的，沒有任何動靜。

　　剩下的便是一些部署。當大天蠶蛾夜間飛翔時，改換地點，不讓雌蛾在被截角的雄蛾的眼前出現，以便保存研究工作的成果。因此，我把鐘形網罩和裡面的囚徒遷移到別處。我把罩子放在地上，放在居室的另一邊的門廊下，離我的工作室五十多公尺。

　　黑夜來臨。我最後一次去察看被動過手術的八隻大天蠶蛾的情況。其中六隻已經從開著的窗子離開。剩下的兩隻掉在地板上。如果我讓牠們身子翻轉朝天，牠們就沒有力氣轉回身子。牠們精疲力盡、氣息奄奄。我們別埋怨我的外科手術。我即使不使用剪刀，這種迅速衰老的現象也照樣會發生。

　　其他精力較充沛的六隻大天蠶蛾，已經先行離開了。牠們

會回到昨天吸引牠們的誘餌那裡去嗎？牠們失去了觸角還能夠找到鐘形網罩嗎？這個罩子現在已經移到別處，離原來的地點相當遠。

鐘形網罩安放在黑暗中，差不多在露天下。我不時提著燈籠，拿著網到那裡。大天蠶蛾來客被抓住、辨認、分類，馬上又在我關上了門的隔壁房間裡放掉。這樣逐漸排除，使我能夠準確計數而不必擔心重複數著同一隻蛾。此外，這個臨時囚室十分寬敞、空空蕩蕩、沒有裝飾，絲毫不會損傷被囚禁的蛾。牠們會在那裡找到安靜的退隱地和廣闊的空間。在後續的研究中，我將採取同樣的預防措施。

到了十點半，再也沒有什麼情況發生。這次實驗結束了，我一共收集到二十五隻雄大天蠶蛾，其中一隻失去了觸角。昨天被動了手術但仍健壯地離開我的工作室的六隻大天蠶蛾，只有一隻回到鐘形網罩附近。這是個很小的成果。如果我必須肯定或否定觸角的引導作用，我還不敢信任這個結果呢。讓我們進一步進行更大規模的實驗。

第二天早上，我探視昨夜的大天蠶蛾囚徒，見到的場景令人感到鼓舞。很多囚徒在地上幾乎毫無生氣活力，但被抓在指間後，又露出了生命的跡象。從這些癱瘓的蛾身上能夠期待什

麼呢？我們還是來試試吧。牠們或許在跳愛情輪舞的時刻又會
生氣勃勃、活力十足。

　　二十四隻新大天蠶蛾接受了切除觸角手術。以前被切除觸
角的那一隻已被排除在外，牠已瀕臨死亡，或者差不多瀕臨死
亡了。最後，在這天剩下的時間裡監獄的門大大敞開，誰願意
出去就可以出去，誰能夠參加聯歡晚會就可以參加。爲了讓出
走的大天蠶蛾接受實驗，鐘形網罩又挪動了地方。這些外出者
無可避免地會在門檻上遇見這個罩子，所以我將鐘形網罩放在
底樓，在對面側翼的一個房間裡。不用說，進入這個房間的通
道當然暢通無阻。

　　在這二十四隻被切除觸角的大天蠶蛾中，只有十六隻到了
外面，八隻衰弱不堪，不久就會死去。在離去的十六隻中有多
少隻會回到鐘形網罩附近呢？一隻也沒有。第二晚我只抓到了
七隻大天蠶蛾，全都是新來的，觸角裝飾著羽毛。這個結果似
乎表明，被切除觸角是有些嚴重的影響。然而，讓我們別急著
下結論，還存著一個意義重大的疑點。

　　剛剛被人殘酷地剪短耳朵的牛頭犬小狗穆弗拉爾說：「我
的狀態多麼好啊。我敢在別的狗面前出現。」我的大天蠶蛾有
穆弗拉爾的主人的擔心嗎？這些蛾一旦失去裝飾就不敢再在競

爭者中間露面求愛嗎？這是牠們的羞愧嗎？這是缺乏導向器的結果嗎？大天蠶蛾求愛的慾望強烈而短暫，這難道不更是超時等待之後的筋疲力竭嗎？實驗結果會告訴我們答案的。

第四個晚上，我捕捉到十四隻大天蠶蛾，全都是新來者。牠們被囚禁在一個房間裡，將在那裡過夜。第二天我趁牠們靜止不動，將牠們前胸的毛拔掉一些。這個簡便的剃度禮沒有煩擾這些蟲子。絲質碎屑很容易得到，當再度尋找鐘形網罩時，這個剃度禮並沒有使牠們失去任何必不可少的器官。但對我來說，這將是那些來訪的大天蠶蛾的真正標記。

這一次沒有身體衰弱、不能騰飛的大天蠶蛾。夜裡，十四隻被剃毛的大天蠶蛾又開始活動起來。不用說，鐘形網罩又變更了位置。我在兩小時內抓到了二十隻大天蠶蛾，其中兩隻被剃掉了毛髮。僅此而已，別無其他。至於前天晚上被截角的那幾隻，再也沒有出現過。牠們的婚期結束了，徹底結束了。

在有剃毛標誌的十四隻大天蠶蛾中，只有兩隻飛了回來。其他十二隻為何雖具有人們推測的導向器——觸角，卻沒有飛回來呢？另一方面，經過一個被非法囚禁之夜後，為何總是看到那麼多虛弱衰竭的大天蠶蛾呢？對此我只看到一個答案：這些大天蠶蛾被交尾的強烈情慾弄得精力衰竭了。

　　為了結婚──大天蠶蛾生命的唯一目的，這些蛾具有奇妙的天賦，牠們知道如何飛越很長的距離、黑暗和障礙，尋找意中人。兩、三個晚上，牠們花費幾個小時尋找愛侶和調情嬉戲。如果不能抓住良機、善加利用，就一切都完啦，因為非常精確的指南針出了毛病，非常明亮的信號燈熄滅了。以後再活下去還有什麼意義呢？於是牠們決定清心寡欲，退隱到某個角落躲藏起來長眠不起。幻想和苦難全都結束了。

　　大天蠶蛾只是為了代代延續才以蛾的形態出現。進食對牠來說是未知事物。如果說別的蛾是快樂的同桌用餐者，牠們從一朵花飛到另一朵花，展開吻管，插進甜蜜的花冠；大天蠶蛾就可比擬為無與倫比的禁食者，牠徹底擺脫了胃的奴役，不需要進食來恢復體力。牠的口器只是個半成品，是個空幻的假象，並不是真正適合運轉的工具。沒有一口食物進到牠的胃裡。如果不是生命短暫，這真是個非常了不起的特長。燈除非熄滅否則就需要油滴。大天蠶蛾放棄了「油滴」，那麼牠就必須放棄長壽。兩、三個夜晚，對一對配偶的結合來說是最起碼的必需時間，這就是一切。大天蠶蛾壽終正寢了。

　　被切除觸角的大天蠶蛾一去不復返了，這意味著什麼呢？失去觸角會使牠們無法再找到雌大天蠶蛾囚徒等待牠們的鐘形網罩嗎？絕對不是這樣。被剪去毛髮的蟲子，牠們接受了可能

具有危害性的手術後並沒有受到任何損傷，卻也宣告牠們的日子已經終結。遭到截角的也好，身體完整無損的也好，牠們都因年事已高，一去不復返。牠們的缺席無關緊要。由於缺乏對實驗來說不可或缺的時間限制，我們沒有真正了解到觸角的作用。這種作用以前令人懷疑，今後仍然令人懷疑。

　　被我監禁在鐘形網罩下的雌大天蠶蛾堅持了八天。牠每天晚上時而在寓所的這個地方，時而在另一個地方，按照我的意願為我招引一大群數量不定的來客。我用網抓捕這些來客，把牠們流放到一個關閉的房間裡。牠們在那裡過夜。第二天牠們至少在前胸處被我剃去毛髮。

　　這八天晚上飛來的大天蠶蛾的總數高達一百五十隻。如果我想得到繼續這項研究必不可少的資料，我便必須投入隨後的兩年時間進行研究，想再找到一百五十隻大天蠶蛾，對我來說可真是個令人目瞪口呆的數字。大天蠶蛾的繭雖然在附近地區並非無法找到，但至少是鳳毛麟角，因為老杏樹——大天蠶蛾毛毛蟲的棲息地，在我們地區寥寥無幾。我在兩個多天都檢查過這些衰老的樹。搜尋樹根，樹根在一堆雜亂的禾本科植物下面，這些植物為老杏樹穿上鞋子。多少次我歸來時兩手空空。因此，我擁有的一百五十隻大天蠶蛾是來自遠方的客人，或許來自周圍兩公里之外，甚至更遠。牠們如何知道我的工作室裡

發生的事呢？

　　三個超距離的訊息因子為這易感性提供了服務。它們分別是：光線、聲音和嗅覺。這裡可能談論視覺嗎？大天蠶蛾一旦穿過敞開的窗戶到達這裡就可以受視覺引導，沒有什麼比這更好的了。但是，在前面，在外面的未知境界裡，光說大天蠶蛾具有神話中能穿透厚牆看見東西的大山貓眼睛是不夠的，牠還必須有著能在幾公里之外看見這裡的敏銳視覺才足夠。我們不要在這種荒謬絕倫的說法上繼續爭論了。

　　聲音也和這個奇特現象沒有什麼關聯。大腹便便的雌大天蠶蛾雖然能從很遠的地方召喚，但聲音很輕，甚至對最敏銳的耳朵也是如此。牠有著來自內心的振動，這是受到情慾驅使、也許用極其精密的顯微鏡可以觀察到的顫抖。嚴格說來，這種情況是可能的。但是，讓我們回想一下：來客應該在相當長的距離以外，在幾千公尺以外獲得訊息的。在這種情況下，我們就別去想到聲音學。如果將周圍弄得天翻地覆，就會破壞環境的寧靜，所以想從這麼遠的距離外，聽見雌大天蠶蛾的召喚，實在是天方夜譚。

　　剩下的可能嚮導是氣味。在我們的感覺領域內，氣味比起其他物體都更能簡略地解釋說明為何匆忙趕來的大天蠶蛾要經

過一番遲疑不決，才能找到吸引牠們的誘餌。眞的有我們稱之
爲氣味的散發物存在嗎？這種散發物非常難以覺察，我絕對無
法感覺到，但它卻能夠給具有比我們更加敏銳的嗅覺的蛾一種
深刻的印象。一種最簡單的實驗尙待進行：我們要掩蓋住這些
散發物，要把它們壓制在一種強烈的、經久不散的氣味之下。
這種氣味主宰控制嗅覺。強烈的氣味可以壓制微弱的氣味。

　　我事先在雄大天蠶蛾晚上將被誘去的房間裡撒播樟腦。此
外，在鐘形網罩下面，在雌大天蠶蛾旁邊，我也安放一只盛滿
樟腦的大圓底器皿。大天蠶蛾來訪的時刻來到了。要清晰分辨
出煤氣廠的氣味，只需置身於房間的門檻上就行了。我施的巧
計落了空。大天蠶蛾像平時一樣到達。牠們進入房間，穿過房
間裡有著煤氣廠氣味的空氣，就像在沒有氣味的環境中一樣，
準確地飛向關著雌大天蠶蛾的鐘形網罩。

　　我對嗅覺的信心發生動搖。再說，我現在也不可能繼續實
驗。第九天，我的雌大天蠶蛾囚徒因被徒勞無益的等待弄得筋
疲力盡，把不能孵出幼蟲的卵安放在鐘形網罩的網紗上後便死
去了。沒有了實驗對象，直到明年來臨之前我都將無事可做。
　　這次我將採取準備措施。我儲備了必需品，以便一帆風順
地、如願以償地重複已經做過的和我考慮要做的實驗。動手
吧，別拖拖拉拉啦。

夏天，我以每條一蘇的價格購買了一些大天蠶蛾毛毛蟲。這筆買賣讓鄰居小孩——我的供應者十分開心。每個星期四，他們擺脫了法語動詞變化練習，跑遍田野，不時會找到一條粗大的大天蠶蛾毛毛蟲，他們讓牠緊貼在一根棍子尖，把牠帶給我。這些可憐的孩子不敢碰這條毛毛蟲，當我用指頭像他們抓住熟悉的蠶那樣抓住這條毛毛蟲時，他們個個目瞪口呆。

我用杏樹的枝杈餵養我昆蟲園裡的大天蠶蛾毛毛蟲。在短短幾天內，牠們就向我提供了優質蟲繭。冬天在樹下進行的辛勤實驗，把我的收集物補充齊全了。一些對我的研究興趣盎然的朋友，前來助我一臂之力。我到處奔走，與人談判交涉，還在荊棘叢中擦傷了皮膚。我這樣辛勞的結果是，擁有整整一系列的大天蠶蛾繭，其中有十二隻比較大、比較重。我由此而了解到這些較大的蟲繭是屬於雌大天蠶蛾的。

失望和挫折等待著我。五月到來了。這個月份氣候變幻莫測，把我的種種準備工作化為了烏有。轉眼間，似乎冬天又來了。乾寒強勁的北風呼嘯，撕碎了法國梧桐的新葉，撒得遍地都是。這是嚴寒的臘月，必須再燃起夜裡短暫的旺火，再穿上開始脫去的衣服。

我的大天蠶蛾也飽嘗了艱辛。卵孵化得很晚，孵出了一些

麻木遲鈍的蟲子。在鐘形網罩周圍很少或者壓根就沒有一隻來自外面的雄大天蠶蛾。雌大天蠶蛾在罩子裡等待，根據出生的先後次序，今天一隻，明天一隻。附近有些雄大天蠶蛾，因為從我收集的大天蠶蛾中，若發現長著大片羽毛飾的，一旦孵化，一旦被辨認出來，就放飛到花園裡。牠們不管遠在天邊，或者近在眼前，都很少來拜訪雌大天蠶蛾，即使來訪也沒有絲毫激情。牠們進來一會，接著就蹤跡杳無，一去不復返。熱戀者的感情冷卻了。

也許低溫與提供訊息的氣味互不相容，炎熱會大大增強氣味，寒冷則會大大減弱氣味。我整整一年的功夫都白費了。唉，這種實驗受季節的輪轉以及一些不可知因素的影響，是多麼艱難啊。

我第三次重新開始實驗。我飼養大天蠶蛾毛毛蟲，我跑遍田野尋找繭。當五月回歸時，我得到了一定數量的繭。季節晴美，合我心意。我又再次看見曾經在我開始實驗時，在那次少有的大天蠶蛾入侵（這是我的研究的緣由）期間，讓我震驚不已的大天蠶蛾晚會。

每天晚上來訪的大天蠶蛾結成小隊飛來，有十二隻、二十多隻或者更多。雌蛾——大腹便便的主婦，緊緊抓住鐘形罩的

金屬網。牠沒有任何動作，甚至連翅膀也沒振動一下，好像對
周圍發生的事漠不關心。我的家人中鼻子最靈敏的，也沒有嗅
出任何氣味來。那些被叫來當證人的家人中耳朵最靈敏的也沒
有聽出一丁點聲響來。這隻雌大天蠶蛾屏氣凝神地等待著。

其他雄大天蠶蛾三三兩兩或者更多，撲向鐘形罩的圓頂，
在那裡轉來轉去，翅膀尖不停地振動拍打圓頂。情敵之間並不
爭風吃醋，打架鬥毆。每隻雄大天蠶蛾都試圖鑽進網罩裡，沒
有表現出對其他殷勤獻媚者的嫉忌。牠做了種種嘗試，全都徒
勞無益，於是感到厭倦，便飛開了，混進群蛾飛舞的芭蕾舞群
中。有幾隻沮喪失望，從敞開的窗戶逃之夭夭。在鐘形網罩的
圓頂上，直到十點左右，不斷有新的蛾群飛來。牠們很快就感
到厭倦，被其他蛾群替代。

鐘形網罩每天晚上都被挪動，我把它放在北邊或者南邊，
放在寓所右廂房底樓或者二樓，放在寓所左邊五十公尺以外，
放在露天或者偏僻的房間。突然的搬遷可能會把研究人員弄得
暈頭轉向，但卻絲毫沒有難倒大天蠶蛾。我白白花了時間和計
謀去欺騙牠們。

牠們對地點的記憶並沒有造成什麼影響。例如，前一天晚
上雌大天蠶蛾在寓所的一個房間安頓下來，裝飾著羽毛的雄大

天蠶蛾便到那裡飛來飛去，轉了兩個小時，一些甚至還在那裡過夜。第二天當夕陽西下，我移動鐘形網罩時，所有大天蠶蛾都在外面。新到的大天蠶蛾雖然朝生暮死，卻也有能力再開始進行第二次、第三次夜間遠征。這些曇花一現的老手，牠們將飛到哪裡呢？

　　牠們已經知道昨晚會合的準確地點。我們以為牠們將在記憶的指引下返回那裡；如果牠們找不到，就會飛去別處繼續探尋。唉，不，情況大大出乎我們的意料，完全不是這樣。昨天晚上大天蠶蛾絡繹不絕、頻繁前往的那些地點，壓根就沒有一隻大天蠶蛾出現，壓根就沒有一隻大天蠶蛾在那裡短暫訪察。這個地方被這些蛾認出荒無人煙，記憶沒有向牠們提供任何訊息。一個比記憶力更加可靠的嚮導把牠們召喚到了別處。

　　直到現在，雌大天蠶蛾仍然暴露在金屬網罩裡。前來探訪的求愛者在黑暗中目光敏銳，能夠憑著對我們來說是一片黑暗的模糊亮光，看見這隻雌大天蠶蛾。如果我把這隻雌蛾關在一個半透明的網罩裡，又會發生什麼呢？這個網罩讓提供訊息的氣味自由傳播或阻止它們傳播嗎？

　　今天，物理學讓我們發明了利用電磁波的無線電報，但是大天蠶蛾在這項發明上已先我們一步了嗎？為了讓周圍的同類

激動起來，為了告知遠在幾公里之外的求愛者，剛剛孵出的雌大天蠶蛾擁有已知的或者未知的電波和磁波嗎？這電波被某個屏障攔截，又被另一個屏障放行嗎？也就是說，牠用自己的方式使用某種無線電嗎？對此我看不出有什麼不可能。昆蟲習慣於這樣奇妙的發明創造。

我試著將雌大天蠶蛾放在性質不同的罩子裡。這些罩子有白鐵的、木質的、硬紙的，全都緊密關著，甚至還用含油的膠泥封固。我也使用玻璃鐘形罩，罩子安放在一小方塊玻璃的絕緣支撐物上。

結果怎麼了！在這樣密封的條件下，不管夜晚的甜美和寧靜多麼逗人喜愛，卻從來沒有任何一隻雄大天蠶蛾飛來。不管密閉的罩子是什麼性質——金屬的、玻璃的、木質的或者硬紙的，都對具有傳訊性質的氣味設下了無法逾越的障礙。甚至一層兩根指頭厚的棉花也具有同樣的效力。我把雌大天蠶蛾放在一個短頸廣口瓶裡，用繩子紮了一團棉花放在瓶口當瓶蓋。這便足以掩蓋實驗室裡的秘密了，沒有雄蛾突然飛來。

相反的，讓我們使用關得不緊、微微打開的罩子，即使我們將罩子藏在抽屜裡、衣櫥裡，儘管增多了這些障礙，大天蠶蛾仍然成群飛來，數量就像在金屬鐘形網罩那裡一樣多。

　　我對雌大天蠶蛾被隱秘地關在罩子裡等待的那個夜晚記憶猶新。來訪的大天蠶蛾飛到罩子邊，用翅膀篤篤地撞擊，想進去。牠們是路過的朝聖者，不知道來自田野何處，但牠們對罩子裡的東西卻瞭如指掌。

　　那麼，雄蛾以類似無線電通訊方式獲得訊息的假設，是不能被接受的，因為一道不管是良好導體或不良導體的屏障，一旦出現就足以阻斷雌大天蠶蛾的信號。要使這些信號傳播時暢通無阻，傳播得更遠，以下的條件是必不可少的：囚禁雌大天蠶蛾的囚室關閉得不嚴；內部和外部空氣互相流通。這又把我重新引回可能有某種氣味存在的這個觀點上了。然而這個可能性卻已經被我用實驗否認。

　　我的大天蠶蛾繭資源已經枯竭，可是問題仍然沒有水落石出。我要再開始第四年的研究工作嗎？我放棄了，因為如果我想深入跟蹤觀察一隻參加晚會的大天蠶蛾，是有相當的困難。向雌蛾殷勤獻媚的雄蛾要達到目的當然不需要照明工具，但是，我們人類微弱的視力想在夜間進行觀察，則少不了燈光的幫助，至少需要一支蠟燭，而蠟燭往往被盤旋飛舞的蛾群撲滅。燈籠雖然可以避免燭光熄滅，但是，昏暗的燭光被寬大的陰影遮蔽，壓根不適合深入仔細的觀察。

不僅如此,燭光還會把大天蠶蛾從牠們的目標轉移開,使牠們心神不定。此外,如果燭光久照,就會嚴重影響晚會的成功。求愛者一旦進入,就會瘋狂地奔向燭火,燒壞身上的絨毛。而後牠們由於身體燒傷而驚惶失措,因而不能提供確切無疑的證據。即使牠們沒有受到燒烤,被玻璃罩隔在一段距離之外,牠們也會被燭火迷住,在火焰旁邊落腳,一動也不動。

某天晚上,雌蛾在飯廳的桌子上,面對打開的窗子。一盞煤油燈亮著。這盞燈裝有寬大的白色琺瑯反射器,懸掛在天花板上。在飛來的大天蠶蛾中有兩隻在鐘形網罩頂上停下,急急忙忙奔向被囚禁的雌蛾。另外七隻在經過時向這隻雌蛾致意後,便飛到油燈那裡盤旋了一會,然後因為受到乳白石屋頂發出的燦爛光輝的迷惑,就停在反射器下面不動了。這時,孩子舉起手想捕捉牠們。我說:「就讓牠們那樣,就讓牠們那樣。讓我們殷勤接待牠們,別去打擾這些前來尋找光明神龕的朝聖客們。」

整個晚上,七隻大天蠶蛾一隻也沒有動一下。第二天牠們還待在那裡。燭光的迷醉使牠們忘掉了愛情的甜蜜。

觀察需要燈具,有了燈具就會引來這樣一些對燈火的亮光狂熱著迷的大天蠶蛾。有了這些蛾,準確和長時間的實驗就無

法進行。既然如此，我於是放棄了大天蠶蛾和牠們夜間舉行的
婚禮。我需要一隻習性不同的蛾，牠要像大天蠶蛾那樣在婚戀
幽會的大膽行動中靈活能幹，但又能在白天活動。

　　在用一隻具備這些條件的實驗對象繼續進行實驗之前，就
讓我們暫時把按照時間編定的次序擱在一邊，講幾句關於之前
進行研究工作時飛來的蛾的軼事。這是一隻姬天蠶蛾。

　　有人從一個我不知道的地方帶給我一個漂亮的繭，繭裏著
寬大的白色絲套。從這個不規則的、皺折的絲套裡，很容易抽
離出一隻外形好似大天蠶蛾但要小得多的繭來。絲套的前端被
用鬆散的和聚集的幼枝加工成保護網，在容許外出而不破壞圍
牆的情況下，防止外人進入住所。這個特徵讓我一眼看出這個
繭是夜間大蛾的同類。紡織品帶著紗廠主人的標記嘛。

　　的確，三月末，在棕枝主日①這一天，覆蓋著捕鳥網的繭
讓我得到了一隻雌姬天蠶蛾。我立刻把牠監禁在工作室的金屬
鐘形網罩下面。我打開窗戶，讓秘密洩露到田野。如果求愛者
到來，牠們必須找到能夠自由出入的通道。被囚禁的這隻蛾抓

---

① 棕枝主日：復活節前的星期天，是聖週的開始，民眾為慶祝耶穌榮進耶路撒冷
　的事蹟及祂的苦難，列隊重走昔日耶穌與門徒們進城時所走的路線。——編注

住金屬網紗，整個星期都不再亂動一下。

我的雌姬天蠶蛾囚徒穿著有波紋的棕色天鵝絨衣服，非常漂亮。牠的脖子圍著皮毛。牠的上部翅膀尖有胭脂紅斑點。牠有個大大的眼睛。在這眼睛裡，像同心的月牙那樣聚集著黑色、白色、紅色和赭石色。大天蠶蛾的項圈除了色澤不那麼深暗之外，也和這差不多。這種身材和服裝都非常漂亮的蛾，我一生中遇到過三、四次。我最近得到了繭，但我從來沒有見過雄姬天蠶蛾。我從書本上只知道牠比雌姬天蠶蛾小一半，體色更加鮮豔、更加花俏，下部翅膀呈橘黃色。

優雅漂亮的陌生客人，我還不了解的、裝飾著羽毛的雄蛾，在我居住的地區寥若晨星的昆蟲會蒞臨嗎？牠在遙遠的籬笆中會得到通報，知道在我工作室的桌子上，有隻正值婚齡的雌姬天蠶蛾在等待牠嗎？我相信會的。的確，優雅漂亮的陌生客人終於來到了，甚至到得比我預期的還早。

鐘剛敲過十二點，我們午餐的時間到了。小保爾關心可能發生的事，遲遲未到飯廳來。這時他突然跑來和我們碰頭，臉蛋熱得發亮。一隻美麗的蛾在他的手指間撲打著翅膀。這隻蛾在我的工作室對面飛翔時被他抓住了。他指給我看這隻蛾，用目光徵詢我的意見。

我對他說：「好啊，這正是我們等待的朝聖客呀。把餐巾折起來吧，去瞧瞧是怎麼回事。我們過些時候再吃飯吧。」

面對這個奇蹟，大家連飯也不吃了。一些裝飾著羽毛的雄姬天蠶蛾在雌蛾囚徒魔法般的召喚下奔來，準時得真是令人難以想像。牠們曲折蜿蜒地飛翔，一隻隻到達。牠們全都是從北方突然飛來的。這個細節很有價值。的確，嚴冬歸來，朔風呼嘯，如同風暴來臨。這對杏樹輕率冒失所開放的花朵是致命的。這是一場無情的風暴。風暴通常是春天的前奏。今天天氣突然回暖。但是北風依舊吹刮。

然而，所有奔向被囚禁的雌姬天蠶蛾的雄蛾都從北面進入荒石園。牠們順著氣流飛來。誰也不逆流飛翔。假如牠們有與我們類似的嗅覺做為指標，假如牠們被分解在空氣中具有味道的微粒引導，牠們就應該從相反的方向飛來。假如牠們來自南

大天蠶蛾

方，人們會相信風捲帶氣味而向牠們報了信。假如牠們來自北方，在這樣乾寒而猛烈的北風（至高無上的空氣清掃工）裡，怎麼能夠想像牠們在長距離之外感覺到了我們稱之爲氣味的東西呢？這股帶有香味分子的迴流與空中的氣流方向相反，在我看來，是不可能存在的。

在兩個小時內，在燦爛的陽光下，這些求愛者在我的工作室前面飛來飛去。牠們大多長時間尋找、探測高牆，掠過地面。牠們那樣猶豫不決，好像是對搜尋誘餌的確切地點十分爲難。牠們從遙遠的地方飛來，沒有發生差錯，但似乎在確切地點上卻受到不準確的引導。然而，或早或晚，牠們終於飛進房間向被囚禁的雌蛾致意，但沒有待在那裡不走。在兩個鐘頭內，一切都結束了。這次飛來了十隻雄姬天蠶蛾。

整個星期，每天將近中午，在光照最強烈的時刻，姬天蠶蛾都會飛來，但越來越少。前前後後總共飛來將近四十來隻。我認爲重複實驗已無必要，這對我已理解到的情況不會添加任何更新的資料。我只觀察兩個現象。首先，姬天蠶蛾是晝間活動的，也就是說，牠在大白天炫目的光照中慶祝婚禮，牠需要充足的、明朗的陽光。而大天蠶蛾（兩者的成蟲形態和毛毛蟲的技藝都相近）的情況正好相反，上半夜幾個鐘頭的黑暗對牠來說是必不可少的。將來誰能夠解釋這種奇怪的對立習性，誰

就能解釋這個現象。

　　其次，一股強大的氣流從相反的方向吹來，掃除了適於向嗅覺提供資訊的微粒，卻不能像我們的物理學所設想的那樣，阻止姬天蠶蛾到達產生味流的源頭。

　　我繼續研究下去，需要的不是夜間結婚的大天蠶蛾，但也不是姬天蠶蛾，後者出現得太晚，不符合要求。我需要的是另外一種，任何一種，只要牠在婚慶時敏捷能幹就行了。我會得到這樣一種蛾嗎？

第二十四章

茶帶枯葉蛾

是的，我會得到牠的，我甚至已經得到了嘛。這個七歲的小男孩販賣蘿蔔和蕃茄維生，是我家的常客。他有張活潑機靈的面孔，但並沒有每天洗臉。他光著腳丫，用一條帶子繫住破破爛爛的短褲。他提著荣籃子來到我家。他收下賣蔬荣得來的幾個蘇，放在掌心裡一個個數。這筆收入可是母親翹首期盼的啊！然後，他從衣袋裡掏出一個東西來，這是前一天晚上他沿著籬笆割兔子草時找到的。

他把這個東西遞給我說：「這個，這個你要嗎？」「是的，我當然要。設法再找些來，盡量多找些。我答應你星期天帶你去玩旋轉木馬。朋友，現在給你兩個蘇。我擔心你向媽媽報賬時會弄錯。把這兩個蘇擱在一邊，別和賣蘿蔔的錢混在一起。」這個頭髮蓬亂的小傢伙答應了我，彷彿已經隱約看到了

眼前的一筆財富。

　　他離開後，我仔細察看他給我的東西。這東西值得花力氣尋找。這是個美麗的鈍形蟲繭，讓人不由得想起蠶房的產品。它堅固，呈淺黃褐色。在書本裡找到的資料幾乎都說這是橡樹蛾的蟲繭。如果的確是這種蛾，這可就真是個意外收穫。這樣我就能夠繼續我的研究工作，也許還能夠把大天蠶蛾讓我模模糊糊了解到的情況補充齊全。

　　橡樹蛾的確是種典型的蛾，沒有一部昆蟲學論著不談及牠在婚嫁期間的表現。牠們根據消息知道了有隻雌橡樹蛾被囚禁在房間裡，甚至隱藏在盒子裡孵卵。牠處在大城市的煩囂之中，遠離田野，然而秘密仍然洩露給了樹林裡和草坪上的有關昆蟲。一些雄橡樹蛾就在某種不可思議的指南針的引導下，從遙遠的田野飛奔來。牠們飛到小盒子那裡屏息諦聽，盤旋，再盤旋。

　　這些奇妙的景象，我是經由閱讀了解到的。然而，親眼看看，同時又實驗一下，這可是另外一回事呀。我用兩個蘇買來的那玩意為我準備了些什麼呢？會從那裡出來這鼎鼎有名的橡樹蛾嗎？

讓我們用牠的另一個名字——茶帶枯葉蛾來稱呼牠吧。這個名字的詞意是「布帶小修士」；這個古怪的名字，是受了雄蛾服裝的啓發而被命名的。牠身穿淺紅色的修道士長袍，只是棕色粗呢換成了細緻的天鵝絨。而前面的翅膀上橫著一條淡色帶子，長著像眼睛般的小白點。

茶帶枯葉蛾不是種粗俗的蛾。如果時機對了，我們帶著網外出就可能捕捉到牠，但在村子周圍，特別在僻靜的荒石園裡，我住了二十多年都沒有發現過牠。沒錯，我不是個狩獵迷，對收集到的死昆蟲我不大感興趣。我需要活的、正在發揮牠們才能和稟性的昆蟲。但是，我卻缺乏收集者的那股熱情，我把專注的目光投向一切使田野生機盎然、活躍熱鬧起來的事物。一隻身材和衣著都十分出眾、惹人注目的蛾如果被我碰到，便逃不過我的眼睛的。

我曾經用玩旋轉木馬的承諾引誘那個賣東西的小傢伙，但後來再也沒有找到第二隻。三年內我央求過朋友和鄰居，特別是年輕人幫我尋找。這些年輕人搜尋荊棘時眼明手快，俐落機靈。我仔細觀察石子堆，搜查洞穴密布的樹幹，全都枉費心機，仍然無法找到寶貴的茶帶枯葉蛾繭。

這種蛾在我家附近真是鳳毛麟角。時機到了我們會看到這

個小細節有多麼重要。

　　正如我猜測的一樣，我那個獨一無二的繭屬於某種有名的茶帶枯葉蛾。八月二十日從這繭裡出來了一隻雌蛾，胖嘟嘟、大腹便便的，身上的衣著和雄蛾一樣，只是袍子換成了米黃色，更加淡雅。我把牠安置在工作室中央的大實驗桌上的金屬鐘形網罩裡。這張桌子堆滿了書籍、短頸廣口瓶、瓦缽、盒子、試管和其他儀器。茶帶枯葉蛾熟悉這個地方，這個大天蠶蛾曾居住過的地方。兩扇窗戶朝著花園，陽光照亮了房間。一扇窗戶關閉，另一扇白天和晚上都大大敞開。茶帶枯葉蛾被放在相距四、五公尺的兩扇窗戶之間，處於半明半暗之中。

　　這一天剩下的時間和第二天一整天過去了，沒有發生什麼值得一提的事。被囚禁的雌茶帶枯葉蛾前腳攀附在金屬網紗上，在陽光照射的那一面靜止不動，翅膀沒有振撲，觸角沒有顫抖。大天蠶蛾也是這樣。

　　茶帶枯葉蛾母親成熟了，細嫩的肌肉長得結實起來。牠透過一種連我們的科學也毫不知曉的作用，製作了一種無法抗拒的誘餌，這種誘餌會把天涯海角的求愛者都召引到牠身邊。這隻大腹便便的蛾體內發生了什麼呢？牠的體內又完成了什麼，使周圍發生巨大變化呢？如果我們知曉了這隻蛾煉丹術士的秘

訣，將會向前邁進多大一步啊！

第三天，蛾新娘準備就緒了，喜宴搞得熱鬧滾滾。正當我在花園裡因實驗拖得太久而對成功感到絕望時，將近下午三點鐘，我看見一群茶帶枯葉蛾在敞開的窗口盤旋飛舞。

牠們是前來探訪這個美人的情郎。一些飛出房間，一些飛進房間，還有一些在牆上停下休息，好像被長途跋涉弄得筋疲力盡似的。模模糊糊之間，我看見有些來自遠方，從高牆上飛來，從一排排的柏樹上飛來。牠們來自四面八方，但數量越來越少。我錯過了這次婚慶開始的情景，現在受邀的客人差不多到齊了。

讓我們去那上面瞧瞧。這次是在大白天，我沒漏掉任何細節。我再次見到了那天夜晚大天蠶蛾令我頭昏眼花的景象。一大群雄茶帶枯葉蛾在我的工作室裡飛翔。我在眼力所及之處用眼睛估算，這群變幻不定、亂七八糟的茶帶枯葉蛾約有六十多隻，牠們圍繞鐘形網罩飛了幾圈之後，奔向打開的窗戶，但又立刻飛回，重複前面

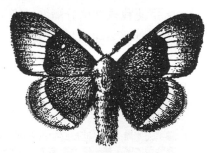

茶帶枯葉蛾

的一系列動作。最心急如焚的停在鐘形網罩外面用腳互相騷擾，互相推擠，互相排擠，都想搶個好地方。在網紗裡面，雌茶帶枯葉蛾囚徒讓下垂的大肚子靠在網紗上，不動聲色地等待著。牠面對這個不安分守己、喧鬧吵嚷的群體，沒有任何興奮激動的跡象。

這群茶帶枯葉蛾或者飛出，或者返回，或者在鐘形網罩上毫不鬆懈，或者在大廳裡飛來飛去。牠們縱情玩樂，連續跳了三個小時薩拉班德舞[1]。但是，隨著太陽漸漸西沈，氣溫略微轉冷，茶帶枯葉蛾的熱情也開始冷卻。大多數雄蛾外出以後就不再返回，留下的那些就像大天蠶蛾那樣，爲了第二天的一場舞會，把身子固定在窗櫺上。今天的聯歡活動結束了。當然明天還會繼續，因爲由於金屬網攔阻，聯歡舞會沒有任何結果。

但是，不，這次聯歡活動第二天並沒有繼續。我判斷錯誤了。這使我感到萬分慚愧。晚上有人爲我帶來一隻螳螂。這隻蟲子身體特別細小，值得注意。我總是惦著下午發生的事，心不在焉，匆匆忙忙把這隻食肉昆蟲放在關著雌茶帶枯葉蛾的鐘形網罩裡。我一刻也沒有想到過這種共居狀態會趨於惡化。這

① 薩拉班德舞：源於西班牙的古老舞蹈。可能是由中美洲傳入西班牙南部的安達魯西亞地區，是一種邊喝邊跳、激烈快速的街頭舞。——編注

隻螳螂身體這樣瘦小纖細,而另一隻昆蟲的身體卻圓滾多肉。因此我一點也不擔憂。

唉,我對有鐵鉗的蟲子的屠殺狂熱認識太淺啦。第二天我發現小小的螳螂正在吞食偌大一隻雌茶帶枯葉蛾。目睹此情此景,我真是又痛苦又吃驚。蛾的腦袋和身子前部已經沒有了。多麼可怕的蟲子啊。你使我經歷了一個多麼悲痛憂傷的時刻啊。再見,我的研究工作,我徹夜不眠設計籌劃的研究工作,我萬分鍾愛癡迷的研究工作。整整三年我將沒有實驗對象,我將無法繼續這項工作。

但願厄運別讓我們忘掉我們剛剛了解到的那點情況。僅僅一次聚會就來了六十多隻茶帶枯葉蛾。如果我們考慮到茶帶枯葉蛾稀有得如鳳毛麟角這個事實,如果我們回想起我個人及助手們在整整幾年中徒勞地進行的搜尋工作,這個數字就會使我們目瞪口呆。由於一隻雌茶帶枯葉蛾的引誘,難得找到的東西竟然在倏忽之間滿坑滿谷。

然而,這群茶帶枯葉蛾從哪裡飛來?毫無疑問的牠們是來自四面八方,來自遙遠的地區的。我長期以來就在鄰近地區搜尋,一叢叢荊棘、一堆堆石子我都瞭若指掌。我能夠肯定這裡沒有橡樹蛾。要替我的工作室收集一大群這種蛾,我需要來自

四處的幫助。

三年過去了。我朝思暮想、夢寐以求的好運終於讓我得到了兩隻茶帶枯葉蛾蟲繭。將近八月中旬，這兩隻繭前後相隔幾天孵出了雌蛾。這個好運將讓我有機會改變和重複我的實驗。

我很快恢復那個大天蠶蛾已經給了我十分肯定答覆的實驗。白晝來到的茶帶枯葉蛾朝聖客不比夜晚的大天蠶蛾笨拙，牠挫敗了我的狡計，不管網罩在什麼地方，牠都能準確無誤地飛到金屬鐘形網罩下被囚禁的雌茶帶枯葉蛾那裡。牠能夠在壁櫥裡發現這個囚徒，只要門沒有完全關閉，牠就能猜中這個囚徒的秘密隱藏處。如果壁櫥關得很緊，牠就無法獲得信息，就不再飛來。到目前為止，牠除了重複大天蠶蛾的英勇行為之外，別無其他。

一個關得很緊的盒子，空氣毫不流通，這讓雄蛾對盒子裡的雌蛾隱居者的情況毫無所知，沒有一隻雄蛾飛來。就連我把盒子顯眼地擱在窗臺上，情況也是如此。因此，金屬的、木質的、硬紙的、以及玻璃的隔牆，不能傳導帶有氣味的散發物，這樣的想法很快地在我腦海一閃而過。

粗壯的夜行雄大天蠶蛾受過同樣的測試，沒有被樟腦所

騙。在我看來，樟腦可能用它本身強烈的氣味遮掩了對人類的
嗅覺來說異常細微的、感受不到的氣味。我重新用雄茶帶枯葉
蛾進行實驗。我這次大方地使用在我藥物資源內所允許的汽油
和惡臭物。

　　一打瓶子布置起來，部分安放在金屬鐘形網罩內——雌茶
帶枯葉蛾的監獄；部分安放在罩子的周圍，形成一道完整的圍
牆。這些瓶子，一些盛著樟腦；一些盛著寬葉薰衣草精；一些
盛著石油；還有一些盛著有臭雞蛋氣味的硫化物。除非想讓雌
蛾囚徒窒息，否則我不能再進一步了。我採取這些措施，是為
了召喚時刻到來時讓房間充滿了氣味。

　　下午，我的工作室變成了討厭的配藥室，混合著寬葉薰衣
草沁人心脾的香味和硫化物薰天的惡臭。讓我們別忘了這個房
間在薰煙，而且薰得很厲害。煤氣廠、煙館、香料廠、煉油
廠、發臭的化學物等氣味混合一起會讓雄蛾迷失方向嗎？

　　壓根沒有。將近三點，一些茶帶枯葉蛾飛來了。和平時一
樣，密密麻麻一大群。牠們飛到鐘形網罩那裡。我已經用厚布
把罩子蓋得密不透風，以增加進入的難度。這些茶帶枯葉蛾一
旦飛入罩內就什麼也看不見，沈浸在一種奇怪的氛圍裡。任何
細微的香味在那裡都會被清除得乾乾淨淨。這些茶帶枯葉蛾飛

向被囚禁的雌蛾，設法鑽進厚布的褶子下面和雌蛾會合。我的巧計沒有成功。

這次失敗的結果是清楚可期的，它重複了大天蠶蛾讓我了解到的情況。這次失敗後，我理所當然應該放棄存在著帶有氣味的散發物這樣的假設，我原以為這種散發物是應邀參加婚慶的茶帶枯葉蛾的嚮導。我之所以沒有放棄這樣的假設，是要感謝某次偶然的觀察。意外的情況、偶然的事物，有時會為我帶來一些意想不到的事，把我引到真實的道路上。這條道路是我一直都企求的。

一天下午，我想測試茶帶枯葉蛾飛進房間時，視覺是否在尋找活動中發揮了某種作用。我把那隻雌蛾放在一個用一根帶有枯葉的橡樹小枝杈支撐著的玻璃鐘形罩裡。罩子放在桌子上，面對敞開的窗戶。茶帶枯葉蛾飛進來時不可能看不見被囚禁的雌蛾，牠們都要從牠身邊經過。鋪有沙層的罐子對我造成妨礙。雌蛾就在這個缽子裡，在金屬鐘形網罩下度過了前晚和今天上午。下午，我取走了雌蛾，隨手將金屬網罩放在地板上，在客廳的另一端，在一個只能透進半明半暗的光線的角落裡，和窗子相距十二步。

接下來發生的事，大大攪亂了我的思緒。在飛來的茶帶枯

葉蛾中，沒有一隻在玻璃鐘形罩那裡停下。雌蛾在那裡，在光
天化日之下非常顯眼。但茶帶枯葉蛾經過時卻無動於衷，不加
理睬，既不看上一眼，也不探查一下。牠們全都飛到房間的另
一端，飛到那個我放置了瓦缽和金屬網罩的陰暗角落。

　　牠們在金屬網罩頂上停下，長時間仔細探尋，撲打翅膀，
直到夕陽西下，牠們仍然圍繞著荒無一物的圓頂跳著舞，跳著
雌蛾如果的確在那裡所引起雄蛾跳的薩拉班德舞。最後，牠們
離開了，但並不是全部。有的戀戀不捨，流連忘返，似乎被某
種魔法般的吸引力定下身來，不能動彈。

　　沒錯，這現象的確奇怪。我的這些茶帶枯葉蛾飛向一個空
無一物的地方，在那裡逗留，視覺所傳遞的訊息也沒有勸止住
牠們。牠們經過玻璃鐘形罩旁時一刻也不停留。在這個罩子
裡，雌蛾肯定會被飛來飛去的茶帶枯葉蛾看見。牠們被誘餌弄
得神魂顛倒，反而置真實的事物於不顧。

　　牠們受了什麼的騙呢？頭天晚上和第二天早上，雌蛾都在
金屬網罩下，時而懸吊在金屬網紗上，時而在瓦缽裡的沙土
上。牠碰過的東西，特別是牠用牠那鼓脹肥大的腹部碰過的東
西，經過長期接觸，浸透了某些散發物。這就是牠的誘餌、激
發愛慾的春藥，這就是震撼茶帶枯葉蛾世界的東西。沙土把這

種東西保存了一段時間，還向四周撒播。

因此，是嗅覺在引導這些茶帶枯葉蛾，在一段距離以外向牠們發出訊息。牠們受到嗅覺控制，不去考慮視覺提供的情報。牠們經過囚禁著美人的玻璃監獄時，不加理睬，揚長而去。牠們前去金屬網罩和沙土那裡，那裡露出了一些有魔力的滴定管。牠們奔向偏僻冷落的場所，那裡除了雌蛾魔法師逗留時留下的帶有氣味的證物之外，什麼也沒有。

讓人無法抗拒的春藥需要一段時間製備。我想像這是一種四處擴散的氣體。這種氣體逐漸擴散，浸透著和大腹便便、靜止不動的雌蛾接觸的物體。如果玻璃鐘形罩正好擺在桌上，或者還好一些；正好擺在一塊玻璃上，裡外就不能互相流通，那麼不管實驗持續多久，雄蛾憑著嗅覺什麼也感受不到，也都不會飛來。現在我不能夠把這種擴散作用因屏障的存在而失效做為理由，因為即使我安排了一個暢通的交流系統，即使我用三個墊塊讓鐘形罩與支座有段距離，在房間裡雖有很多茶帶枯葉蛾，牠們也不會先飛來這裡。但是，讓我們等待半小時左右吧。盛有雌性精華物質的蒸餾器似的器官發揮作用了，求愛者會像平常那樣蜂擁而至。

我掌握了這些資料——這是茫茫雲霧中的一線青天，就可

以盡可能讓實驗多樣化了。這些實驗都指向同一個結論。早上，我把雌蛾放在金屬網罩下，牠的棲息地是一根橡樹小枝杈。雌蛾在那裡一動也不動，就像死去一樣。牠在那裡長時間停留，掩埋在肯定浸透了散發物的樹葉團中。求愛的時刻來到時，我取去浸好的小枝杈，把它放在一把椅子上，離窗戶不遠。另一方面，我讓雌蛾留在鐘形罩下面，在房間中央的桌子上，十分顯眼。

一群茶帶枯葉蛾飛來了。先是一隻，接著兩、三隻，很快就是五、六隻。牠們飛進飛出、返回、上升、下降、來來去去，始終在窗子附近。離窗子不遠處有把椅子，椅子上擺著橡樹小枝杈。這些蛾中誰也不向大桌子飛去。在這張大桌子上，在幾步遠外，雌蛾正在金屬網紗圓頂下面等待牠們。可以清清楚楚地看出，牠們遲疑不決。牠們在尋找什麼？

牠們終於找到了。找到什麼呢？正是那根橡樹小枝杈，早上牠是大肚皮胖女人雌蛾的華床，牠們急速搖動翅膀飛到這根枝杈的樹葉上停落。牠們上上下下、前前後後、左左右右搜尋、撬起、移動樹葉，以致這束很輕的枝杈掉到了地上。樹葉間的搜尋仍繼續進行著，在翅膀和小腳的撞擊下，枝杈在地上迅速移動，恰像被小貓用爪子抓打的一張破紙。

　　正當小枝杈連同牠的搜查隊遠去時，兩隻新到的茶帶枯葉蛾突然來臨。在牠們經過的路徑上放著一把椅子，剛才椅子上還放著小枝杈。這兩個新到者在椅子上停下來，熱切地尋覓，就在剛才小枝杈放置的地點搜查。然而，對所有的茶帶枯葉蛾來說，牠們企望的眞正目標就在那裡，近在咫尺，在我疏忽大意沒有遮蓋的網紗下面。但誰也沒有注意到。在地板上，新來者繼續推撞雌蛾早上躺過的那張小床，繼續聚精會神地聆聽小床最初擺放的地點。夕陽西下，離開的時刻到了。此外，刺激情慾的氣味也淡弱消失。求愛者離去了。明天再見吧。

　　接下來進行的實驗告訴我，不管什麼材料都能夠取代帶有葉子的枝杈——偶然的啓發者。我提前一些時間把雌蛾放在一張小床上。小床有時是類似呢絨的或者法蘭絨的，有時是絮狀的或者紙的。我甚至還試過木頭的、透明塑料的、大理石的、金屬行軍床般硬的材料。所有這些實驗物經過一段時間和雌蛾接觸後，對雄蛾來說，都具有了和雌蛾本身一樣的吸引力。它們根據自身的性質保存著這種吸引力，有的保存得多一些，有的保存得少一些。其中最好的是絮狀物、法蘭絨、塵埃、砂土，最後是多孔的物體。相反的，金屬、大理石、玻璃這樣的物質很快就會喪失它們的效能。總而言之，雌蛾停留過的一切物體透過接觸將牠的吸引力傳到了別處。因此，雄蛾在橡樹小枝杈落下後向椅子上的麥稈奔去。

　　讓我們使用其中最好的一張床，譬如法蘭絨床吧。我們會看見稀奇古怪的事發生。我在一根長試管或者在一個茶帶枯葉蛾剛好能夠通過頸子的短頸廣口瓶裡放置一塊法蘭絨。這是茶帶枯葉蛾母親整個上午的棲息地。求愛者進入這些器皿，在裡面竭力掙扎，再也不知道出來。我這樣做，是為牠們布設了一個我能夠把牠們大批殺死的陷阱。讓我們釋放這些不幸的昆蟲，抽出那片織物來。我們把這片織物藏在一個緊密關好的盒子裡。這些冒冒失失的傢伙回到那支長試管後又鑽進了圈套，牠們受到法蘭絨傳給玻璃的氣味誘引。

　　我的假設得到了肯定。為了促使周圍的茶帶枯葉蛾參加婚慶，為了在一段距離之外告知和引導牠們，正值婚齡的雌蛾會發散某種極其細微的、我們的嗅覺感覺不出的香味。我周圍的人，甚至最年輕的，敏感性還沒變鈍的，把鼻孔貼在茶帶枯葉蛾母親身上，也沒有任何人嗅出一丁點氣味來。

　　雌茶帶枯葉蛾曾經停歇過一些時間的所有物體，都容易浸透這種精華物質。這種物體從那時起，只要它的散發物不消失，就會變成和茶帶枯葉蛾母親具有同樣效力的引力中心。

　　沒有任何可以看見的東西顯示出誘餌的所在。在紙——新近製作出來的小床上，求愛者都心急如焚地圍繞著它。但是這

些紙上面沒有任何痕跡,它的表面和被浸濕前一樣潔淨。

　　這種具有引誘力的產品製備起來十分緩慢,而且必須在它充分發揮效力之前的一些時間內積累起來。雌蛾被我們從牠的棲息地帶走放到別處以後,暫時失去了誘惑力。茶帶枯葉蛾飛向因長時間接觸而浸透了具有引誘力的產品的棲息地。但是,「炮臺」重新安設起來了,被遺棄的女人再度掌權。

　　具有傳遞資訊性質的氣流,根據昆蟲的品種不同,出現得或者早些,或者晚些。剛羽化的茶帶枯葉蛾成熟需要時間,而且還需要布設蒸餾器似的器官。雌大天蠶蛾早上出生,有時當天晚上就有求愛者。但一般說來,往往是在第二天經過四十多個小時的準備以後。雌茶帶枯葉蛾則將牠的召引活動推得更遲,牠的結婚通告得經過兩天或者三天的等待才發布。

　　讓我們回過頭來談談這種蛾的觸角可能具有的作用。雄茶帶枯葉蛾像牠在婚戀上的競爭對手雄大天蠶蛾一樣,有著一對華麗的觸角。把牠們那像書頁般層疊的觸角看作導向的指南針,這樣合適嗎?於是,我施行我以前做過的截肢手術,但不過分堅持。被我動過手術的茶帶枯葉蛾中沒有一隻返回。讓我們別急著下結論。大天蠶蛾已經告訴了我們牠們不返回的原因,這些原因比切除觸角更加重大。

　　其次，第二種小蛾——苜蓿蛾與第一種小蛾——茶帶枯葉蛾十分相似。牠和第一種一樣，有著極為華麗的羽毛飾。這就向我們提出了一個令人感到大惑莫解的問題。第二種小蛾在我家周圍頻繁出現，甚至在我的荒石園裡都能找到牠的繭。這種繭很容易和茶帶枯葉蛾的弄混。我最初受了這種相似性的騙。我期盼從六隻繭裡得到茶帶枯葉蛾，可是到了八月底，從這些繭裡孵出的卻是另一種的雌蛾。好，雖然毫無疑問，附近有雄茶帶枯葉蛾，但卻從來沒有一隻出現在我家裡出生的這六隻雌蛾周圍。

　　如果寬闊的羽狀觸角的確是遠距離外接收訊息的器官，那麼為何我那些長著華美觸角的鄰居卻沒有被告知發生在我的工作室裡的事件呢？為何牠們美麗的羽毛裝飾會讓牠們對會使茶帶枯葉蛾成群結隊飛來的事件十分冷漠呢？這再次說明器官並不決定才能。儘管長著相似的器官，某種才能一種昆蟲具有，而另一種昆蟲卻可能沒有。

第二十五章

嗅覺

在物理學的領域內，現在大家都在談論 X 光。這種射線能穿透不透明的物體，為我們把看不見的東西拍攝下來。這是個多麼奇妙的發明創造啊。然而，當我們更進一步了解到事物產生的原因，並且用我們的技藝彌補我們感官上的缺陷，因而能夠稍微和野獸、昆蟲的感覺器官的敏銳性比試一下時，在未來為我們準備的這些令人驚奇的事物面前，這種奇妙的發明創造卻又顯得多麼微不足道啊。

動物的這種優越性在很多場合又是多麼令人羨慕啊。這種優越性告訴我們，我們極端缺乏資訊情報。這種優越性向我們表明，我們那感受性強的設備效能平平。這種優越性也向我們證實，對我們的天性來說，有些十分陌生怪異的感覺存在著。這種優越性更向我們顯示，在我們的天性之外，有些讓我們目

瞠口呆、驚訝不已的事物存在著。

　　一條可憐兮兮的毛毛蟲——松毛蟲，把自己的背劈開成氣象氣窗。這些氣窗能預測未來的天氣，預感猛烈的風暴。猛禽是難以想像的遠視患者，卻能從雲端高處看見藏在地上的田鼠。瞎眼的蝙蝠引導自己暢通無阻地穿越斯帕朗紮尼為牠們布設的、用線編織的錯綜複雜的迷宮。信鴿遠離故鄉幾百里，穿越牠從未經過的廣闊無垠的土地，萬無一失地飛回牠的鴿籠。一隻石蜂輕輕振撲翅膀，飛越陌生的地區，飛越長距離的路程，回到牠的蜂巢。[1]

　　沒有見過尋找松露的狗的人不知道嗅覺的神奇功用。這種動物全神貫注、專心致志地履行牠的職責，行走時鼻子朝天，步伐適度。牠停下來用鼻孔探尋土地，用腳爪抓刨土地。但牠並不老是這樣。牠彷彿用眼睛說：「好啦，好啦，主人，狗是信得過的，松露就在那裡。」

　　牠說的是真話。主人在牠指出的地點搜尋。如果牧羊人的鏟子弄錯了地方，狗就用鼻子稍微嗅一下抓刨的洞底，讓棒子回到正確的方向上。別擔心會遇到石子堆，別擔心會挖到根。

[1] 石蜂回巢文章見《法布爾昆蟲記全集1——高明的殺手》第二十一章。——編注

儘管障礙重重，松露埋得很深，也一定會出現。狗的鼻子是不會撒謊的。

　　據說這就是嗅覺的敏銳性。如果人們的這種說法指的是動物的鼻腔，指的是感覺器官，我倒很願意情況就是這樣。但是，被感受到的東西只是一種通俗意義上單純的氣味嗎？一種像我們的易感性所感受的那種氣味嗎？我有理由對此表示懷疑。讓我們來敘述一下事實吧。我多次有機會伴同一條最精通牠自己那個行業的狗。當然，這條狗其貌不揚。牠是我渴望觀看牠幹活的匠人。牠是條平平常常的狗，沈著、冷靜、粗俗不雅、毛髮蓬亂。主人不許牠進入住宅的內室。才能和不幸往往相伴而生啊。

　　這條狗的主人是村子裡有名的尋菇人[2]，當他確信我的意圖並不是竊取他的秘密，有朝一日和他競爭時，便答應讓我和他的狗結伴。這並不是他慷慨大方，對我表示親切。既然我並非學徒，而僅是個好奇的人，好奇地用筆把地下植物畫下來、記下來，並不會把盛裝發現物的小袋子帶到城裡，這個頂呱呱的人就竭力贊同我的計畫。

---

[2] 尋菇人：這個字是來自於普羅旺斯語的松露（Rabasso），在這裡是專指找尋松露的人。──原注

　　我們之間約定：讓這條狗願意怎麼做就怎麼做；牠每次有所發現都必須加以獎賞，不管獎賞什麼都行，哪怕像指甲那樣小片的麵包皮也行；凡是牠用腳爪抓刨的地點都要搜查，凡是牠指出的東西都要拔出，不管這個東西的商業價值如何；在任何情況下都不得讓主人的經驗介入，把這頭畜牲從沒有顯示出有任何商業價值的地點轉移開來。因為和那些貴重物品（當然是收集到的）相比，我做的植物學記錄更偏愛一些不許進入市場的物品。

　　採集地下植物標本的工作就這樣進行著，碩果累累。這條狗用牠那敏銳的鼻子不加區別地為我收集到粗大的和細小的、新鮮的和腐爛的、無味的和有味的、芳香的和惡臭的東西。我對收集到的東西驚訝不已。這些東西包括附近地區大部分地下生長的蘑菇。

　　結構，尤其是香味，多麼多種多樣啊。這種多樣性在嗅覺問題上是最為重要的性質。有些東西除了具有某種真菌類植物隱約的怪氣味之外，沒有什麼氣味。這種怪氣味到處都有，清晰程度則或高或低。有的東西嗅起來像蘿蔔、像腐爛的甘藍。有的東西發出惡臭，把收集者的居處弄得臭氣薰天。只有真正的松露才具有美食家鍾愛的香味。

　　如果說我們所理解的氣味是這條狗獨一無二的嚮導，那麼這條狗爲了在這些不調和的東西中使自己頭腦清醒，會怎樣行事呢？牠被一種普通的散發物（各個物品共有的眞菌散發出的氣味）告知泥土中隱藏的東西嗎？於是一個令人大惑莫解的問題出現了。

　　我過去留意著普通蘑菇，其中大多數在即將破土而出時都有預兆。然而，在我的目測隱花植物在覃蓋的推動下向後推壓泥土的地方，在這些眞菌氣味顯然非常濃烈的地方，我卻從未看見狗停下腳步。牠不屑地經過這些地方，不用鼻子吸氣，不用爪子抓刨。但是蘑菇的確就在那裡的地下。這東西的香味和狗有時讓我們聞到的香味相同。

　　我向狗學習後，有了這樣一個假設：能夠揭示地下松露的鼻子，有個比我們根據自己的嗅覺能力想像出的氣味更好的嚮導。這個嚮導大概還能感覺到另一種氣味。對我們來說，由於我們沒有相關的資料，因此覺得神秘莫測、難以摸透。光有它暗淡的、對我們的視網膜不發揮作用的射線，但這種射線顯然並不是對所有的視網膜都不發揮作用。既然如此，爲什麼在嗅覺的領域內就不會有秘密的、我們感覺不到的、用不同的嗅覺卻可以感覺到的散發物呢？

　　如果說狗的嗅覺在我們不可能確切說出、不可能猜測到牠感覺到的東西的這個意義上讓我們困惑不解，至少牠向我們清楚地肯定，假使我們把一切都以人的尺度來衡量，我們的錯誤將會是什麼。感覺的世界比我們所能感受到的界限廣闊得多。由於沒有足夠敏銳的感覺器官，在自然界中，多少情況逃過了我們的耳目啊。

　　未知的事物——未來將在那裡自我表現的、廣闊無垠的田野，為我留存了一些有待收割的莊稼。與這些莊稼相比，目前已知的事物只是微不足道的收成而已。有朝一日，在科學的鐮刀下，將落下一些麥捆。這些麥捆的麥粒今天看起來會是荒誕反常的東西。這是科學的幻想嗎？不，不是。這是無可爭辯的、積極的、被昆蟲肯定了的現實事物。在某些方面，昆蟲受到的優遇比我們好得多。

　　尋菇人儘管長期從事他那一行，儘管他尋找的松露發出香味，他卻無法猜測到哪裡有這種塊根。這種植物冬天在地下成熟，埋在地下一潘③或者兩潘深。尋找松露的人需要狗或豬的幫助。這兩種動物用嗅覺探尋土地的奧秘。好啦，許多昆蟲比我的這兩個助手對這些奧秘知道得更加清楚。這些昆蟲為了發

③ 潘：長度單位。——譯注

現家庭食用的松露，具備著異常完善的嗅覺能力。

　　從地裡拔出的松露，已經腐爛，滿是害蟲，我將它放在鋪有一層新鮮沙土的短頸廣口瓶裡。我從那裡先得到了一種淡紅色的鞘翅目昆蟲，之後又得到了許多雙翅目昆蟲。在這些雙翅目昆蟲中，有一隻撒普羅米茲蠅。這種蠅以牠疲軟無力的飛翔、單薄衰弱的體態，讓人想起假絨毛蠅——晚秋時人類糞便裡的和平客人。

　　假絨毛蠅在地面上、在牆腳下或者在籬笆這個田野裡的避難所下找到了牠的松露。但是，撒普羅米茲蠅如何獲知松露在地下的，或者說得更確切些，如何獲知幼蟲的松露在地下的那個地點呢？深入到地下去尋找，對這種昆蟲來說是根本辦不到的。牠那軟弱無力的腳，一粒要移動的沙子就能將它扭歪；牠那在狹窄的道路上礙事的翅膀、牠那布滿不利於輕緩滑動的絲

絨服裝，都妨礙牠這樣做。撒普羅米茲蠅必須把牠的卵安放在地面上，安放在覆蓋松露的準確地點，因為牠孵出的小蟲如果得漫無目的地漂泊流浪，那麼在遇到異常稀少的糧食之前，牠們就會死亡。

撒普羅米茲蠅
（放大3倍）

　　因此對於挖尋松露的蠅來說，資訊是靠母

親的嗅覺提供的。這種蠅具有尋找松露的狗那樣的嗅覺，並且
毫無疑問的，牠的這種嗅覺比狗的還更靈敏，因為牠什麼也沒
有學過，是生而知之，而牠的對手狗卻接受過人的訓練。在田
野裡跟蹤撒普羅米茲蠅倒也不枯燥乏味。但是，在我看來，這
樣的計畫是不大可行的。這種昆蟲極其稀少，而且迅速飛離，
總是避開人的眼光。逼近觀察牠或者在運動時跟蹤牠，都需要
花費大量時間，需要那種我知道自己無法做到的刻苦勤奮。另
一個地下蘑菇的發現者，將補償雙翅目昆蟲很難讓我們觀察到
的現象。

這個發現者是種可愛的黑色金龜子，牠腹部蒼白而柔軟光
滑，身子圓滾滾的，個子像櫻桃般大。正式的專業詞彙稱牠為
包爾波賽蟲。牠的腹尖和鞘翅邊緣摩擦時，發出一種像鳥母親
帶著一口食物回巢時雛鳥發出的啁啾聲。雄包爾波賽蟲的頭上
長著雅致的角。這是西班牙蜣螂的角的小型仿製品。

我受這隻角的騙，最初把這種昆蟲當成食糞性甲蟲一夥，
將牠放在鳥籠裡飼養。我為牠端來被認為是牠的同類最喜愛的
含糞食物，而牠卻連碰都不碰一下。呸！讓牠吃牛糞，牠被當
成什麼啦！這位美食家要求的可是別的東西呀！牠需要的壓根
就不是我們宴席上的松露，而是與松露類似的東西。

　　這種習性如果沒有經過長期耐心的調查，我是不會了解的。在塞西尼翁丘陵的南坡，離村子不遠，有個夾雜著幾行柏樹的小海洋松樹林。將近萬聖節時，秋雨下過後，毬果植物的朋友蘑菇，特別是美味可口的乳菇，滿山遍野，如雨後春筍。乳菇被碰傷的部位變為綠色，流出血淚般的液汁。在晚秋溫和的日子裡，有的人家出來散步了。散步距離遠到足以鍛鍊年輕人的腿力，又近到能使雙腳不過分疲乏。那裡什麼都能夠找到。荊棘築的舊喜鵲窩、在附近的橡樹上因啄食橡栗而鼓起嗉囊互相打鬥的松鴉、翹起小尾巴突然從一叢迷迭香逃跑的兔子、為了積糧過多而把挖出來的泥土堆在家門口的糞金龜。其次，還有大量沙土。這些沙土摸起來軟軟的，便於挖掘地道和修建木棚。木棚鋪滿青苔，上面有一截蘆竹，還有美味可口的馬鈴薯點心。隨著風弦琴的樂聲，人們歡愉地品嚐著點心，樂器在松針間輕輕發出笛音。

　　是的，對孩子們來說，這是真正的天堂。孩子在那裡為完成了功課獎勵自己，大人在那裡也有自己的樂趣。至於我，我長年累月照顧兩種昆蟲，卻沒有了解到牠們家庭的隱私。其中一種是米諾多蒂菲。這種昆蟲的雄蟲前胸帶有三根指向前方的長矛。古代作家稱牠為長槍隊士兵，因為這些昆蟲士兵也扛著馬其頓長槍隊的三行長矛。

　　這是一種長得壯壯實實、毫不擔憂冬天的蟲子。氣候惡劣的季節，只要天氣稍稍轉晴變暖，牠就在夜幕低垂時小心翼翼地走出家門，在家門口附近收集綿羊的糞蛋和被夏天的太陽曬乾的老橄欖。牠在食櫥裡把這些東西堆成一列，然後關上門美餐一頓。食物被弄成碎屑，一丁點液汁也被榨乾。之後牠把儲備的食物搬上地表，加以更新。冬天就這樣度過，除非天氣過於惡劣，牠們從不停工。

　　在松林中，我照料的第二種昆蟲是包爾波賽蟲。牠的洞穴分散在各處，雖然和米諾多蒂菲的洞穴亂七八糟地混雜在一起，卻很容易辨認出來。長槍隊士兵米諾多蒂菲的洞穴頂上有個龐大的鼴鼠丘似的土堆。土堆漸漸升高成為指頭般長的圓柱。這些像花盤飾那樣的土堆，裝載著被這個昆蟲挖土工挖洞後推到外面的泥屑。每當這隻昆蟲在自己家中挖井穴或者安靜地享用牠的財富時，孔口就關閉起來。

　　包爾波賽蟲的住宅大門大開著，僅僅圍著一個沙土環形墊子。這個住所不深，只有一潘或者稍深一點，垂直下伸到一塊十分疏鬆的泥土裡。因此，如果注意先向前挖掘一道方便以後用刀刃可以一片片推倒板壁的壕溝，就容易察看這個住所。這整個洞穴從洞口到底部呈半凸槽形。

　　遭受侵犯的住所往往什麼也沒有收藏。包爾波賽蟲工作結束後便在夜裡離開，去別處定居。牠是遊牧者、夜遊者。牠離開住所時毫無依依不捨之情。牠只需花費很小的力氣就可以獲得第二個住所。井穴底部也常見包爾波賽蟲。有時是雄蟲，有時是雌蟲，都總是孤孤單單的。兩種性別的蟲挖掘洞穴都很賣力，但都是單獨幹活，並不互相合作。這裡的確是家庭的住所——幼蟲的育兒室。這是座臨時的莊園，每隻包爾波賽蟲都為著自己的福利挖掘著。

　　有時昆蟲掘井工在工作時突然被抓住，這時除了這隻蟲子之外沒有別的蟲子。有時地下室的包爾波賽蟲隱士用腳抓住一個完整的或者缺損的地下蘑菇，牠痙攣地緊緊抱住這個蘑菇，捨不得鬆手。這是牠的掠獲物、牠的財富、牠的家產。散落的碎塊表明，我們在牠吃喝時突然發現了牠。

　　讓我們拿走牠的那個蘑菇。我們會認出這是個形狀不規則的袋囊，彎彎曲曲，處處都封閉著，像豌豆或櫻桃那樣大。它外表呈淡紅棕色，精細的疣突出呈軋花狀。它的內部光滑，白色。孢子卵形、半透明，八顆一行裝在長長的細袋子裡。從這些特點可以辨認出，這是一種地下隱花產物，類似松露，被植物學家命名為齒菌孢囊。

關於包爾波賽蟲的習性和牠頻繁更換洞穴的原因已經水落石出。在黃昏的寧靜中，用碎步奔跑的包爾波賽蟲開始活動，吱吱喳喳，用自己的歌聲激勵自己。牠像狗尋找松露般勘探土地，了解地下藏有什麼。牠的嗅覺告訴牠，牠企求的東西在那下面，被幾寸厚的沙土覆蓋著。牠對隱藏這東西的地點有了把握，就逕自垂直地挖掘下去，百發百中地找到。糧食能吃多久，牠就多久足不出戶。牠在井底下心滿意足、怡然自得，對井口敞開或者堵塞漠不關心。

當什麼都不剩時，牠就遷居別處，尋找另一塊大麵包——蘑菇。這塊麵包將使一個新洞穴被拋棄。有多少個被吃掉的蘑菇，就有多少個居所。這些住所是飲食站、香客站餐廳。秋天和春天——齒菌孢囊的季節，牠就這樣從一個居所搬遷到另一個居所，在口腹之樂中度過。

我在家裡研究這種挖尋松露的昆蟲期間，需要為牠儲備一點牠所喜愛的菜肴。我如果無目的地挖尋，就會白費力氣。我如果沒有嚮導，小隱花植物就不會像我自信能在小鏟子下挖到的那樣頻繁地出現。尋菇人需要他的狗，我的指示器則是包爾波賽蟲，我是新型的尋菇人。有朝一日萬一那位幫我完成地下植物標本採集的人得知我的這種奇特競爭時，哪怕這會令他啞然失笑，我也在所不惜，我要讓人知道這個秘密。

在有限的一些地點，常常生長一叢叢地下蘑菇。包爾波賽蟲經過那裡，用靈敏的嗅覺辨認出這些蘑菇準確的生長地點。那裡包爾波賽蟲的洞穴比比皆是，因此讓我們在洞穴附近搜尋。這個指引是正確的。在幾個小時內，依靠包爾波賽蟲的指引，我掘到了一把齒菌孢囊。這是我第一次獲得這種蘑菇。讓我們現在就來捕捉這種昆蟲吧。對我來說，這真是易如反掌，只要搜尋洞穴就行了。

當天晚上我就進行實驗。一只寬大的瓦缽盛滿了篩過的新鮮沙土，我用一根手指粗的小棍子在沙土上挖掘六個深兩公分、相互間隔適當的井坑。每個井坑的底部都放了一個齒菌孢囊，每個孢囊上方都插著一根纖細的麥稈，以便顯示它的確切位置。最後，六個洞穴用沙土填平。我放出那些被囚禁在金屬鐘形網罩下的包爾波賽蟲，把牠們放在瓦缽裡弄得很平整的地面上。牠們共有八隻。除了六根麥稈外，地面到處都是一樣。這些麥稈對這些昆蟲來說毫無價值。

最初除了挖掘、搬運、圈圍這些蟲子外，我便無事可做。這些背井離鄉的包爾波賽蟲試圖逃走。牠們攀爬網紗，躲藏在網罩邊緣的洞穴裡。黑夜來臨，萬籟俱寂。兩小時後，我最後一次探訪牠們，有三隻蟲子仍藏在一層薄薄的沙土下面，另外五隻則在向我顯示掩埋有蘑菇的麥稈下挖掘一個垂直的井坑。

第二天，第六根麥稈下也像其他麥稈一樣，有了自己的井坑。

　　這是觀察的好時刻。沙土被有條不紊地、一塊塊筆直地揭去。每個洞穴的底部都有一隻包爾波賽蟲，正津津有味地美食牠的松露——齒菌孢囊。

　　讓我們用被啃過的糧食再做實驗，結果也相同。在一個晚上的簡短實驗中，受試者猜到食物埋在地下，並且經由一條垂直井巷去到食物的埋藏地點，沒有絲毫遲疑不決，沒有任何試探性的搜索。土地表面仍像我整平時那樣，這就是證明。這些昆蟲在視覺的引導下不再直接去牠覬覦的東西處。牠始終在我的標記麥稈下搜尋。就連嗅松露的狗用鼻孔搜尋，也沒有如此精確。

　　齒菌孢囊具有的強烈氣味，能將非常明確的信息傳到消耗者的嗅覺上嗎？完全不是這樣。對我們的嗅覺來說，它是無味的，沒有任何可以用嗅覺感覺到的東西。一塊小礫石從地裡採出後，隱約之間還帶有新鮮泥土的怪味，給我們很深的印象。包爾波賽蟲身為地下眞菌的發現者，是狗的競爭對手。牠如果具有概括歸納的能力，甚至還勝過狗一籌。然而，牠是才能狹隘的專家。牠只知道齒菌孢囊。據我所知，沒有其他東西令牠喜愛，誘使牠去搜尋。狗和包爾波賽蟲都將身體貼著地面，仔

細探測土地下層。尋找的東西埋得不深。如果再稍深一點，狗也好，包爾波賽蟲也好，都會感覺不到這樣細微的氣味，甚至松露的氣味。要從遠距離以外引發深刻的感覺，能夠被我們粗鈍的嗅覺感覺到的強烈氣味是必不可少的。這時，利用這些帶有氣味的物體的開發者就會從遠處，從四面八方趕來。

如果我的研究工作需要屍體解剖者，我就把一隻死鼴鼠擺在陽光下，放在荒石園的一個偏僻角落。一旦這隻死牲畜被腐敗的氣體鼓脹起來，一旦牠的毛開始脫離發綠的皮，扁屍岬、皮蠹、扁屍蟲和埋葬蟲就會突然成百上千蜂擁而至。如果沒有這樣的誘餌，在園子裡，甚至在附近，就找不到一隻這類動物。當我後退幾步就可避開這股惡臭時，嗅覺卻讓周圍很遠處的蟲子得知了這個情況。和牠們的嗅覺相比，我的嗅覺簡直不值一提。但是，對我來說，畢竟和對牠們來說一樣，這裡的確存在著我們語言所稱之爲氣味的東西。

蛇根海芋由於其形狀和無可比擬的惡臭而顯得非常奇特。我用它取得了更好的結果。讓我們來想像一種披針形的寬闊葉片，呈紅酒紫色、半公尺長、下面捲成一個雞蛋那樣大的卵形袋囊。透過這只袋囊的孔口，從底部升起了一根中心柱。這根柱子是根青綠色的大頭棒，底部圍著兩只手鐲，第一個手鐲是子房形成的，第二個是雄蕊形成的。概括地說，這就是花，或

者說得更確切些，這就是蛇根海芋的花序。

　　一連兩天蛇根海芋散發出一種強烈的腐屍味。狗腐爛了的屍體也不會散發出如此的臭味。盛夏酷暑刮起風來，這眞令人憎惡，無法忍受。如果我們冒著染臭的空氣，如果我們走近，就會看到一個奇怪的景象。

　　各種各樣不可勝數的屍體加工昆蟲聞到向遠方傳播的惡臭，就飛快趕來。這些是癩蛤蟆、水蛇、蜥蜴、刺蝟、田鼠的屍體。農民鋤地時遇到這些動物，就用鏟子捅破牠們的肚皮，把牠們扔在小路上。這些屍體加工昆蟲撲向一張寬闊的樹葉，樹葉被染成青綠色，好似略微發臭的碎肉。這些蟲子被死屍味醺醉，手舞腳蹈起來。這可是牠們無窮的樂趣啊。牠們在葉面上滾動，鑽進蛇根海芋的袋囊裡。在烈日照射下的幾個小時內，這只袋囊裝得滿滿的。

　　讓我們從這只袋囊狹窄的袋口瞧瞧。沒有其他地方能夠看見這樣嘈雜擁擠的場面了。這裡簡直瘋狂了，混雜著脊椎骨、肚腹、鞘翅和腳。這些東西亂鑽亂動，身子打滾，發出好似關節被勾住的咯吱咯吱聲。牠們直起身子又倒下，上升又下陷，被持續不斷的漩渦撼動。這是一次縱酒狂歡、一種震顫性譫狂的大發作。

　　幾隻蟲子在一大群蟲子中鶴立雞群。牠們從中央柱子或袋囊內壁攀爬到袋囊的細頸。牠們會起飛嗎？絕對不會。牠們在袋口自由自在，跳下漩渦，又陷於狂歡迷醉中。誘餌是無法抗拒的。除了夜晚或者第二天醉意消失的時刻外，沒有一隻蟲子會捨棄這次集會。到了臨別時刻，混雜在一起的蟲子掙脫相互的摟抱，慢慢吞吞、依依不捨從這個地方消失。在這只惡魔般的袋囊裡，只剩下一堆死去的和奄奄一息的蟲子被拔掉的腳和支離破碎的鞘翅。這是瘋癲的狂歡無法避免的後果。很快的鼠婦、蠼螋和螞蟻就來到了。牠們將爭奪死去的蟲子。

　　這些蟲子在那裡做什麼呢？牠們成了花朵的囚徒嗎？纖毛柵欄使花朵成了只能進不能出的陷阱嗎？不，牠們不是囚徒。大批蟲子大方地出走就是最好的證明，牠們完全可以自由離去。牠們受了一種虛假的氣味的騙，積極安置牠們的卵，正如牠們在屍體的遮掩下所做的那樣嗎？不，不是這樣。在蛇根海芋的袋囊裡，沒有任何產卵的痕跡。牠們來了，受到死畜牲的召引。牠們瘋狂地盤旋打轉，像運屍工那樣聯歡。

　　在狂歡的高潮中，我想了解有多少隻蟲子奔來。我剖開花的大袋囊，把裡面裝著的東西倒在瓶子裡。很多蟲子不管多麼陶醉，當我清點統計時仍然設法逃脫。我渴望這次清點統計能夠準確無誤，便用幾滴二硫化碳使這群蟲子動彈不得。我清點

出了四百多隻蟲子。這就是剛才在蛇根海芋袋囊裡亂鑽亂動的
波浪。

　　皮蠹和閻魔蟲，這兩者是春天死屍的狂熱開發者。組成那
混亂群體的，只有這兩種昆蟲。以下是一張奔向一朵花的蟲子
的清單：

　　擬白腹皮蠹一百二十隻、帶波紋皮蠹九十隻、帕拉達利斯
皮蠹一隻、撒波尼迪丟斯閻魔蟲一百六十隻、色斑閻魔蟲四
隻、脫污閻魔蟲十五隻、半斑閻魔蟲十二隻、酒閻魔蟲兩隻、
光閻魔蟲兩隻。

　　另外還有一個細節像這個巨大的數字一樣值得注意：很多
種和皮蠹以及閻魔蟲同樣醉心於動物屍體的昆蟲在這個場合蹤
影全無。奔向我的鼴鼠屍堆的昆蟲從來就少不了扁屍蚜和埋葬
蟲（西紐阿塔扁屍蚜、多皺扁屍蚜、黑扁屍蚜、收殘埋葬
蟲）。但是，這一次牠們對蛇根海芋的肉香全都無動於衷，沒
有一種在我觀察研究的十朵花中出現。

　　雙翅目昆蟲，另一種狂熱的腐物愛好者，也沒有出現在這
些花中。沒錯，很多蒼蠅突然來到，一些呈灰色或略帶藍色
的，一些呈金屬綠色；牠們停落在花瓣上，甚至鑽進發出惡臭

的袋囊裡，但幾乎馬上就醒悟過來匆忙離開。花朵裡只剩下皮
蠹和閻魔蟲。這是爲什麼呢？

　　我的朋友布林（牠生前是一條忠心耿耿的狗），有很多怪
癖，其中一個就是：如果牠在路上的塵土中遇到一具乾燥的鼱
鼠屍體，這具屍體已經被行人踩扁，經過太陽照射變成了木仍
伊，牠會愜意地從這隻死動物的鼻尖擦到尾巴，讓自己的身體
摩擦這隻死動物的身體。牠感到一種神經性的痙攣震動後，又
在這隻死動物身上摩擦自己的身體，先摩擦一個肩膀，然後摩
擦另一個肩膀。這具屍體是牠的麝香小袋囊、牠的小香水瓶。
牠隨心所欲把身體弄香後便站立起來，抖抖身子，然後離開。
牠對這種化妝品非常滿意。我們別詆謗牠，特別是別議論牠
了。大千世界裡什麼興趣和口味都有。

　　在這些喜愛死屍氣味的昆蟲中，難道沒有類似的習性嗎？
皮蠹和閻魔蟲來到蛇根海芋花裡，雖然可以隨心所欲地自由離
開，但卻整天在那裡亂鑽亂動。大量昆蟲在狂歡的嘈雜喧鬧中
死在那裡。阻留牠們的，不是含脂肪的食物，因爲蛇根海芋花
並不供給牠們任何食物；也不是爲了產卵，因爲牠們注意避免
在這個飢荒之鄉安置幼蟲。那麼這些瘋狂的蟲子在那裡做什麼
呢？顯然的，牠們陶醉於惡臭的氣味中，正如布林在那隻鼱鼠
的骨骼上摩擦一樣。

　　這種嗅覺上的陶醉，把這些蟲子從附近地區，甚至從人們不太知曉的遠方吸引過來。同樣的，埋葬蟲尋找家庭住所，從田野裡跑來我那堆滿腐爛物的地方。一股濃烈的肉味向牠們提供信息，這股氣味在我們離牠幾百步遠時就讓我們覺得刺鼻難受。這股氣味突然沈降，在我們的嗅覺能力所不能及的距離之外讓這些蟲子樂不可支、欣喜若狂。

　　齒菌孢囊——包爾波賽蟲的美味佳肴，壓根不具有這類強烈的氣味，能夠在空中散播。它沒有氣味，至少對我們來說是這樣。尋找它的昆蟲並非來自遠方，而就住在隱花植物生長的地點。不管地下的齒菌孢囊散發出來的氣味多麼淡薄，昆蟲美食家（牠們為此配備了工具）都有能夠感覺這些氣味的能力。牠們貼著地面挖掘。狗也是如此，牠的鼻子貼著地面，邊走邊探索。然而真正的松露——最主要的尋找目標，是會發出一種濃烈的香味的。

　　但是，對於大天蠶蛾和飛到在囚禁中孵出的雌茶帶枯葉蛾那裡的茶帶枯葉蛾應該說些什麼呢？牠們從地平線的終極處趕來。牠們在這樣長一段距離之外感覺到了什麼呢？牠們感覺到的真的是一種我們物理學所理解的氣味嗎？對此我不敢確信。

　　狗非常貼近塊根，貼著地面嗅，聞到了松露。牠又用嗅覺

搜尋留下的蹤跡，重新找到相距很遠的主人。但是，在幾百步之外，在幾公里之外，松露對牠來說已經顯露出來了嗎？在杳無蹤跡的情況下，牠能夠和主人重新會合嗎？當然不能。狗儘管有極其靈敏的嗅覺，卻沒有這樣的神奇能力。蛾完成了這個奇蹟。長途遙隔也好，在我的桌子上孵出的雌蛾沒有在外面留下蹤跡也好，這些都干擾不了蛾。

　　氣味、普通的氣味、影響我們嗅覺的氣味，是由帶有氣味的物體擴散出的分子組成的，這一點已經得到認可。帶有氣味的物質把它的氣味傳給了空氣，同時在空氣中分解擴散開來。這正像糖將甜味傳給水的同時，又在水中分解擴散一樣。氣味和味道可以用某種方式檢測。在引起強烈感受的物質粒子和接受強烈感受的敏感乳突之間存在著某種聯繫。

　　蛇根海芋製作充溢空氣並使空氣發臭的濃汁。這一點十分明確。酷嗜屍體氣味的皮蠹和閻魔蟲就是因為氣味分子的擴散而獲得信息的。同樣的，從略微發臭的癩蛤蟆身上散發出發臭的微粒，並傳播到遠方，使埋葬蟲欣喜若狂。

　　然而，從雌蛾或從雌大天蠶蛾身上散發了什麼呢？根據我們的嗅覺，散發出的是微乎其微的一點東西。當雄蛾奔來的時候，這一丁點東西大概用牠的分子布滿廣闊的空間，半徑有幾

公里的範圍。蛇根海芋的惡臭辦不到的事,無嗅的東西卻辦到
了。不管物質可分解成多麼細小,人卻拒絕做出這樣的結論:
一粒胭脂紅染料會染紅一湖水,霧將塡滿廣闊無垠的天空。

還有另一個理由。雄蛾來到我的工作室,沒有絲毫心煩意
亂的跡象。這間房屋預先充滿了濃烈的氣味,這種氣味會壓住
和清除一切細微的氣味。

強音壓住弱音,阻礙弱音被人聽見。強光遮沒弱光。它們
是性質相同的波。但是,雷鳴不能使最細的光束變得暗淡,正
如太陽令人眩目的燦爛光輝不能窒息最微弱的聲音一樣。光和
聲性質迥異,互不影響。

用蜷蛇、寬衣薰衣草以及其他東西做實驗,似乎說明了氣
味有兩種起源。讓我們用波動現象取代發射現象,這樣,大天
蠶蛾的問題就迎刃而解了。一個光點在絲毫不失去物質的情況
下,用振動搖撼太空,用微光充滿廣闊的星體。蛾母親的信息
流大概差不多就是這樣運轉的。這種信息流不發射分子。它振
動,震撼出能夠傳播到一定距離之外的波。這些距離與物質的
眞正擴散作用是不相容的。

因此,總的說來,嗅覺有兩個領域:擴散在空氣中的粒子

領域和乙太波④領域。目前只有前者爲我們所知，它也是屬於
昆蟲的。正是這個領域讓閻魔蟲知道了蛇根海芋的惡臭，讓薛
西弗斯蟲和埋葬蟲知道了鼴鼠的惡臭。

第二個領域在空間的範圍大得多。我們由於缺少這類的感
覺器官，所以對這個領域全然不知。大天蠶蛾和茶帶枯葉蛾在
舉行婚禮的時候知道這種領域的嗅覺，其他很多昆蟲根據生活
方式的要求，也應該或多或少了解一些。

氣味和光一樣有屬於它的射線。但願受到昆蟲所啓發的科
學有朝一日能讓我們擁有氣味方面的射線機械。這隻人造的鼻
子將向我們展示出一個奇妙的世界。

---

④ 乙太波：十九世紀時，科學家認爲傳送光的介質是乙太。──編注

【譯名對照表】

中譯	原文
長腳鋸角金花蟲	Clythra longipes Fab.
	Clythre à longs pieds
青銅吉丁蟲	Bupreste bronzé
亮麗吉丁蟲	Bupreste éclatant
	Buprestis rutilans Fab.
南方白蠍子	Buthus occitanus
	Scorpion blanc du Midi
屎蜣螂	Onthophage
扁屍蚜	Silphe
扁屍蟲	Escarbot
毒魚草象鼻蟲	Gymnetron thapsicola Germ.
胡蜂	Guêpe
飛蝗泥蜂	Sphex
食糞性甲蟲	Bousier
埋葬蟲	Nécrophore
姬天蠶蛾	Attacus pavonia minor Lin.
	Petit-Paon
姬蜂	Ichneumon
粉吉丁蟲	Bupreste ténébrion
紋白蝶	Piéride du chou
脈翅目	névroptère
茶帶枯葉蛾	Minime à bande
蚊蟲	moustique
酒閣魔蟲	Saprinus œneus Fab.
高麗亞綏斯黑步行蟲	
	Procruste coriace
鬼臉天蛾	Achérontie Atropos
假絨毛蠅	Scatophaga scybalaria
帶波紋皮蠹	Dermestes undulatus Brah.
教士襟帶菊花象鼻蟲	
	Larin à étole
	Larinus stolatus Geml
脫污閣魔蟲	Saprinus detersus Illig.

中譯	原文
豉蚜	Gyrin
鹿角鍬形蟲	Cerf-volant
麥拉索姆蟲	Mélasome
	Olocrates abbreviatus Oliv.
斯柯麗米菊花象鼻蟲	
	Larinus Scolymi Oliv.
琵琶蚜	Blaps
	Blaps similis Latr.
短喙象鼻蟲	Brachycère
	Brachycerus algirus Fab.
紫紅步行蟲	Carabe pourpré
蛞蝓	limace
象態橡栗象鼻蟲	Balanin éléphant
	Balaninus elephas Sch.
象鼻蟲	Charançon
象鼻蟲科	Curculionide
黃斑蜂	Anthidie
黑吉丁蟲	Bupreste noir
黑刺李象鼻蟲	Rhynchite du prunellier
	Rhynchites auratus Scop.
黑扁屍蚜	Silpha obscura Lin.
塔克西科內鋸角金花蟲	
	Clythra taxicornis Fab.
	Clythre taxicorne
楊樹象鼻蟲	Rhynchite du peuplier
	Rhynchites populi Lin.
聖甲蟲	Scarabée sacré
聖櫟隱頭蟲	Cryptocéphale de l'yeuse
	Cryptocephalus ilicis Oliv.
葉蜂	Tenthrède
葉蟬	Cicadelle
葡萄根犀角金龜	Orycte nasicorne
葡萄樹象鼻蟲	Rhynchite de la vigne

中譯	原文
蛾	Bombyx
鉗顎象鼻蟲	Attelabe
	Attelabe curculionoïde
	Attelabus curculionoides Lin.
鼠婦	cloporte
蛺蝶	Vanesse
榛果象鼻蟲	Balanin des noisettes
	Balaninus nucum Lin.
榛樹捲葉象鼻蟲	Apodère
	Apodère du noisetier
	Apoderus coryli Lin.
熊背菊花象鼻蟲	Larin ours
	Larinus ursus Fab.
綠色蟈蟈兒	Sauterelle verte
維爾巴斯庫姆象鼻蟲	
	Verbascum thapsus Lin.
蒼蠅	mouche
蜻蜓	Libellule
寬胸蜣螂	Onitis
撒斑菊花象鼻蟲	Larin parsemé
	Larinus conspersus Sch.
撒普羅米茲蠅	Sapromyze
蝗蟲	Criquet
褐草蛉屬	Hémerobe
輪蟲	Rotifère
樺樹象鼻蟲	Rhynchite du bouleau
	Rhynchites betuleti Fab.
瓢蟲	Coccinelle
螞蟻	fourmi
鋸角金花蟲	Clythre
閻魔蟲	Saprin
鞘翅目	Coléoptère
龍蝨	Dytique

中譯	原文
彌寄生蠅	Tachinaire
擬白腹皮蠹	Dermestes Frischii Kugl.
糞生糞金龜	Géotrupe stercoraire
糞金龜	Géotrupe
螳螂	Mante
蟈蟈兒	Sauterelle
褶翅小蜂	Leucospis
避債蛾屬	Psyché
隱頭蟲	Cryptocéphale
	Cryptocephalus
藍黑色小蜂	Chalcidien fluet
蟬	Cigale
雙翅目	diptère
雙斑皮麥裡蟲	Pimélie biponctuée
蟻獅	Fourmi-Lion
蠍子	Scorpion
麗金龜	Hoplie
蠼螋	forficule

【人名】

中譯	原文
安娜	Anna
狄奧簡內	Diogène
阿格利帕	Agrippa
哈斯帕耶	Raspail
斯帕朗紮尼	Spallanzani
普林尼	Pline
雷沃米爾	Réaumur
維吉爾	Virgile
蒙田	Montaigne

中譯	原文	中譯	原文
【地名】		歐宏桔	Orange
土魯茲	Toulouse	潘帕斯	Pampas
以弗所	Ephèse	鴿島	île du Colombier
加爾	Gard		
卡拉布利亞	Calabre		
尼姆	Nîmes		
尼羅河	Nil		
弗凱亞	Phocée		
艾格河	Aygues		
波德雷	Bordelais		
阿普特	Apt		
阿嘉丘	Ajaccio		
阿爾代什	Ardèche		
阿爾卑斯	Alpes		
阿維宏	Aveyron		
侯戴	Rodez		
勃艮地	Bourgogne		
耶利哥	Artichaut		
胡希雍	Roussillon		
埃及	Égypte		
馬賽	Marseille		
寇黑茲	Corrèze		
普羅旺斯	Provence		
隆河	Rhône		
馮杜	Ventoux		
塞西尼翁	Sérignan		
塞特	Cette		
聖地牙哥 - 孔波斯特拉			
	Saint-Jacques-de-Compostelle		
鼠島	île des Rats		
維也納	Vienne		
維淙	Vaison		

法布爾昆蟲記全集 7

裝 死

SOUVENIRS ENTOMOLOGIQUES
ÉTUDES SUR L'INSTINCT ET LES MŒURS DES INSECTES

作者──JEAN-HENRI FABRE 法布爾

譯者──吳模信

審訂──楊平世

主編──王明雪　　　副主編──鄧子菁

專案編輯──吳梅瑛　　　編輯協力──洪閔慧

發行人──王榮文

出版發行──遠流出版事業股份有限公司

100台北市南昌路2段81號6樓

郵撥：0189456-1　　　電話：(02)2392-6899　　　傳真：(02)2392-6658

著作權顧問──蕭雄淋律師

印刷裝訂──中原造像股份有限公司

□ 2002年10月1日 初版一刷　　□ 2020年9月20日 初版十二刷

定價360元　　（缺頁或破損的書，請寄回更換）

遠流博識網 http://www.ylib.com　E-mail:ylib@ylib.com

昆蟲線圖修繪：黃崑謀　　內頁版型設計：唐壽南、賴君勝　　章名頁刊頭製作：陳春惠

特別感謝：王心瑩、林皎宏、呂淑容、黃文伯、黃智偉、葉懿慧在本書編輯期間熱心的協助。

國家圖書館出版品預行編目資料

法布爾昆蟲記全集. 7, 裝死 ／ 法布爾（Jean-
　Henri Fabre）著；吳模信譯. -- 初版. --
臺北市 ： 遠流, 2002〔民91〕
　面 ： 公分
譯自：Souvenirs Entomologiques
ISBN 957-32-4694-5（平裝）

1. 昆蟲 － 通俗作品

387.719　　　　　　　　　　　　　91012411

SOUVENIRS ENTOMOLOGIQUES